《机械设计手册》第 5 版　单行本　卷目

常用设计资料与 零件结构设计工艺性	第 1 篇　常用资料、常用数学公式和常用力学公式 第 4 篇　零件结构设计工艺性
机械工程材料	第 2 篇　机械工程材料
零部件设计常用基础标准	第 3 篇　零部件设计常用基础标准
连接、紧固与弹簧	第 5 篇　连接与紧固　第 16 篇　弹簧
带、链、摩擦轮与螺旋传动	第 6 篇　带传动和链传动　第 7 篇　摩擦轮传动与螺旋传动
齿轮传动	第 8 篇　齿轮传动
减速器和变速器	第 10 篇　减速器和变速器
机构、机架与箱体	第 11 篇　机构　第 18 篇　机架与箱体
轴及其连接件	第 12 篇　轴　第 15 篇　联轴器、离合器与制动器
轴承	第 13 篇　滑动轴承　第 14 篇　滚动轴承
起重运输机械零部件和操作件	第 17 篇　起重运输机械零部件和操作件
润滑与密封	第 20 篇　润滑　第 21 篇　密封
液压传动与控制	第 22 篇　液压传动与控制
气压传动与控制	第 23 篇　气压传动与控制
机电系统设计	第 25 篇　机电一体化技术及设计　第 26 篇　机电系统控制 第 32 篇　电动机、电器与常用传感器
工业机器人与数控技术	第 27 篇　工业机器人技术　第 28 篇　数控技术
微机电系统设计与激光	第 29 篇　微机电系统及设计　第 31 篇　激光及其在机械工程中的应用
创新设计与绿色设计	第 35 篇　创新设计　第 36 篇　绿色设计与和谐设计
机械系统的振动设计及噪声控制	第 38 篇　机械系统的振动设计及噪声控制
数字化设计	第 39 篇　机械结构的有限元设计　第 44 篇　优化设计 第 47 篇　并行设计与协同设计　第 48 篇　反求设计与快速成形制造技术　第 50 篇　计算机辅助设计
疲劳强度与可靠性设计	第 40 篇　疲劳强度设计　第 41 篇　机械可靠性设计
机械系统概念设计与综合设计	第 37 篇　机械系统概念设计　第 52 篇　产品综合设计的理论与方法

机 械 设 计 手 册

第 5 版

单行本

起重运输机械零部件和操作件

主　编　闻邦椿

机 械 工 业 出 版 社

《机械设计手册》第5版 单行本共22分册，内容涵盖机械常规设计、机电一体化设计与机电控制、现代设计方法及其应用等内容，具有系统全面、信息量大、内容现代、凸显创新、实用可靠、简明便查、便于携带和翻阅等特色。各分册分别为：《常用设计资料与零件结构设计工艺性》《机械工程材料》《零部件设计常用基础标准》《连接、紧固与弹簧》《带、链、摩擦轮与螺旋传动》《齿轮传动》《减速器和变速器》《机构、机架与箱体》《轴及其连接件》《轴承》《起重运输机械零部件和操作件》《润滑与密封》《液压传动与控制》《气压传动与控制》《机电系统设计》《工业机器人与数控技术》《微机电系统设计与激光》《创新设计与绿色设计》《机械系统的振动设计及噪声控制》《数字化设计》《疲劳强度与可靠性设计》《机械系统概念设计与综合设计》。

本单行本为《起重运输机械零部件和操作件》，主要介绍起重机械零部件（钢丝绳及绳具、卷筒、滑轮和滑轮组、链条和链轮、吊钩、车轮和轨道、缓冲器、棘轮逆止器等）和运输机械零部件（输送带、滚筒、托辊、拉紧装置、清扫器等）的结构形式、尺寸规格、设计计算和选用等；操作件（手柄、手轮、把手等）的结构型式及尺寸等。

本书可供从事机械设计、制造、维修及有关工程技术人员作为工具书使用，也可供大专院校的有关专业师生使用和参考。

图书在版编目(CIP)数据

机械设计手册．起重运输机械零部件和操作件／闻邦椿主编．—5版．—北京：机械工业出版社，2014.12

ISBN 978-7-111-49138-5

Ⅰ.①机… Ⅱ.①闻… Ⅲ.①机械设计－技术手册②起重机械－零部件－技术手册③运输机械－零部件－技术手册 Ⅳ.①TH122－62②TH203－62

中国版本图书馆CIP数据核字(2015)第003107号

机械工业出版社(北京市百万庄大街22号　邮政编码100037)
策划编辑：曲彩云　责任编辑：曲彩云
封面设计：饶　薇　责任印制：乔　宇
北京铭成印刷有限公司印刷
2015年2月第5版第1次印刷
184mm×260mm·12.5印张·301千字
0001—3000册
标准书号：ISBN 978-7-111-49138-5
定价：27.00元

凡购本书，如有缺页、倒页、脱页，由本社发行部调换

电话服务	网络服务
社服务中心：(010)88361066	教材网：http://www.cmpedu.com
销售一部：(010)68326294	机工官网：http://www.cmpbook.com
销售二部：(010)88379649	机工官博：http://weibo.com/cmp1952
读者购书热线：(010)88379203	**封面无防伪标均为盗版**

《机械设计手册》第 5 版　单行本

出版说明

《机械设计手册》(6 卷本)，自 1991 年面世发行以来，历经四次修订再版。截至 2014 年，手册累计发行了 35 万套。二十多年来，作为国家级重点科技图书的《机械设计手册》，深受广大读者的欢迎和好评，在全国具有很大的影响力，曾获得中国出版政府奖提名奖(2013 年)、中国机械工业科学技术奖一等奖(2011 年)、全国优秀科技图书奖二等奖(1995 年)、机械工业部科技进步奖二等奖(1994 年)，并多次获得全国优秀畅销书奖等奖项。《机械设计手册》已经成为机械工程领域最具权威和最具影响力的大型工具书。

《机械设计手册》第 5 版是一部 6 卷、共 52 篇的大型工具书。它与前 4 版相比，无论在体系上还是在内容方面都有很大的变化。它在前 4 版的基础上，编入了国内外机械工程领域的新标准、新材料、新工艺、新结构、新技术、新产品、新设计理论与方法，并重点充实了机电一体化系统设计、机电控制与信息技术、现代机械设计理论与方法等现代机械设计的最新内容。本版手册体现了国内外机械设计发展的最新水平，它精心诠释了常规与现代机械设计的内涵、全面提取了常规与现代机械设计的精华，它将引领现代机械设计创新潮流、成就新一代机械设计大师，为我国实现装备制造强国梦做出重大贡献。

《机械设计手册》第 5 版的主要特色是：体系新颖、系统全面、信息量大、内容现代、突显创新、实用可靠、简明便查。应该特别指出的是第 5 版手册具有很高的科技含量和大量技术创新性的内容。手册中的许多内容都是编著者多年研究成果的科学总结。这些内容中有不少是国家 863、973、985、科研重大专项，国家自然科学基金重大、重点和面上资助项目，有不少成果曾获得国际、国家、部委、省市科技奖励，充分体现了手册内容的重大科学价值与创新性。如闻邦椿院士经过数十年研究创建的振动利用工程新学科，手册中编入了该类机械设计理论和方法。又如产品综合设计理论与方法是闻邦椿院士在国际上首先提出并依据八本专著综合整理后首次编入手册。该方法已经在高铁、动车及离心压缩机等机械工程中成功应用，获得了巨大的社会效益和经济效益。以综合设计方法作为手册的收尾篇是对所有设计内容的系统化综合和运用，并对现代化大型机械产品的设计起到引领作用。闻邦椿院士在国际上首次按系统工程的观点对现代设计方法进行了分类，并由此选编了 21 种现代设计方法，构成了科学地论述和编纂现代设计理论与方法的专卷(手册第 6 卷)，可谓是现代设计方法之大全。创新设计是提高机械产品竞争力的重要手段和方法，本版手册编入了 29 种创新思维方法、30 种创新技术、40 条发明创造原理，列举了大量的应用实例，为引领机械创新设计做出了示范。

在《机械设计手册》历次修订的过程中，机械工业出版社和作者都广泛征求和听取各方面的意见，广大读者在对《机械设计手册》给予充分肯定的同时，也指出《机械设计手册》版本厚重，不便翻阅和携带，希望能出版篇幅较小、针对性强、便查便携的更加实用的单行本。为满足读者的需要，机械工业出版社于 2007 年首次推出了《机械设计手册》第 4 版单行本。该单行本出版后很快受到读者的欢迎和好评。为了使读者能按需要、有针对性地选用《机械设计手册》第 5 版中的相关内容并降低购书费用，机械工业出版社在总结《机械设计手册》第 4 版单行本经验的基础上推出了《机械设计手册》第 5 版单行本。

《机械设计手册》第 5 版单行本保持了《机械设计手册》第 5 版(6 卷本)的优势和特色，依据机械设计的实际情况和机械设计专业的具体情况以及手册各篇内容的相关性，将原手册拆分为 22 个分册，分别为：《常用设计资料与零件结构设计工艺性》《机械工程材料》《零部件设计常用基础标准》《连接、紧固与弹簧》《带、链、摩擦轮与螺旋传动》《齿轮传动》《减速器和变速器》《机构、机架与箱体》《轴及其连接件》《轴承》《起重运输机械零部件和操作件》《润滑与密封》《液压传动与控制》《气压传动与控制》《机电系统设计》《工业机器人与数控技术》《微机电系统设计与激光》《创新设计与绿色设计》《机械系统的振动设计及噪声控制》《数字化设计》《疲劳强度与可靠性设计》《机械系统概念设计与综合设计》。各分册内容针对性强、篇幅适中、查阅和携带方便，读者可根据需要灵活选用。

《机械设计手册》第 5 版单行本是为了实现装备制造强国梦和满足广大读者的需要而编辑出版的，它将与《机械设计手册》第 5 版(6 卷本)一起，成为机械设计人员、工程技术人员得心应手的工具书，成为广大读者的良师益友。

由于工作量大、水平有限，书中难免有一些错误和不妥之处，殷切希望广大读者给予指正。

机械工业出版社

第 5 版前言

人类社会正迈入知识经济时代，以知识为依托的科学技术在当今社会发展过程中正在发挥着越来越重要的作用。科学技术成果的研究与开发及其广泛应用是当今，也是未来推动经济发展和社会进步的至关重要的因素。依靠科技进步振兴装备制造业是使我国由制造大国过渡到制造强国的核心因素和关键。

发展装备制造业离不开产品的研究与开发及设计。机械产品设计正由传统设计模式向现代设计模式转变，现代设计的特点是广泛采用计算机技术，着力应用智能化设计、数字化设计、网络化设计、绿色化设计及系统化设计的综合技术。机械设计手册的编辑与出版，充分地展现了现代设计的特点，是现代设计不可缺少的工具和手段。

本版手册在科学发展观和自主创新设计的理念引领下，进行了较大篇幅的修改和补充，为我国现代机械产品自主创新设计提供了保障。例如，在手册中重点介绍了产品绿色设计、和谐设计与系统化设计，也介绍了产品的创新设计等内容，这有利于产品设计师们采用手册中介绍的内容和方法开展产品开发。

本版手册汇总了大量的原始数据和设计资料，以及在产品设计时必须采用的技术标准，同时还介绍了设计中许多不可缺少的相关设计知识。因此，可以说手册是设计师们在产品设计过程中所必需的数据库和知识库，目前她已成为产品研究与开发的“利器”及其他设计器具无法取代的重要的设计工具，这不仅在现在，而且在将来也会发挥其积极的作用。

本版手册系统地叙述了机械设计各专业的主要技术内容，归纳和总结了新中国成立以来我国机械领域取得的成就和经验，不少新内容是本手册编者们通过研究得到的，此外，还吸取了国外的若干先进科学技术，其内容丰富，实用性强，前 4 版出版后，受到了社会各界的重视和好评，作为国家级重点科技图书和机械工程方面的最具权威的大型工具书，曾获得全国优秀图书二等奖、机电部科技进步二等奖、全国优秀科技畅销书奖，1994 曾在台湾建宏出版社出版发行，她在机械产品设计中起着十分重要的作用，目前已成为各行业，尤其是机械行业各技术部门必备的工具书。

在本版手册的修订过程中，我们努力贯彻了“科学性、先进性、实用性、可靠性”的指导思想。广泛调研了厂矿企业、设计院、科研院所、高等院校等多方面的使用情况和意见。对机械设计的基础内容、经典内容和传统内容，从取材、产品及其零部件的设计方法与计算流程、设计实例等多方面进行了深入系统的整合，同时，还全面总结了当前国内外机械设计的新理论、新方法、新材料、新工艺、新结构、新产品、新技术，特别是在产品的综合设计理论与方法、机电一体化及机械系统自动控制技术等方面作了系统和全面的论述和凝炼。相信本手册会以崭新的面貌展现在广大读者面前，她对提高我国机械产品的设计水平，推进新产品的研究与开发、老产品的改造，以及产品的引进、消化、吸收和再创新，进而促进我国由制造大国向制造强国转变，发挥其积极的作用。

本版手册分 6 卷 52 篇。第 1 卷：常用设计资料；第 2 卷：机械零部件设计（连接、紧固与传动）；第 3 卷：机械零部件设计（轴系、支承与其他）；第 4 卷：流体传动与控制；第 5 卷：机电一体化及控制技术；第6卷：现代设计理论与方法。在撰写过程中，贯彻和采用最新技术标准和国际新标准，最大限度地充实和更新技术内容，凝炼和总结机械设计的最新成就和经验，尽力地吸取国外的先进科学技术，努力反映当代机械设计的最新水平，更好地为现代机械设计服务；在取材和选材过程中，尽量压缩对基本原理的介绍，避免在手册中出现教科书的叙述方式，特别强调要采用手册化、表格化的设计流程。删除一些可要可不要的内容，以及应用面相对较窄和尚未用于实际的研究性内容，力求使各篇章内容构成有机的整体，既考虑到各篇的系统性，又照顾全书的统一性，尽量避免不必要的重复；在各类零部件设计计算中，增加结构图和应用实例。在部件设计选用中，适当提供可选用的产品的结构及其安装尺寸、主要技术参数等，给设计和选用创造方便的条件；所有计算方法和数据都要准确、可靠、无误，重要的要注明来源；对相近标准的数据和表格尽量予以合并、采用双栏排版、摘其所要等形式予以编写，以使该手册采用较少的篇幅而编入较多的内容。

手册的第5版是在前4版的基础上，着力在以下几个方面作了修订：

一、在贯彻落实推广标准化技术方面

手册全部内容贯彻和采用了2010年1月以前颁发的最新国家标准、行业标准和相关的国际新标准，最大限度地充实和更新标准化技术的内容。本次修订为历次修订中标准更新规模最大的一次，例如：机械工程材料部分更新的标准达162个，流体传动与控制部分更新的标准有150多个。更换的标准中有许多是机械行业的重要标准，如GB/T 786.1—2009流体传动系统及元件图形符号和回路，GB/T 10095.1～2—2008圆柱齿轮精度制，GB/Z 18620.1～4—2008圆柱齿轮检验实施规范等。

二、在新的设计计算方法方面

按照GB/T 3480.1～5—1997渐开线圆柱齿轮承载能力计算方法、GB/T 10300.1～3—2003锥齿轮承载能力计算方法重新构建了实用、合理的齿轮设计体系。对圆柱齿轮和锥齿轮均按照初步确定尺寸的简化计算、简化疲劳强度校核计算和一般疲劳强度校核计算编排设计计算方法，以满足不同场合不同要求的齿轮设计需求。增加了齿轮齿廓修形和齿顶修缘的内容，给出了修形计算公式和确定修形量的方法。

在滚动螺旋传动中，按最新的国家标准GB/T 17587.4～5—2008滚珠丝杠副轴向静刚度、轴向静载荷与动载荷，整理更新了滚珠丝杠传动选用和评估计算方法。

根据机构学的最新发展，考虑到近年来并联机器人和并联机床的快速发展和应用，特地另辟一章，编入并联机器人和并联机床的运动学和动力学分析、典型并联机器人和并联机床的类型和应用选型，这是在大型工具书中首次载入。增加了机构系统方案的构思与拟定并例举了典型实例，对机构设计与选用起到综合和运用的作用。

三、在新材料、新元器件、新产品等方面

在新材料方面，编入了新型工程材料——钛及钛合金，该种材料具有低密度、高熔点、高比强度、耐腐蚀性好、高低温特性好、生物相容性好、具有形状记忆特性等优点，在航空航天、海洋开发、化工、冶金、生物技术、汽车工程、食品、轻工等工业技术领域的装备制造中有重要用途。编入了有“21世纪绿色材料”之称的镁及镁合金，该种材料在轻量性、比强度、导热性、减振性、储能性、切削性、尺寸稳定性以及可回收性等方面具有独特的优点。编入了GB/T 20878—2007不锈钢和耐热钢牌号及化学成分，该标准是一个全新标准，它规定了143个牌号的化学成分及部分牌号的物理性能参数与国内外标准牌号的对照，这些在各种手册中未见编入。

在新元件、新产品方面，在减速器和变速器篇中，增加了平面二次包络蜗杆减速器(GB/T 16444—2008)、新型的锥盘环盘式无级变速器、XZW 型行星锥轮无级变速器，在大型工具书中首次编入了用于高档轿车的新型金属带式无级变速器，以及其他相关的设计资料。

流体传动与控制卷在内容和产品方面作了大幅度的更新，编入了液压气动领域中最新开发的各类元器件，为流体传动与控制系统的设计、运行和维护提供全面的技术支撑。为满足不同层次用户的需要，分别引入了国内主流品牌(含台湾知名品牌 HP)以及国际知名品牌的产品，如液压传动中的德国(Rexroth)、美国(Vickers)、日本(Yuken)、意大利(Atos)等品牌产品；液压控制系统中的德国(Festo)、美国(Moog、Vickers、Dowry)等品牌产品；气压传动中的德国(Festo)、日本(SMC)等品牌产品。

编入了最新出现的具有广泛应用前景的液压元件——螺纹插装阀系列产品，增加了液压伺服油缸等相关新产品，大幅度增加了最新出现的适应性强的各类液压辅件。增加了以气流引射原理制造的真空发生器等气动系统常用的真空元器件。

四、在机电一体化设计与控制技术方面

机械技术与电子技术相结合已经成为当前装备制造业的主流和发展趋向，机电一体化是现代机械和技术的重要典型特征之一，为适应机电一体化技术的应用，本版手册对该方面的内容作了重新编排和大量充实，专辟一卷为机电一体化及控制技术等内容进行较系统和全面的叙述。

在机电一体化技术及设计篇中，以典型机电一体化产品的五大组成部分的技术要点作主线进行编写，并以产品设计为背景组织内容，并编入了多个综合性设计实例。

机器人是机电一体化特征最为显著的现代机械系统，从实用性的角度介绍了工业机器人技术中的本体、驱动、控制、传感等共性技术，结合喷涂、搬运、电焊、冲压、压铸等工艺，介绍了机器人的典型应用。另外对视觉机器人、智能机器人等作了实用性的介绍。

微机电系统(MEMS)是 20 世纪 80 年代中后期出现的微电子技术与机械技术及生物、物理、化学等学科相交叉的一种新技术，它不仅是机械学科发展的前沿方向之一，也逐渐形成了产业。顺应高新技术发展潮流，设专篇撰写微机电系统，这在大型工具书中尚属首次。本篇重点编入了 MEMS 制造技术和设计技术。

激光加工目前已经成为一种有效的重要先进制造技术。手册以激光加工技术的最新成果为素材，编写了各种激光加工的原理、工艺及其应用，其中包括在打孔、切割、焊接、淬火、熔覆与合金化中的应用和激光加工中的安全防护等。

同时，对机电系统控制、数控技术、机械状态监测与故障诊断技术和电动机、电器与常用传感器等内容，简化原理、突出应用、扩充实例、引用最新成果作了编写。

五、在凝炼和推广现代设计理论与方法方面

针对现代机械产品设计的新方法和新技术存在的多样性和复杂性问题，本版手册以现代机械产品设计的总目标和建立其设计方法新体系为主旨，从先进性、系统性和实用性的角度，对产品的设计理论与方法作了系统总结和介绍。本版手册按新的分类共编入了 21 种现代设计方法，可以说是集现代设计方法之大全。

在现代设计理论与方法综述篇中，介绍了机械及机械制造技术发展总趋势，国际上有影响的主要设计理论与方法，产品研究和开发的一般过程和关键问题，现代设计理论的发展和根据不同的设计目标对设计理论与方法的选用。首次采用系统工程的方法对产品设计理论与方法做了分类，克服了目前对产品设计理论与方法的叙述缺乏系统性的不足。

创新设计是现代机电产品提高竞争力的重要技术和方法。该篇在概要介绍创新设计的基本理论、创新思维、创新技法的基础上，基于国际上著名的发明问题解决理论(TRIZ)就情景分析、理想设计、创新设计中的技术进化和技术预测、冲突以及冲突解决原理、物质—场模型方法等介绍了创新设计的系统化方法。介绍了29种创新思维方法，30种创新技术，40条发明创造原理，并通过大量应用实例开拓创新设计思路。

绿色设计是实现低资源消耗、低环境影响、低碳经济的重要技术手段。该篇系统地论述绿色设计的概念、理论、方法及其关键技术。结合编者多年的研究实践，并参考了大量的国内外文献及其最新研究成果，通过介绍绿色设计的概念、材料选择、拆卸回收产品设计、包装设计、节能设计和绿色设计体系及评价方法，对绿色设计进行系统、简明的论述，并给出了绿色设计在上述几个方面的典型案例。这是在工具书中首次全面和系统地论述绿色设计，为推动工程绿色设计的普遍实施具有指引作用。

本版手册对机械系统的振动设计及噪声控制、机械结构有限元设计、疲劳强度设计、可靠性设计、优化设计、计算机辅助设计等比较成熟的现代设计方法和技术，本着简明化、实用化的原则，做了全面修订和充实，吸收了最新研究成果，增加了系列应用实例。例如，机械系统的振动设计及噪声控制中，增加了非线性系统中的等效线性化和多尺度法；机械可靠性设计篇编入了机构运动可靠性设计理论和方法、可靠性灵敏度分析方法等最新成果；在机械优化设计篇中，增加了模糊优化设计等新内容。

另外，对机械系统概念设计、虚拟设计、智能设计、并行设计与协同设计、反求设计、快速反应设计、公理设计和质量功能展开(QFD)设计、和谐设计等设计领域的前沿方法分别作了实用化介绍，以进一步拓展设计思路。

在本版手册最后一篇，系统介绍了现代机电产品的综合设计方法。该方法是一种基于系统工程的产品深层次的综合设计理论和方法。它以产品功能设计、性能设计和产品质量检验和评估为基本目标，将产品设计过程分为准备阶段、规划阶段、实施阶段和设计质量检验阶段等四个阶段，以准备阶段的3I调研、规划阶段的7D规划、实施阶段的深层次1+3+X综合设计和设计质量检验阶段的3A检验为基本要点构成综合设计法的完整技术体系。本版手册首次对该设计法作了系统论述，并给出了大型综合应用实例。

在本版手册编写中，为便于协调，提高质量，加快编写进度，编审人员以东北大学的教师为主，并组织邀请清华大学、上海交通大学、浙江大学、哈尔滨工业大学、天津大学、华中科技大学、西安交通大学、大连理工大学、东南大学、同济大学、重庆大学、上海大学、合肥工业大学、大连交通大学、苏州大学、西安建筑科技大学、沈阳工业大学、沈阳理工大学、重庆理工大学、机械科学研究总院、中国科学院沈阳自动化研究所、中国科学院长春精密机械及物理研究所、合肥通用机械研究院、沈阳液压件制造有限公司、大连液力传动机械厂、天津工程机械研究所等单位的专家、学者参加。

在本手册第5版出版之际，向著名机械学家、本手册创始人、历次版本的主编徐灏教授致以崇高的敬意，向历次版本副主编邱宣怀教授、蔡春源教授、严隽琪教授、林忠钦教授、余俊教授、汪恺总工程师、周士昌教授表示崇高的敬意，向参加本手册历次版本的编写单位和人员表示衷心感谢，向在手册编写、出版过程中给予大力支持的单位和社会各界朋友们表示衷心感谢，特别感谢机械科学研究总院、郑州机械研究所、沈阳铝镁设计研究院、北方重工集团沈阳重型机械集团有限责任公司和沈阳矿山机械集团有限责任公司、沈阳机床集团有限责任公司、沈阳鼓风机集团有限责任公司及国家标准馆沈阳分馆等单位的大力支持。

由于水平有限，手册难免有一些不尽人意之处，殷切希望广大读者批评指正。

主编　闻邦椿

目　录

出版说明
第 5 版前言

第 17 篇　起重运输机械零部件和操作件

第 1 章　起重机零部件

1　起重机分级 …………………………………… 17-3
1.1　起重机整机的分级 ………………………… 17-3
1.1.1　起重机的使用等级 ………………………… 17-3
1.1.2　起重机的起升载荷状态级别 …… 17-3
1.2　机构的分级 ………………………… 17-4
1.2.1　机构的使用等级 ………………………… 17-4
1.2.2　机构的载荷状态级别 ………………… 17-4
1.2.3　机构的工作级别 ………………………… 17-4
2　钢丝绳 ………………………………………… 17-6
2.1　钢丝绳的标记 ………………………… 17-6
2.2　钢丝绳选用计算 ………………………… 17-8
2.2.1　*C* 系数法 ………………………… 17-8
2.2.2　最小安全系数法 ………………………… 17-8
2.3　重要用途钢丝绳 ………………………… 17-12
2.4　一般用途钢丝绳 ………………………… 17-27
2.5　平衡用扁钢丝绳 ………………………… 17-47
2.6　密封钢丝绳 ………………………… 17-47
2.7　不锈钢丝绳 ………………………… 17-49
3　绳具 ………………………………………… 17-51
3.1　钢丝绳夹 ………………………… 17-51
3.2　钢丝绳用楔形接头 ………………………… 17-52
3.3　钢丝绳用普通套环 ………………………… 17-55
3.4　钢丝绳用重型套环 ………………………… 17-55
3.5　索具套环 ………………………… 17-57
3.6　纤维索套环 ………………………… 17-57
3.7　一般起重用锻造卸扣 ………………………… 17-58
3.8　索具螺旋扣 ………………………… 17-59
3.8.1　标记示例 ………………………… 17-63
3.8.2　螺旋扣主要零部件的材料强度等级 ………………………… 17-63
3.8.3　螺旋扣一般零件的材料 ………………… 17-63
4　卷筒 ………………………………………… 17-63
4.1　卷筒的类型 ………………………… 17-63
4.2　卷筒几何尺寸 ………………………… 17-64
4.3　卷筒槽形 ………………………… 17-66
4.4　起重机用铸造卷筒型式、尺寸和技术条件 ………………………… 17-67
4.5　钢丝绳在卷筒上的固定 ………………………… 17-69
4.6　钢丝绳用压板 ………………………… 17-69
4.7　钢丝绳在卷筒上用压板固定的计算 ………………………… 17-71
4.8　卷筒强度计算 ………………………… 17-71
5　滑轮和滑轮组 ………………………… 17-72
5.1　滑轮 ………………………… 17-72
5.1.1　滑轮结构和材料 ………………………… 17-72
5.1.2　滑轮的主要尺寸 ………………………… 17-72
5.1.3　滑轮直径与钢丝绳直径匹配关系 ………………………… 17-73
5.1.4　滑轮型式 ………………………… 17-74
5.1.5　A 型滑轮轴套和隔环 ………………… 17-74
5.1.6　A 型滑轮挡盖 ………………………… 17-78
5.1.7　B 型滑轮隔套和隔环 ………………… 17-79
5.1.8　B 型滑轮挡盖 ………………………… 17-80
5.1.9　滑轮技术条件 ………………………… 17-81
5.1.10　滑轮强度计算 ………………………… 17-81
5.2　滑轮组 ………………………… 17-82
6　起重链和链轮 ………………………… 17-82
6.1　起重链条的选择 ………………………… 17-82
6.2　链条 ………………………… 17-83
6.2.1　起重用短环链 ………………………… 17-83
6.2.2　板式链及连接环 ………………………… 17-84
6.3　焊接链轮 ………………………… 17-90
6.4　板式链用槽轮 ………………………… 17-90
6.5　焊接链的滑轮与卷筒 ………………………… 17-91
6.5.1　焊接链的滑轮 ………………………… 17-91
6.5.2　焊接链的卷筒 ………………………… 17-91

7　吊钩…… 17-91
7.1　吊钩的分类…… 17-91
7.2　吊钩的力学性能…… 17-91
7.3　吊钩的起重量…… 17-91
7.4　吊钩毛坯…… 17-92
7.5　吊钩毛坯制造允许公差…… 17-94
7.6　吊钩的尺寸…… 17-95
7.7　吊钩的材料…… 17-95
7.8　吊钩的应力计算…… 17-96
7.9　吊钩附件…… 17-98
8　车轮和轨道…… 17-99
8.1　车轮…… 17-99
8.2　踏面形状和尺寸与钢轨的匹配…… 17-99
8.3　技术要求…… 17-100
8.3.1　材料的力学性能…… 17-100
8.3.2　热处理…… 17-100
8.3.3　精度…… 17-100
8.3.4　成品车轮的表面质量…… 17-100
8.4　车轮计算…… 17-100
8.4.1　允许轮压的计算…… 17-100
8.4.2　等效工作轮压计算…… 17-101
8.5　轨道…… 17-102
9　缓冲器…… 17-104
9.1　弹簧缓冲器…… 17-104
9.2　起重机橡胶缓冲器…… 17-106
10　棘轮逆止器…… 17-108
10.1　棘轮齿的强度计算…… 17-108
10.2　棘爪的强度计算…… 17-109
10.3　棘爪轴的强度计算…… 17-109
10.4　棘轮齿形与棘爪端的外形尺寸及画法…… 17-109

第2章　运输机械零部件

1　普通带式输送机及其主要组成部分…… 17-110
1.1　输送带…… 17-110
1.2　滚筒…… 17-112
1.3　托辊…… 17-129
1.4　拉紧装置…… 17-136
1.5　清扫器…… 17-139
1.6　带式输送机参数选择与计算…… 17-140
1.6.1　输送带…… 17-140
1.6.2　阻力与功率的计算…… 17-142
2　气垫带式输送机…… 17-144
2.1　气垫带式输送机工作原理…… 17-144
2.2　气垫带式输送机主要参数的计算…… 17-145
2.3　气垫带式输送机设计时应注意的问题…… 17-147
3　输送链和链轮…… 17-147
3.1　输送链、附件和链轮…… 17-147
3.1.1　链条…… 17-147
3.1.2　链轮…… 17-150
3.2　输送用平顶链和链轮…… 17-151
3.2.1　输送用平顶链…… 17-151
3.2.2　输送用平顶链链轮…… 17-152
3.3　带附件短节距精密滚子链…… 17-153
3.4　双节距精密滚子输送链…… 17-160
3.4.1　链条的结构名称和代号…… 17-160
3.4.2　链轮…… 17-162
4　逆止器…… 17-163

第3章　操　作　件

1　手柄…… 17-165
2　手轮…… 17-174
3　把手…… 17-178
4　操作件技术要求…… 17-182
4.1　材料…… 17-182
4.2　表面质量…… 17-182
4.3　尺寸和形位公差…… 17-182
参考文献…… 17-183

第 17 篇　起重运输机械零部件和操作件

主　编　黄万吉
编写人　黄万吉
审稿人　鄂中凯

第 4 版

起重运输机械零部件、操作件和小五金

主　编　黄万吉
编写人　黄万吉
　　　　黄　岩

第1章　起重机零部件

1　起重机分级

起重机分级包括起重机整机分级和机构的分级。

1.1　起重机整机的分级

1.1.1　起重机的使用等级

起重机的设计预期寿命，是指设计预设的该起重机从开始使用起到最终报废时止能完成的总工作循环数。起重机的一个工作循环是指从起吊一个物品起，到能开始起吊下一个物品时止，包括起重机运行及正常的停歇在内的一个完整的过程。

起重机的使用等级是将起重机可能完成的总工作循环数划分成10个等级，用 U_0、U_1、U_2、…、U_9 表示，见表17.1-1。

表17.1-1　起重机的使用等级（摘自GB/T 3811—2008）

使用等级	起重机总工作循环数 C_T	起重机使用频繁程度
U_0	$C_T \leq 1.60 \times 10^4$	很少使用
U_1	$1.60 \times 10^4 < C_T \leq 3.20 \times 10^4$	
U_2	$3.20 \times 10^4 < C_T \leq 6.30 \times 10^4$	
U_3	$6.30 \times 10^4 < C_T \leq 1.25 \times 10^5$	
U_4	$1.25 \times 10^5 < C_T \leq 2.50 \times 10^5$	不频繁使用
U_5	$2.50 \times 10^5 < C_T \leq 5.00 \times 10^5$	中等频繁使用
U_6	$5.00 \times 10^5 < C_T \leq 1.00 \times 10^6$	较频繁使用
U_7	$1.00 \times 10^6 < C_T \leq 2.00 \times 10^6$	频繁使用
U_8	$2.00 \times 10^6 < C_T \leq 4.00 \times 10^6$	特别频繁使用
U_9	$C_T > 4.00 \times 10^6$	

1.1.2　起重机的起升载荷状态级别

起重机的起升载荷，是指起重机在实际的起吊作业中每一次吊运的物品重量（有效起重量）与吊具及属具重量的总和（即起升重量）；起重机的额定起升载荷，是指起重机起吊额定起重量时能够吊运的物品最大重量与吊具及属具重量的总和（即总起升重量）。其单位为牛顿（N）或千牛（kN）。

起重机的起升载荷状态级别是指在该起重机的设计预期寿命期限内，它的各个有代表性的起升载荷值的大小及各相对应的起吊次数，与起重机的额定起升载荷值的大小及总的起吊次数的比值情况。

在表17.1-2中，列出了起重机载荷谱系数 K_P 的4个范围值，它们各代表了起重机一个相对应的载荷状态级别。

表17.1-2　起重机的载荷状态级别及载荷谱系数（摘自GB/T 3811—2008）

载荷状态级别	起重机的载荷谱系数 K_P	说　明
Q1	$K_P \leq 0.125$	很少吊运额定载荷，经常吊运较轻载荷
Q2	$0.125 < K_P \leq 0.250$	较少吊运额定载荷，经常吊运中等载荷
Q3	$0.250 < K_P \leq 0.500$	有时吊运额定载荷，较多吊运较重载荷
Q4	$0.500 < K_P \leq 1.000$	经常吊运额定载荷

如果已知起重机各个起升载荷值的大小及相应的起吊次数的资料，则可算出该起重机的载荷谱系数

$$K_P = \sum \left[\frac{C_i}{C_T} \left(\frac{P_{Qi}}{P_{Q\max}} \right)^m \right] \qquad (17.1\text{-}1)$$

式中　K_P——起重机的载荷谱系数；

C_i——与起重机各个有代表性的起升载荷相应的工作循环数，$C_i = C_1, C_2, C_3 \cdots, C_n$；

C_T——起重机总工作循环数，$C_T = \sum_{i=1}^{n} C_i = C_1 + C_2 + C_3 + \cdots + C_n$；

P_{Qi}——能表征起重机在预期寿命期内工作任务的各个有代表性的起升载荷，$P_{Qi} = P_{Q1}, P_{Q2}, P_{Q3} \cdots P_{Qn}$；

$P_{Q\max}$——起重机的额定起升载荷；

m——幂指数，约定取 $m = 3$。

起重机整机的工作级别见表17.1-3。

表 17.1-3　起重机整机的工作级别（摘自 GB/T 3811—2008）

载荷状态级别	起重机的载荷谱系数 K_P	起重机整机的工作级别									
		U_0	U_1	U_2	U_3	U_4	U_5	U_6	U_7	U_8	U_9
Q1	$K_P \leqslant 0.125$	A1	A1	A1	A2	A3	A4	A5	A6	A7	A8
Q2	$0.125 < K_P \leqslant 0.250$	A1	A1	A2	A3	A4	A5	A6	A7	A8	A8
Q3	$0.25 < K_P \leqslant 0.500$	A1	A2	A3	A4	A5	A6	A7	A8	A8	A8
Q4	$0.500 < K_P \leqslant 1.000$	A2	A3	A4	A5	A6	A7	A8	A8	A8	A8

1.2　机构的分级

1.2.1　机构的使用等级

机构的设计预期寿命，是指设计预设的该机构从开始使用起到预期更换或最终报废为止的总运转时间，它只是该机构实际运转小时数累计之和，而不包括工作中此机构的停歇时间。机构的使用等级是将该机构的总运转时间分成 10 个等级，以 T_0、T_1、T_2、…、T_9 表示，见表 17.1-4。

表 17.1-4　机构的使用等级（摘自 GB/T 3811—2008）

使用等级	总使用时间 t_T/h	机构运转频繁情况
T_0	$t_T \leqslant 200$	很少使用
T_1	$200 < t_T \leqslant 400$	
T_2	$400 < t_T \leqslant 800$	
T_3	$800 < t_T \leqslant 1600$	
T_4	$1600 < t_T \leqslant 3200$	不频繁使用
T_5	$3200 < t_T \leqslant 6300$	中等频繁使用
T_6	$6300 < t_T \leqslant 12500$	较频繁使用
T_7	$12500 < t_T \leqslant 25000$	频繁使用
T_8	$25000 < t_T \leqslant 50000$	
T_9	$t_T > 50000$	

1.2.2　机构的载荷状态级别

机构的载荷状态级别表明了机构所受载荷的轻重情况。在表 17.1-5 中，列出了机构载荷谱系数 K_m 的 4 个范围值，它们各代表了机构一个相对应的载荷状态级别。

表 17.1-5　机构的载荷状态级别及载荷谱系数（摘自 GB/T 3811—2008）

载荷状态级别	机构载荷谱系数 K_m	说　明
L1	$K_m \leqslant 0.125$	机构很少承受最大载荷，一般承受较小载荷
L2	$0.125 < K_m \leqslant 0.25$	机构较少承受最大载荷，一般承受中等载荷
L3	$0.25 < K_m \leqslant 0.500$	机构有时承受最大载荷，一般承受较大载荷
L4	$0.500 < K_m \leqslant 1.000$	机构经常承受最大载荷

机构的载荷谱系数 K_m 可用下式求得

$$K_m = \sum \left[\frac{t_i}{t_T} \left(\frac{P_i}{P_{max}} \right)^m \right] \quad (17.1\text{-}2)$$

式中　K_m——机构载荷谱系数；

t_i——与机构承受各个大小不同等级载荷的相应持续时间，$t_i = t_1, t_2, t_3, \cdots, t_n$，(h)；

t_T——机构承受所有大小不同等级载荷的时间总和，$t_T = \sum_{i=1}^{n} t_i = t_1 + t_2 + t_3 + \cdots + t_n$，(h)；

P_i——能表征机构在服务期内工作特征的各个大小不同等级的载荷，$P_i = P_1, P_2, P_3, \cdots, P_n$，(N)；

P_{max}——机构承受的最大载荷（N）；

m——同公式（17.1-1）。

1.2.3　机构的工作级别

机构工作级别的划分，是将各单个机构分别作为一个整体进行的关于其载荷大小程度及运转频繁情况总的评价，它并不表示该机构中所有的零部件都有与此相同的受载及运转情况。

根据机构的 10 个使用等级和 4 个载荷状态级别，机构单独作为一个整体进行分级的工作级别划分为 M1～M8 共 8 级，见表 17.1-6。关于桥式和门式起重机各机构单独作为整体分类举例见表 17.1-7。

表 17.1-6　机构的工作级别（摘自 GB/T 3811—2008）

载荷状态级别	机构载荷谱系数 K_m	机构的使用等级									
		T_0	T_1	T_2	T_3	T_4	T_5	T_6	T_7	T_8	T_9
L1	$K_m \leq 0.125$	M1	M1	M1	M2	M3	M4	M5	M6	M7	M8
L2	$0.125 < K_m \leq 0.250$	M1	M1	M2	M3	M4	M5	M6	M7	M8	M8
L3	$0.250 < K_m \leq 0.500$	M1	M2	M3	M4	M5	M6	M7	M8	M8	M8
L4	$0.500 < K_m \leq 1.000$	M2	M3	M4	M5	M6	M7	M8	M8	M8	M8

表 17.1-7　桥式和门式起重机各机构单独作为整体分级举例（摘自 GB/T 3811—2008）

序　号	起重机的类别	起重机的使用情况	起重机整机的工作级别	机构使用等级			机构载荷状态			机构工作级别		
				H	D	T	H	D	T	H	D	T
1	人力驱动的起重机（含手动葫芦起重机）	很少使用	A1	T_2	T_2	T_2	L1	L1	L1	M1	M1	M1
2	车间装配用起重机	较少使用	A3	T_2	T_2	T_2	L2	L1	L2	M2	M1	M2
3（a）	电站用起重机	很少使用	A3	T_2	T_2	T_3	L2	L1	L2	M2	M1	M3
3（b）	维修用起重机	较少使用	A3	T_2	T_2	T_2	L2	L1	L2	M2	M1	M2
4（a）	车间用起重机（含车间用电动葫芦起重机）	较少使用	A3	T_4	T_3	T_4	L1	L1	L1	M3	M2	M3
4（b）	车间用起重机（含车间用电动葫芦起重机）	不频繁、较轻载使用	A4	T_4	T_3	T_4	L2	L2	L2	M4	M3	M4
4（c）	较繁忙车间用起重机（含车间用电动葫芦起重机）	不频繁、中等载荷使用	A5	T_5	T_3	T_5	L2	L2	L2	M5	M3	M5
5（a）	货场用吊钩起重机（含货场用电动葫芦起重机）	较少使用	A3	T_4	T_3	T_4	L1	L1	L2	M3	M2	M4
5（b）	货场用抓斗或电磁盘起重机	较频繁中等载荷使用	A6	T_5	T_5	T_5	L3	L3	L3	M6	M6	M6
6（a）	废料场吊钩起重机	较少使用	A3	T_4	T_3	T_4	L2	L2	L2	M4	M3	M4
6（b）	废料场抓斗或电磁盘起重机	较频繁中等载荷使用	A6	T_5	T_5	T_5	L3	L3	L3	M6	M6	M6
7	桥式抓斗卸船机	频繁重载使用	A8	T_7	T_6	T_5	L3	L3	L3	M8	M7	M6
8（a）	集装箱搬运起重机	较频繁中等载荷使用	A6	T_5	T_5	T_5	L3	L3	L3	M6	M6	M6
8（b）	岸边集装箱起重机	较频繁重载使用	A7	T_6	T_6	T_5	L3	L3	L3	M7	M7	M6
9	冶金用起重机											
9（a）	换轧辊起重机	很少使用	A2	T_3	T_2	T_3	L3	L3	L3	M4	M3	M4
9（b）	料箱起重机	频繁重载使用	A8	T_7	T_5	T_7	L4	L4	L4	M8	M7	M8
9（c）	加热炉起重机	频繁重载使用	A8	T_6	T_6	T_6	L3	L4	L3	M7	M8	M7
9（d）	炉前兑铁水铸造起重机	较频繁重载使用	A6～A7	T_7	T_5	T_5	L3	L3	L3	M7～M8	M6	M6
9（e）	炉后出钢水铸造起重机	较频繁重载使用	A7～A8	T_7	T_6	T_6	L4	L3	L3	M8	M7	M6～M7

2　钢丝绳

2.1　钢丝绳的标记（见表17.1-8、表17.1-9）

表17.1-8　钢丝绳特性代号及标记方法（摘自GB/T 8706—2006）

钢丝绳特性代号

（1）横截面形状代号

1）钢丝横截面形状代号

名称	代号
圆形钢丝	无代号
三角形钢丝	V
矩形钢丝	R
梯形钢丝	T
椭圆形钢丝	Q
Z形钢丝	Z
H形钢丝	H

2）股横截面形状代号

名称	代号
圆形股	无代号
三角形股	V
组合芯股[①]	B
椭圆形股	Q
扁形或带形股	P
压实形股[②]	K

3）钢丝绳横截面形状代号

名称	代号
圆形钢丝绳	无代号
压实形钢丝绳[②]	K
编织形钢丝绳	BR
扁形钢丝绳	P
——单线缝合	PS
——双线缝合	PD
——铆钉铆接	PN

（2）股结构类型代号

1）普通类型的股结构代号及示例

结构类型	代　号	股结构示例
单捻	无代号	6即（1—5） 7即（1—6）
平行捻		
西鲁式	S	17S即（1—8—8） 19S即（1—9—9）
瓦林吞式	W	19W即（1—6—6+6）
填充式	F	21F即（1—5—5F—10） 25F即（1—6—6F—12） 29F即（1—7—7F—14） 41F即（1—8—8—8F—16）
组合平行捻	WS	26WS即（1—5—5+5—10） 31WS即（1—6—6+6—12） 36WS即（1—7—7+7—14） 41WS即（1—8—8+8—16） 47WS即（1—6/8—8+8—16） 46WS即（1—9—9+9—18）
多工序捻（圆股）		
点接触捻	M	19M即（1—6/12） 37M即（1—6/12/18）
复合捻[③]	N	35WN即（1—6—6+6/16）

标记方法

钢丝绳主要特性的标记应按尺寸、钢丝绳结构、芯结构、钢丝绳级别、钢丝表面状态、捻制类型及方向的顺序排列

（1）尺寸

圆钢丝绳和编制钢丝绳公称直径应以mm表示，扁钢丝绳公称尺寸（宽度×厚度）应标明并以mm表示

对于包覆钢丝绳应标明两个值：外层尺寸和内层尺寸。对于包覆固态聚合物的圆股钢丝绳，外径和内径用斜线（/）分开，如13.0/11.5

（2）钢丝绳结构

1）多股钢丝绳结构应按下列顺序标记

① 单层钢丝绳：外层股数×每个外层股中钢丝的数量及相应股的标记-芯的标记　示例：6×36WS-IWRC

② 平行捻密实钢丝绳：外层股数×每个外层股中钢丝的数量及相应股的标记-表明平行捻外层股经过密实加工的绳芯的标记　示例：8×19S-PWRC

③ 阻旋转钢丝绳

a. 十个或十个以上外层股：钢丝绳中除中心组件外的股的总数，或当中心组件和外层股相同时，钢丝绳中股的总数（当股的层数超过二层时，内层股的捻制类型标记在括号中）×每个外层股中钢丝的数量及相应股的标记-中心组件的标记　示例：18×7-WSC或19×7

b. 八个或九个外层股：外层股数×每个外层股中钢丝的数量及相应股的标记（表示反向捻芯）示例：8×25F-IWRC

2）单捻钢丝绳结构应按下列顺序标记

① 单捻钢丝绳：1×股中钢丝的数量　示例：1×61

② 密封钢丝绳（根据其用途）

a. 半密封钢丝绳：

HLGR—导向用钢丝绳

HLAR—架空索道用钢丝绳

b. 全密封钢丝绳：

FLAR—架空索道（或承载）用钢丝绳

LHR—提升用钢丝绳

FLSR—结构用钢丝绳

3）扁钢丝绳结构应按下列附加代号标记

HR—提升用钢丝绳

CR—补偿（或平衡）用钢丝绳

（3）芯结构

芯、平行捻密实钢丝绳中心和阻旋转钢丝绳中心组件按下列代号标记：

（续）

钢丝绳特性代号	标 记 方 法
2）当股标记用字母不能充分准确地反映股结构时，详细的股结构可以用从中心钢丝或股芯开始的数字表示，即从中心钢丝逐层向外层标识，且平行捻的各层钢丝之间用“—”号隔开，多工序捻（点接触）的各捻制工序钢丝层用“/”号隔开，同一层不同尺寸的钢丝用“+”号隔开。示例如下： 根据股中钢丝数确定股的标记示例 （见下表） （3）导线代号 导线代号应用字母D而且该代号应放在组件标记之前，例如DC表示多股钢丝绳股的中心	单层钢丝绳 纤维芯　FC 天然纤维芯　NFC 合成纤维芯　SFC 固态聚合物芯　SPC 钢芯　WC 钢丝股芯　WSC 独立钢丝绳芯　IWRC 压实股独立钢丝绳芯　IWRC（K） 聚合物包覆独立绳芯　EPIWRC 平行捻密实钢丝绳 平行捻钢丝绳芯　PWRC 压实股平行捻钢丝绳芯　PWRC（K） 填充聚合物的平行捻钢丝绳芯　PWRC（EP） 阻旋转钢丝绳 中心构件 纤维芯　FC 钢丝股芯　WSC 密实钢丝股芯　KWSC （4）钢丝绳级别 当需要给出钢丝绳的级别时，应标明钢丝绳破断拉力级别，如1770、1370/1770 （5）钢丝表面状态 钢丝的表面状态（外层钢丝）应用下列字母代号标记： 光面或无镀层　U B级镀锌　B A级镀锌　A B级锌合金镀层　B（Zn/Al） A级锌合金镀层　A（Zn/Al） 对于其他的表面状态的标识应保证所选用的字母代号的含义是明确的 （6）捻制类型和捻制方向 1）单捻钢丝绳　捻制方向应用下列字母代号标记： 右捻 左捻 2）多股钢丝绳　捻制类型和捻制方向应用下列字母代号标记： 右交互捻　sZ 左交互捻　zS 右同向捻　zZ 左同向捻　sS 右混合捻　aZ 左混合捻　aS 交互捻和同向捻类型中的第一个字母表示钢丝在股中的捻制方向，第二个字母表示股在钢丝绳中的捻制方向。混合捻类型的第二个字母表示股在钢丝绳中的捻制方向。股捻向用小写字母“z”或“s”表示，钢丝绳的捻向用大写字母“Z”或“S”表示

根据股中钢丝数确定股的标记示例

具体的股结构	股的标记
圆股-平行捻	
1—6—6F—12—12	37FS
1—7—7F—14—14	43FS
1—7—7—7F—14—14	50SFS
1—8—8F—16—16	49FS
1—6/8—8F—16—16	55FS
1—8—8—8+8—16	49SWS
1—6/8—8—8+8—16	55SWS
1—9—9—9+9—18	55SWS
1—6/9—9F—18—18	61FS
1—9—9—9F—18—18	64SFS
圆股-复合捻	
1—7—7+7—14/20—20	76WSNS
1—9—9—9+9—18/24—24	103SWSNS
三角股	
V—8	V9
V—9	V10
V—12/12	V25
BUC—12/12（组合芯）	V25B
BUC-12/15	V28B
带纤维芯的股（如采用压实/锻打的3股和4股钢丝绳）	
FC—9/15（股芯为12×P6：3×Q24FC的椭圆股）	Q24FC
FC—12—12（纤维芯）	24FC
FC—15—15	30FC
FC—9/15—15	39FC
FC—8—8+8—16	40FC
FC—12/15—15	42FC
FC—12/18—18	48FC

① 代号B表示股芯由多根钢丝组合而成并紧接在股形状代号之后，例如一个由25根钢丝组成的带组合芯的三角股的标记为V25B。
② 代号K表示股和钢丝绳结构成形经过一个附加的压实加工工艺，例如一个由26根钢丝组成的西瓦式压实圆股的标记为K26WS。
③ N是一个附加代号并放在基本类型代号之后，例如复合西鲁式为SN，复合瓦林吞式为WN。

钢丝绳标记系列示例（该系列列出了描述钢丝绳所要求的最少信息量）

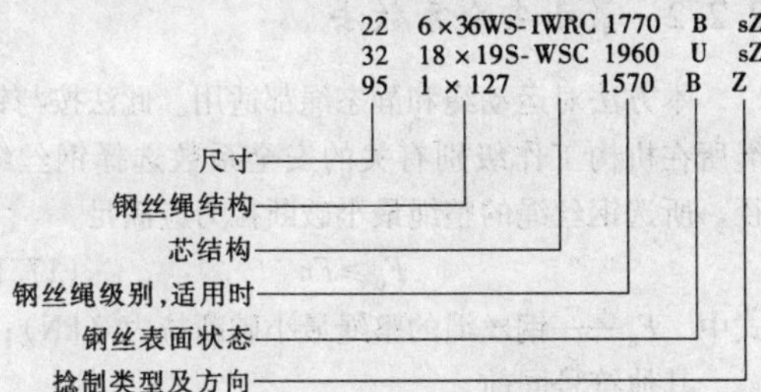

注：本示例及本标准其他部分各特性之间的间隔在实际应用中通常不留空间。

表17.1-9　钢丝绳特性代号及标记方法（摘自GB/T 8706—2006）

具体的股结构	股的标记	具体的股结构	股的标记
圆股－平行捻		三角股	
1—6—6F—12—12	37FS	V—8	V9
1—7—7F—14—14	43FS	V—9	V10
1—7—7—7F—14—14	50SFS	V—12/12	V25
1—8—8F—16—16	49FS	BUC—12/12（组合芯）	V25B
1—6/8—8F—16—16	55FS	BUC—12/15	V28B
1—8—8—8＋8—16	49SWS	带纤维芯的股（如采用压实/锻打的3股和4股钢丝绳）	
1—6/8—8—8＋8—16	55SWS	FC—9/15（股芯为12×P6：3×Q24FC的椭圆股）	Q24FC
1—9—9—9＋9—18	55SWS	FC—12—12（纤维芯）	24FC
1—6/9—9F—18—18	61FS	FC—15—15	30FC
1—9—9—9F—18—18	64SFS	FC—9/15—15	39FC
圆股—复合捻		FC—8—8＋8—16	40FC
1—7—7＋7—14/20—20	76WSNS	FC—12/15—15	42FC
1—9—9—9＋9—18/24—24	103SWSNS	FC—12/18—18	48FC

钢丝绳标记举例

1）全称标记示例

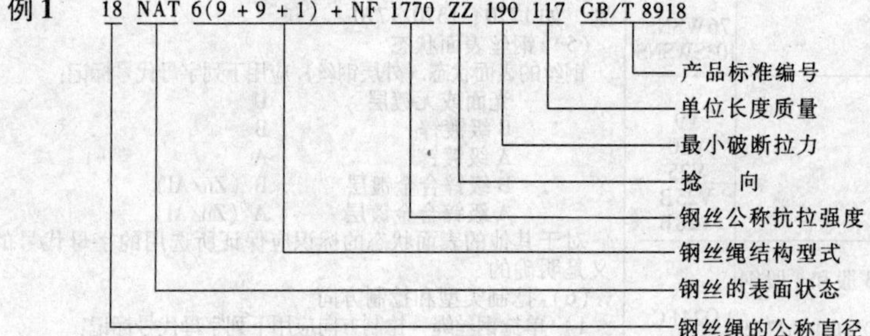

例2　18ZAA6（9＋9＋1）＋SF1770ZS GB/T 8918

2）简化标记示例

18NAT6×19S＋NF1770ZZ190

18ZBB6×19W＋NF1770ZZ

18NAT6×19Fi＋IWR1770

18ZAA6×19S＋NF

2.2　钢丝绳选用计算

2.2.1　*C*系数法

本方法只适用运动绳。

$$d_{min}=C\sqrt{F} \tag{17.1-3}$$

式中　d_{min}——钢丝绳的最小直径（mm）；

C——钢丝绳选择系数（$mm/\sqrt{N}$）；

F——钢丝绳最大工作静拉力（N）。

钢丝绳选择系数C的取值与钢丝的公称抗拉强度和机构工作级别有关，见表17.1-10。

当钢丝绳的k'和σ_b值与表17.1-10中不同时，则可根据工作级别从表17.1-10中选择安全系数n值并根据所选择钢丝绳的k'和σ_b值按式（17.1-4）换算出适合的钢丝绳选择系数C，然后再按式（17.1-3）选择绳径。

$$C=\sqrt{\frac{n}{k'\sigma_b}} \tag{17.1-4}$$

式中　n——钢丝绳的最小安全系数，按表17.1-10；

k'——钢丝绳最小破断拉力系数，见表17.1-10注；

σ_b——钢丝的公称抗拉强度（N/mm^2）。

2.2.2　最小安全系数法

本方法对运动绳和静态绳都适用。此法按与钢丝绳所在机构工作级别有关的安全系数选择钢丝绳直径。所选钢丝绳的整绳最小破断拉力应满足

$$F_0\geqslant Fn \tag{17.1-5}$$

式中　F_0——钢丝绳的整绳最小破断拉力（kN）；

其他符号同前。

钢丝绳分类见表17.1-11a～h。

表 17.1-10　钢丝绳的选择系数 C 和安全系数 n

	机构工作级别	选择系数 C 值							安全系数 n	
		钢丝公称抗拉强度 σ_b/N · mm^{-2}								
		1 470	1 570	1 670	1 770	1 870	1 960	2 160	运动绳	静态绳
纤维芯钢丝绳	M1	0.081	0.078	0.076	0.073	0.071	0.070	0.066	3.15	2.5
	M2	0.083	0.080	0.078	0.076	0.074	0.072	0.069	3.35	2.5
	M3	0.086	0.083	0.080	0.078	0.076	0.074	0.071	3.55	3
	M4	0.091	0.088	0.085	0.083	0.081	0.079	0.075	4	3.5
	M5	0.096	0.093	0.090	0.088	0.085	0.083	0.079	4.5	4
	M6	0.107	0.104	0.101	0.098	0.095	0.093	0.089	5.6	4.5
	M7	0.121	0.117	0.114	0.110	0.107	0.105	0.100	7.1	5
	M8	0.136	0.132	0.128	0.124	0.121	0.118	0.112	9	5
钢芯钢丝绳	M1	0.078	0.075	0.073	0.071	0.069	0.067	0.064	3.15	2.5
	M2	0.080	0.077	0.075	0.073	0.071	0.069	0.066	3.35	2.5
	M3	0.082	0.080	0.077	0.075	0.073	0.071	0.068	3.55	3
	M4	0.087	0.085	0.082	0.080	0.078	0.076	0.072	4	3.5
	M5	0.093	0.090	0.087	0.085	0.082	0.080	0.076	4.5	4
	M6	0.103	0.100	0.097	0.094	0.092	0.090	0.085	5.6	4.5
	M7	0.116	0.113	0.109	0.106	0.103	0.101	0.096	7.1	5
	M8	0.131	0.127	0.123	0.120	0.116	0.114	0.108	9	5

注：1. 对于吊运危险物品的起重用钢丝绳，一般应比设计工作级别高一级的工作级别选择表中的钢丝绳选择系数 C 和钢丝绳最小安全系数 n 值。对起升机构工作级别为 M7、M8 的冶金起重机和港口集装箱起重机等，在使用过程中能监控钢丝绳劣化损伤发展进程，保证安全使用。在保证一定寿命和及时更换钢丝绳的前提下，允许按稍低的工作级别选择钢丝绳；对冶金起重机最低安全系数不应小于 7.1，港口集装箱起重机主起升钢丝绳和小车曳引钢丝绳的最低安全系数不应小于 6。伸缩臂架用的钢丝绳，安全系数不应小于 4。

2. C 值是根据起重机常用的钢丝绳 6×19W（S）型的最小破断拉力系数 k'、且只针对运动绳的安全系数计算而得。对纤维芯（NF）钢丝绳 $k'=0.330$，对金属丝绳芯（IWR）或金属丝股芯（IWS）钢丝绳 $k'=0.356$。

表 17.1-11a　单层钢丝绳（摘自 GB/T 8706—2006）

类　别（不含绳芯）	钢丝绳		外层股				
	股　数	外层股数	股的层数	钢丝数	外层钢丝数	钢丝层数	股捻制类型
3×7	3	3	1	5—9	4—8	1	单捻
3×19	3	3	1	15—26	7—12	2—3	平行捻
3×36	3	3	1	27—49	12—18	3	平行捻
3×19M	3	3	1	12—19	9—12	2	多工序点接触
3×37M	3	3	1	27—37	16—18	3	多工序点接触
3×35N	3	3	1	28—48	12—18	3	多工序复合捻
4×7	4	4	1	5—9	4—8	1	单捻
4×19	4	4	1	15—26	7—12	2—3	平行捻
4×36	4	4	1	29—57	12—18	3—4	平行捻
4×19M	4	4	1	12—19	9—12	2	多工序点接触
4×37M	4	4	1	27—37	16—18	3	多工序点接触
4×35N	4	4	1	28—48	12—18	3	多工序复合捻
6×6	6	6	1	6	6	1	单捻

（续）

类　别（不含绳芯）	钢丝绳			外层股			
	股　数	外层股数	股的层数	钢丝数	外层钢丝数	钢丝层数	股捻制类型
6×7	6	6	1	5—9	4—8	1	单捻
6×12	6	6	1	12	12	1	单捻
6×19	6	6	1	15—26	7—12	2—3	平行捻
6×36	6	6	1	29—57	12—18	2—3	平行捻
6×61	6	6	1	61—85	18—24	3—4	平行捻
6×19M	6	6	1	12—19	9—12	2	多工序点接触
6×24M	6	6	1	24	12—16	2	多工序点接触
6×37M	6	6	1	27—37	16—18	3	多工序点接触
6×61M	6	6	1	45—61	18—24	4	多工序点接触
6×35N	6	6	1	28—48	12—18	3	多工序复合捻
6×61N	6	6	1	47—61	20—24	3—4	多工序复合捻
6×91N	6	6	1	85—109	24—36	4—6	多工序复合捻
7×19	7	7	1	15—26	7—12	2—3	平行捻
7×36	7	7	1	29—57	12—18	3—4	平行捻
8×7	8	8	1	5—9	4—8	1	单捻
8×19	8	8	1	15—26	7—12	2—3	平行捻
8×36	8	8	1	29—57	12—18	3—4	平行捻
8×61	8	8	1	61—85	18—24	3—4	平行捻
8×35N	8	8	1	28—48	12—18	3	多工序复合捻
8×61N	8	8	1	47—81	20—24	3—4	多工序复合捻
8×91N	8	8	1	85—109	24—36	4—6	多工序复合捻
麻钢混捻钢丝绳							
4×6	4	4	1	6	6	1	单捻
6×6	6	6	1	6	6	1	单捻
6×12	6	6	1	12	12	1	单捻
6×24	6	6	1	24	12—15	2	多工序交互捻
三角股钢丝绳							
6×V8	6	6	1	8—9	7—8	1	单捻
6×V25	6	6	1	15—31	9—18	2	多工序点接触

注：1. 对于三角股，当用单独捻制的股如 1—6 或 3F＋3×2 等代替钢丝股芯时，该股可记为一根钢丝。

2. 6×29F 结构钢丝绳既可归为 6×19 类也可归为 6×36 类。

3. 3 股或 4 股类钢丝绳也可设计和制造成阻旋转的。

表 17.1-11b　阻旋转钢丝绳（摘自 GB/T 8706—2006）

类　别	钢丝绳			外层股			
	股数（芯除外）	外层股数	股层数	钢丝数	外层钢丝数	钢丝层数	股捻制类型
圆股：							
2 次捻制							
18×7	17—18	10—12	2	5—9	4—8	1	单捻
18×19	17—18	10—12	2	15—26	7—12	2—3	平行捻
18×36	17—18	10—12	2	29—57	12—18	3—4	平行捻
2 次捻制							
23×7	21—27	15—18	2	5—9	4—8	1	单捻
23×19	21—27	15—18	2	15—26	7—12	2—3	平行捻
2 次捻制							
24×7	19—28	11—12	3	5—9	4—8	1	单捻
24×19	19—28	11—12	3	15—26	7—12	2—3	平行捻

（续）

类　别	钢丝绳			外层股			
	股数（芯除外）	外层股数	股层数	钢丝数	外层钢丝数	钢丝层数	股捻制类型
3 次捻制							
34（M）×7	34—36	17—18	3	5—9	4—8	1	单捻
34（M）×19	34—36	17—18	3	15—26	7—12	2—3	平行捻
34（M）×36	34—36	17—18	3	29—57	12—18	3—4	平行捻
2 次捻制							
35（W）×7	27—40	15—18	3	5—9	4—8	1	单捻
35（W）×19	27—40	15—18	3	15—26	7—12	2—3	平行捻
35（W）×36	27—40	15—18	3	29—57	12—18	3—4	平行捻
8×7：IWRC	14—16	8	2	5—9	4—8	1	单捻
8×19：IWRC	14—16	8	2	15—26	7—12	2—3	平行捻
8×36：IWRC	14—16	8	2	29—57	12—18	3—4	平行捻
9×7：IWRC	18	9	2	5—9	4—8	1	单捻
9×19：IWRC	18	9	2	15—26	7—12	2—3	平行捻
9×36：IWRC	18	9	2	29—57	12—18	3—4	平行捻
异型股：							
2 次捻制							
10×Q10	10—14	6—9	2	8—10	8—10	1	单捻
12×P6：Q3×24FC	15	12	2	6	6	1	单捻
3 次捻制							
19（M）×Q12	19	8	3	10—12	10—12	1	单捻
19（M）×Q26	19	8	3	24—28	14—16	2	多工序点接触

注：3 股或 4 股钢丝绳也可以设计和制造成阻旋转钢丝绳。

表 17.1-11c　平行捻密实钢丝绳（摘自 GB/T 8706—2006）

类别	股数（芯除外）	外层股数	股层数	外层股钢丝数	外层钢丝数	钢丝层数	股捻制类型
6×19—PWRC	12	6	2	15—26	7—12	2—3	平行捻
6×36—PWRC	12	6	2	29—57	12—18	3—4	平行捻
8×7—PWRC	16	8	2	5—9	4—8	1	单捻
8×19—PWRC	16	8	2	15—26	7—12	2—3	平行捻
8×36—PWRC	16	8	2	29—57	12—18	3—4	平行捻
9×7—PWRC	18	9	2	5—9	4—8	1	单捻
9×19—PWRC	18	9	2	15—26	7—12	2—3	平行捻
9×36—PWRC	18	9	2	29—57	12—18	3—4	平行捻

表 17.1-11d　缆式钢丝绳（摘自 GB/T 8706—2006）

类别（不包括绳芯）	钢丝绳	单元钢丝绳			单元钢丝绳的外层股			
	单元钢丝绳数	股数	外层股数	股层数	钢丝数	外层钢丝数	钢丝层数	股捻制类型
6×6×7	6	6	6	1	5—9		1	单捻
6×6×19	6	6	6	1	15—26	7—12	2—3	平行捻
6×6×36	6	6	6	1	27—57	12—18	3—4	平行捻
6×6×61	6	6	6	1	61—73	18—24	3—4	平行捻
6×6×19M	6	6	6	1	12—19	9—12	2	多工序点接触
6×6×37M	6	6	6	1	27—37	16—18	3	多工序点接触
6×6×61M	6	6	6	1	45—61	20—24	4	多工序点接触
6×6×35M	6	6	6	1	28—48	12—18	3	多工序复合捻
6×6×61N	6	6	6	1	47—81	20—24	3—4	多工序复合捻
6×6×91N	6	6	6	1	85—109	24—36	4—6	多工序复合捻

（续）

类别（不包括绳芯）	钢丝绳	单元钢丝绳			单元钢丝绳的外层股			
	单元钢丝绳数	股数	外层股数	股层数	钢丝数	外层钢丝数	钢丝层数	股捻制类型
6×8×19	6	8	8	1	15—26	7—12	2—3	平行捻
6×8×36	6	8	8	1	27—57	12—18	3—4	平行捻
6×8×61	6	8	8	1	61—73	20—24	3—4	平行捻
6×8×35N	6	8	8	1	28—48	12—18	3	多工序复合捻
6×8×61N	6	8	8	1	47—81	20—24	3—4	多工序复合捻
6×8×91N	6	8	8	1	85—109	24—36	4—6	多工序复合捻
回弹捻								
6×3×19	6	3①	3①	1	15—26	7—12	2—3	平行捻
6×3×19M	6	3①	3①	1	12—19	9—12	2	多工序点接触

① 3个钢丝股与3个纤维股交替排列捻制的钢丝绳。

表17.1-11e　股（摘自GB/T 8706—2006）

类别	钢丝数	外层钢丝数	钢丝层数	股捻制类型
1×7	5—9	4—8	1	单捻
1×19	15—26	7—12	2—3	平行捻
1×19M	12—19	9—12	2	多工序点接触
1×36	27—49	12—18	3	平行捻
1×37M	27—37	16—18	3	多工序点接触

表17.1-11f　密封钢丝绳

类　别	钢丝层数	类　别	钢丝层数
单层半密封钢丝	2或2层以上	双层全密封钢丝	4或4层以上
双层半密封钢丝	4或4层以上	三层全密封钢丝	4或4层以上
多层半密封钢丝	6或6层以上	多层全密封钢丝	8或8层以上
单层全密封钢丝	2或2层以上		

表17.1-11g　扁钢丝绳（摘自GB/T 8706—2006）

类别	钢丝绳	单元钢丝绳		单元钢丝绳股			
	单元钢丝绳数	股数	股层数	钢丝数	外层钢丝数	钢丝层数	股捻制类型
P6×4×7	6	4	1	5—9	4—8	1	单捻
P6×4×12M	6	4	1	12	9	2	多工序点接触
P8×4×7	8	4	1	5—9	4—8	1	单捻
P8×4×12M	8	4	1	12	9	2	多工序点接触
P8×4×14M	8	4	1	14	10	2	多工序点接触
P8×4×19W	8	4	1	7	12	2	平行捻
P8×4×19M	8	4	1	7	12	2	多工序点接触

表17.1-11h　单股钢丝绳（摘自GB/T 8706—2006）

类别	钢丝数	外层钢丝数	钢丝层数	类别	钢丝数	外层钢丝数	钢丝层数
1×19	17—37	11—16	2—3	1×91	86—114	29—34	5—6
1×37	34—59	17—22	3—4	1×127	>114	>34	>3
1×61	57—85	23—28	4—5				

2.3　重要用途钢丝绳（摘自GB/T 8918—2006）

（1）适用范围

重要用途钢丝绳适用于矿井提升、高炉卷扬、大型浇铸、石油钻井、大型吊装、繁忙起重、索道、地面缆车、船舶和海上设施等用途的圆股及异形股钢丝绳。

（2）分类

钢丝绳按其股的断面、股数和股外层钢丝的数目分类（见表17.1-11a～h）。在圆股和异形股钢丝绳中，如果需方没有明确要求某种结构的钢丝绳时，在同一组别内，结构的选择由供方自行确定。

（3）标记

钢丝绳的标记代号按 GB/T 8706—2006 的规定；股的结构由中心向外层进行标记。

（4）订货内容

订货的合同应包括：标准号、产品名称、结构（标记代号）、公称直径、捻法、表面状态、公称抗拉强度、数量（长度）、用途、其他要求。

（5）力学性能（见表17.1-12～表17.1-26）

表17.1-12　第1组6×7类力学性能

第1组　6×7类

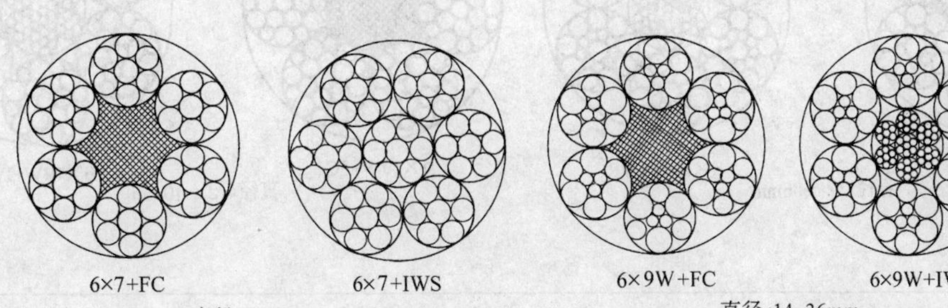

直径:8~36mm　　直径:14~36mm

钢丝绳公称直径		钢丝绳参考重量/kg·(100m)$^{-1}$			钢丝绳公称抗拉强度/MPa									
					1570		1670		1770		1870		1960	
					钢丝绳最小破断拉力/kN									
D/mm	允许偏差(%)	天然纤维芯钢丝绳	合成纤维芯钢丝绳	钢芯钢丝绳	纤维芯钢丝绳	钢芯钢丝绳	纤维芯钢丝绳	钢芯钢丝绳	纤维芯钢丝绳	钢芯钢丝绳	纤维芯钢丝绳	钢芯钢丝绳	纤维芯钢丝绳	钢芯钢丝绳
8		22.5	22.0	24.8	33.4	36.1	35.5	38.4	37.6	40.7	39.7	43.0	41.6	45.0
9		28.4	27.9	31.3	42.2	45.7	44.9	48.6	47.6	51.5	50.3	54.4	52.7	57.0
10		35.1	34.4	38.7	52.1	56.4	55.4	60.0	58.8	63.5	62.1	67.1	65.1	70.4
11		42.5	41.6	46.8	63.1	68.2	67.1	72.5	71.1	76.9	75.1	81.2	78.7	85.1
12		50.5	49.5	55.7	75.1	81.2	79.8	86.3	84.6	91.5	89.4	96.7	93.7	101
13		59.3	58.1	65.4	88.1	95.3	93.7	101	99.3	107	105	113	110	119
14		68.8	67.4	75.9	102	110	109	118	115	125	122	132	128	138
16	+5	89.9	88.1	99.1	133	144	142	153	150	163	159	172	167	180
18	0	114	111	125	169	183	180	194	190	206	201	218	211	228
20		140	138	155	208	225	222	240	235	254	248	269	260	281
22		170	166	187	252	273	268	290	284	308	300	325	315	341
24		202	198	223	300	325	319	345	338	366	358	387	375	405
26		237	233	262	352	381	375	405	397	430	420	454	440	476
28		275	270	303	409	442	435	470	461	498	487	526	510	552
30		316	310	348	469	507	499	540	529	572	559	604	586	633
32		359	352	396	534	577	568	614	602	651	636	687	666	721
34		406	398	447	603	652	641	693	679	735	718	776	752	813
36		455	446	502	676	730	719	777	762	824	805	870	843	912

注：钢丝绳公称抗拉强度仅表示钢丝绳的强度等级，下同。

表 17.1-13　第2组6×19类力学性能

第2组　6×19类

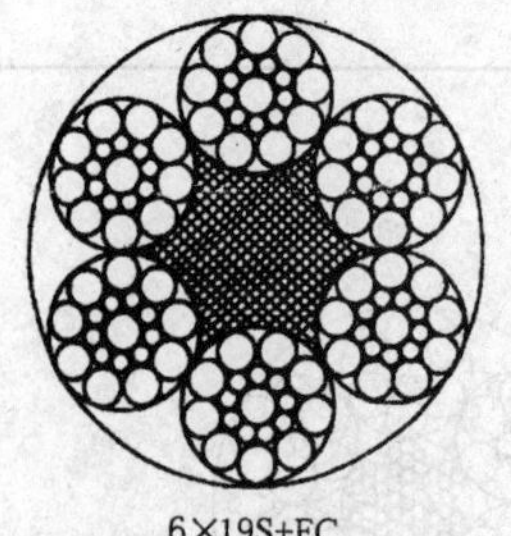

6×19S+FC

6×19S+IWR

直径:12～36mm

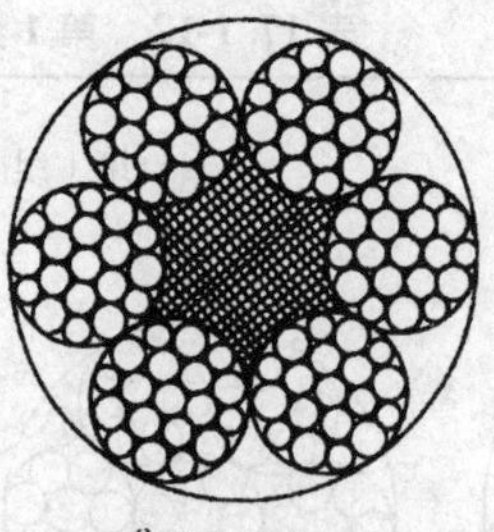

6×19W+FC

6×19W+IWR

直径:12～40mm

钢丝绳公称直径		钢丝绳参考重量/kg·(100m)$^{-1}$			钢丝绳公称抗拉强度/MPa									
					1570		1670		1770		1870		1960	
					钢丝绳最小破断拉力/kN									
D/mm	允许偏差(%)	天然纤维芯钢丝绳	合成纤维芯钢丝绳	钢芯钢丝绳	纤维芯钢丝绳	钢芯钢丝绳	纤维芯钢丝绳	钢芯钢丝绳	纤维芯钢丝绳	钢芯钢丝绳	纤维芯钢丝绳	钢芯钢丝绳	纤维芯钢丝绳	钢芯钢丝绳
12		53.1	51.8	58.4	74.6	80.5	79.4	85.6	84.1	90.7	88.9	95.9	93.1	100
13		62.3	60.8	68.5	87.6	94.5	93.1	100	98.7	106	104	113	109	118
14		72.2	70.5	79.5	102	110	108	117	114	124	121	130	127	137
16		94.4	92.1	104	133	143	141	152	150	161	158	170	166	179
18		119	117	131	168	181	179	193	189	204	200	216	210	226
20		147	144	162	207	224	220	238	234	252	247	266	259	279
22		178	174	196	251	271	267	288	283	304	299	322	313	338
24	+5	212	207	234	298	322	317	342	336	363	355	383	373	402
26	0	249	243	274	350	378	373	402	395	426	417	450	437	472
28		289	282	318	406	438	432	466	458	494	484	522	507	547
30		332	324	365	466	503	496	535	526	567	555	599	582	628
32		377	369	415	531	572	564	609	598	645	632	682	662	715
34		426	416	469	599	646	637	687	675	728	713	770	748	807
36		478	466	525	671	724	714	770	757	817	800	863	838	904
38		532	520	585	748	807	796	858	843	910	891	961	934	1010
40		590	576	649	829	894	882	951	935	1010	987	1070	1030	1120

表 17.1-14　钢丝绳第 2 组 6×19 类和第 3 组 6×37 类力学性能

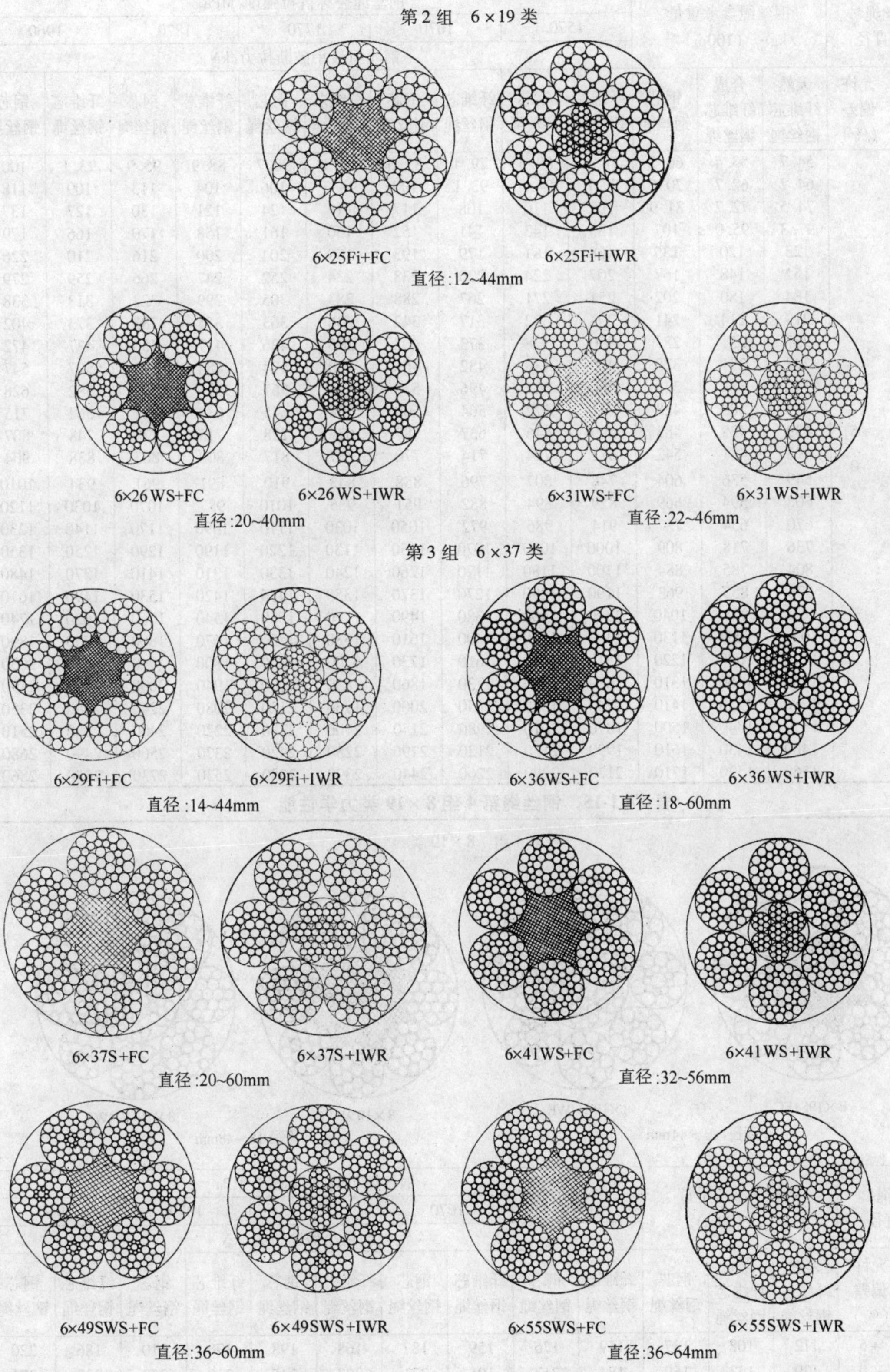

（续）

钢丝绳公称直径		钢丝绳参考重量 /kg·（100m）$^{-1}$			钢丝绳公称抗拉强度/MPa 钢丝绳最小破断拉力/kN									
					1570		1670		1770		1870		1960	
D/mm	允许偏差（%）	天然纤维芯钢丝绳	合成纤维芯钢丝绳	钢芯钢丝绳	纤维芯钢丝绳	钢芯钢丝绳	纤维芯钢丝绳	钢芯钢丝绳	纤维芯钢丝绳	钢芯钢丝绳	纤维芯钢丝绳	钢芯钢丝绳	纤维芯钢丝绳	钢芯钢丝绳
12		54.7	53.4	60.2	74.6	80.5	79.4	85.6	84.1	90.7	88.9	95.9	93.1	100
13		64.2	62.7	70.6	87.6	94.5	93.1	100	98.7	106	104	113	109	118
14		74.5	72.7	81.9	102	110	108	117	114	124	121	130	127	137
16		97.3	95.0	107	133	143	141	152	150	161	158	170	166	179
18		123	120	135	168	181	179	193	189	204	200	216	210	226
20		152	148	167	207	224	220	238	234	252	247	266	259	279
22		184	180	202	251	271	267	288	283	305	299	322	313	338
24		219	214	241	298	322	317	342	336	363	355	383	373	402
26		257	251	283	350	378	373	402	395	426	417	450	437	472
28		298	291	328	406	438	432	466	458	494	484	522	507	547
30		342	334	376	466	503	496	535	526	567	555	599	582	628
32		389	380	428	531	572	564	609	598	645	632	682	662	715
34	+5	439	429	483	599	646	637	687	675	728	713	770	748	807
36	0	492	481	542	671	724	714	770	757	817	800	863	838	904
38		549	536	604	748	807	796	858	843	910	891	961	934	1010
40		608	594	669	829	894	882	951	935	1010	987	1070	1030	1120
42		670	654	737	914	986	972	1050	1030	1110	1090	1170	1140	1230
44		736	718	809	1000	1080	1070	1150	1130	1220	1190	1290	1250	1350
46		804	785	884	1100	1180	1170	1260	1240	1330	1310	1410	1370	1480
48		876	855	963	1190	1290	1270	1370	1350	1450	1420	1530	1490	1610
50		950	928	1040	1300	1400	1380	1490	1460	1580	1540	1660	1620	1740
52		1030	1000	1130	1400	1510	1490	1610	1580	1700	1670	1800	1750	1890
54		1110	1080	1220	1510	1630	1610	1730	1700	1840	1800	1940	1890	2030
56		1190	1160	1310	1620	1750	1730	1860	1830	1980	1940	2090	2030	2190
58		1280	1250	1410	1740	1880	1850	2000	1960	2120	2080	2240	2180	2350
60		1370	1340	1500	1870	2010	1980	2140	2100	2270	2220	2400	2330	2510
62		1460	1430	1610	1990	2150	2120	2290	2250	2420	2370	2560	2490	2680
64		1560	1520	1710	2120	2290	2260	2440	2390	2580	2530	2730	2650	2860

表 17.1-15　钢丝绳第4组8×19类力学性能

第4组　8×19类

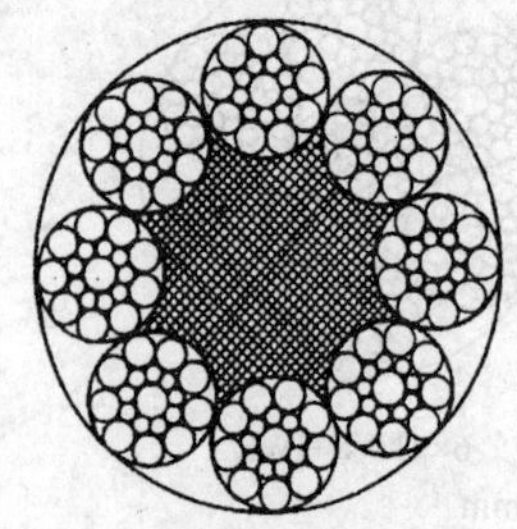

8×19S+FC

8×19S+IWR

直径：20～44mm

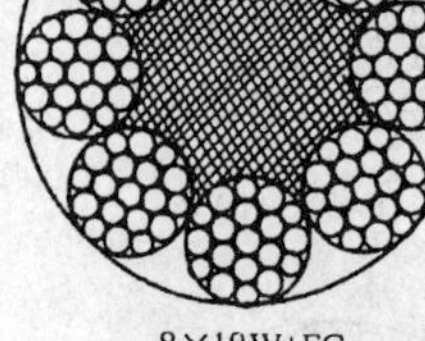

8×19W+FC

8×19W+IWR

直径：18～48mm

钢丝绳公称直径		钢丝绳参考重量 /kg·（100m）$^{-1}$			钢丝绳公称抗拉强度/MPa 钢丝绳最小破断拉力/kN									
					1570		1670		1770		1870		1960	
D/mm	允许偏差（%）	天然纤维芯钢丝绳	合成纤维芯钢丝绳	钢芯钢丝绳	纤维芯钢丝绳	钢芯钢丝绳	纤维芯钢丝绳	钢芯钢丝绳	纤维芯钢丝绳	钢芯钢丝绳	纤维芯钢丝绳	钢芯钢丝绳	纤维芯钢丝绳	钢芯钢丝绳
18	+5	112	108	137	149	176	159	187	168	198	178	210	186	220
20	0	139	133	169	184	217	196	231	207	245	219	259	230	271

（续）

钢丝绳公称直径		钢丝绳参考重量/kg·(100m)$^{-1}$			钢丝绳公称抗拉强度/MPa									
					1570		1670		1770		1870		1960	
					钢丝绳最小破断拉力/kN									
D/mm	允许偏差(%)	天然纤维芯钢丝绳	合成纤维芯钢丝绳	钢芯钢丝绳	纤维芯钢丝绳	钢芯钢丝绳	纤维芯钢丝绳	钢芯钢丝绳	纤维芯钢丝绳	钢芯钢丝绳	纤维芯钢丝绳	钢芯钢丝绳	纤维芯钢丝绳	钢芯钢丝绳
22		168	162	204	223	263	237	280	251	296	265	313	278	328
24		199	192	243	265	313	282	333	299	353	316	373	331	391
26		234	226	285	311	367	331	391	351	414	370	437	388	458
28		271	262	331	361	426	384	453	407	480	430	507	450	532
30		312	300	380	414	489	440	520	467	551	493	582	517	610
32	+5	355	342	432	471	556	501	592	531	627	561	663	588	694
34	0	400	386	488	532	628	566	668	600	708	633	748	664	784
36		449	432	547	596	704	634	749	672	794	710	839	744	879
38		500	482	609	664	784	707	834	749	884	791	934	829	979
40		554	534	675	736	869	783	925	830	980	877	1040	919	1090
42		611	589	744	811	958	863	1020	915	1080	967	1140	1010	1200
44		670	646	817	891	1050	947	1120	1000	1190	1060	1250	1110	1310
46		733	706	893	973	1150	1040	1220	1100	1300	1160	1370	1220	1430
48		798	769	972	1060	1250	1130	1330	1190	1410	1260	1490	1320	1560

表 17.1-16　第 4 组 8×19 类和第 5 组 8×37 类力学性能

第4组　8×19类和第5组　8×37类

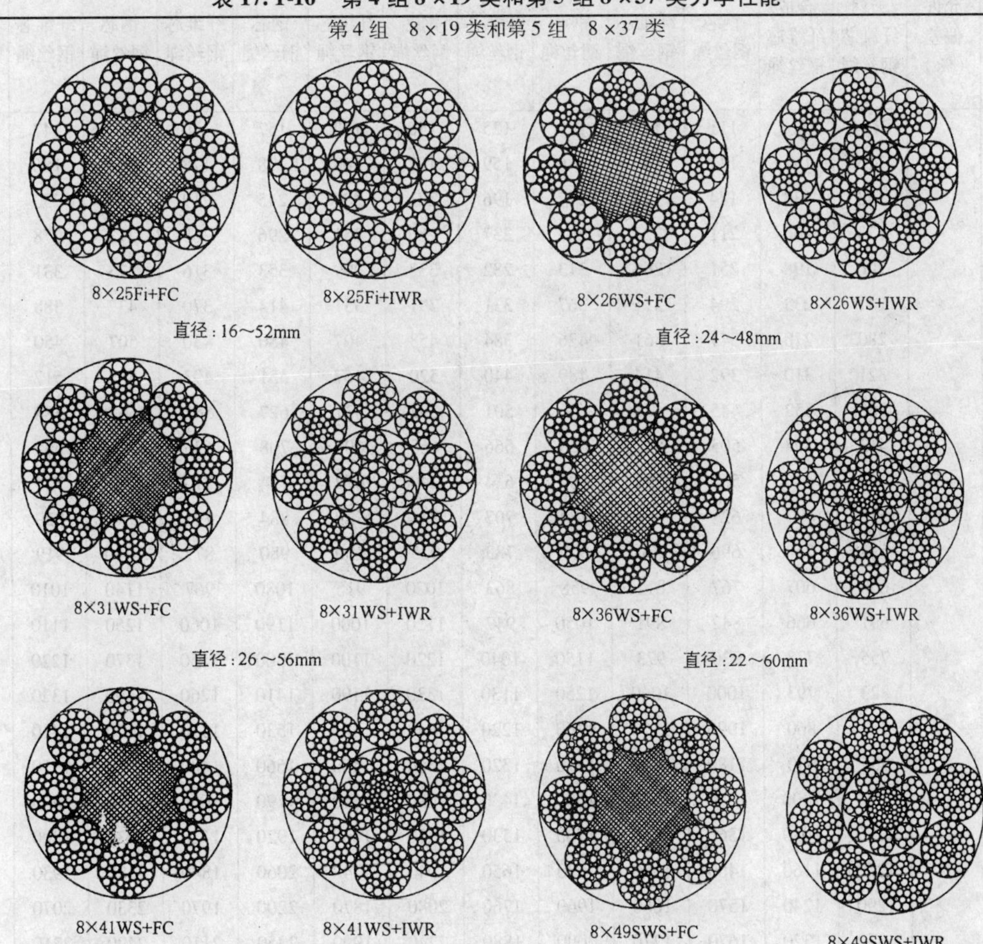

（续）

8×55SWS+FC

8×55SWS+IWR

直径：44～64mm

钢丝绳公称直径		钢丝绳参考重量/kg·（100m）$^{-1}$			钢丝绳公称抗拉强度/MPa									
					1570		1670		1770		1870		1960	
					钢丝绳最小破断拉力/kN									
D/mm	允许偏差（%）	天然纤维芯钢丝绳	合成纤维芯钢丝绳	钢芯钢丝绳	纤维芯钢丝绳	钢芯钢丝绳	纤维芯钢丝绳	钢芯钢丝绳	纤维芯钢丝绳	钢芯钢丝绳	纤维芯钢丝绳	钢芯钢丝绳	纤维芯钢丝绳	钢芯钢丝绳
16		91.4	88.1	111	118	139	125	148	133	157	140	166	147	174
18		116	111	141	149	176	159	187	168	198	178	210	186	220
20		143	138	174	184	217	196	231	207	245	219	259	230	271
22		173	166	211	223	263	237	280	251	296	265	313	278	328
24		206	198	251	265	313	282	333	299	353	316	373	331	391
26		241	233	294	311	367	331	391	351	414	370	437	388	458
28		280	270	341	361	426	384	453	407	480	430	507	450	532
30		321	310	392	414	489	440	520	467	551	493	582	517	610
32		366	352	445	471	556	501	592	531	627	561	663	588	694
34		413	398	503	532	628	566	668	600	708	633	748	664	784
36	+5	463	446	564	596	704	634	749	672	794	710	839	744	879
38	0	516	497	628	664	784	707	834	749	884	791	934	829	979
40		571	550	696	736	869	783	925	830	980	877	1040	919	1090
42		630	607	767	811	958	863	1020	915	1080	967	1140	1010	1200
44		691	666	842	891	1050	947	1120	1000	1190	1060	1250	1110	1310
46		755	728	920	973	1150	1040	1220	1100	1300	1160	1370	1220	1430
48		823	793	1000	1060	1250	1130	1330	1190	1410	1260	1490	1320	1560
50		892	860	1090	1150	1360	1220	1440	1300	1530	1370	1620	1440	1700
52		965	930	1180	1240	1470	1320	1560	1400	1660	1480	1750	1550	1830
54		1040	1000	1270	1340	1580	1430	1680	1510	1790	1600	1890	1670	1980
56		1120	1080	1360	1440	1700	1530	1810	1630	1920	1720	2030	1800	2130
58		1200	1160	1460	1550	1830	1650	1940	1740	2060	1840	2180	1930	2280
60		1290	1240	1570	1660	1960	1760	2080	1870	2200	1970	2330	2070	2440
62		1370	1320	1670	1770	2090	1880	2220	1990	2350	2110	2490	2210	2610
64		1460	1410	1780	1880	2230	2000	2370	2120	2510	2240	2650	2350	2780

表 17.1-17　第 6 组 18×7 类和第 7 组 18×19 类力学性能

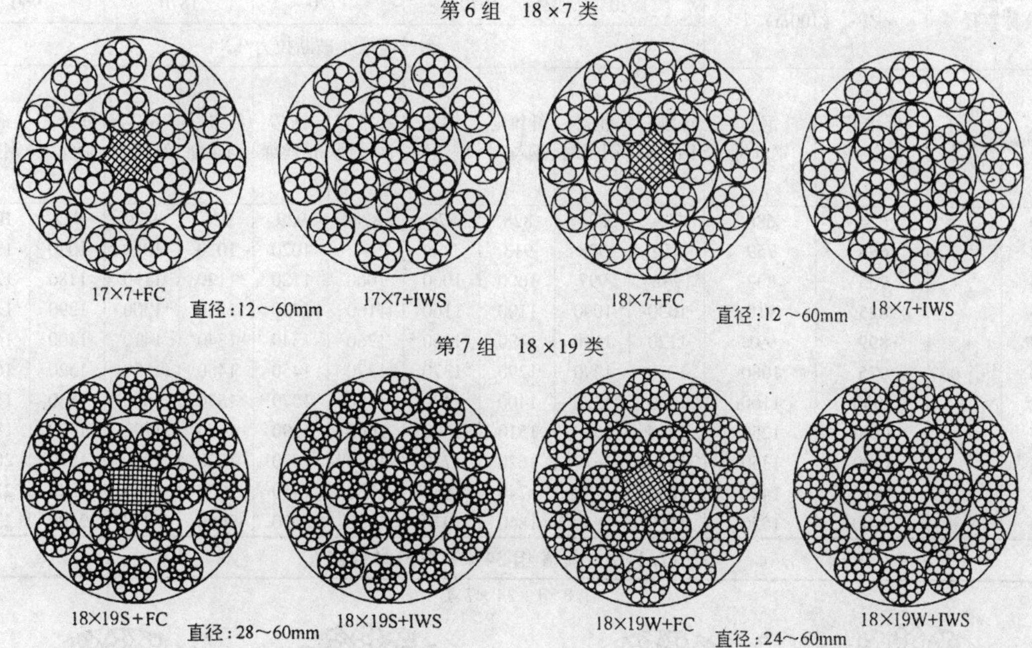

钢丝绳公称直径		钢丝绳参考重量 /kg·(100m)$^{-1}$		钢丝绳公称抗拉强度/MPa									
				1570		1670		1770		1870		1960	
				钢丝绳最小破断拉力/kN									
D/mm	允许偏差(%)	纤维芯钢丝绳	钢芯钢丝绳	纤维芯钢丝绳	钢芯钢丝绳	纤维芯钢丝绳	钢芯钢丝绳	纤维芯钢丝绳	钢芯钢丝绳	纤维芯钢丝绳	钢芯钢丝绳	纤维芯钢丝绳	钢芯钢丝绳
12	+5 0	56.2	61.9	70.1	74.2	74.5	78.9	79.0	83.6	83.5	88.3	87.5	92.6
13		65.9	72.7	82.3	87.0	87.5	92.6	92.7	98.1	98.0	104	103	109
14		76.4	84.3	95.4	101	101	107	108	114	114	120	119	126
16		99.8	110	125	132	133	140	140	149	148	157	156	165
18		126	139	158	167	168	177	178	188	188	199	197	208
20		156	172	195	206	207	219	219	232	232	245	243	257
22		189	208	236	249	251	265	266	281	281	297	294	311
24		225	248	280	297	298	316	316	334	334	353	350	370
26		264	291	329	348	350	370	371	392	392	415	411	435
28		306	337	382	404	406	429	430	455	454	481	476	504
30		351	387	438	463	466	493	494	523	522	552	547	579
32		399	440	498	527	530	561	562	594	594	628	622	658
34		451	497	563	595	598	633	634	671	670	709	702	743
36		505	557	631	667	671	710	711	752	751	795	787	833
38		563	621	703	744	748	791	792	838	837	886	877	928

（续）

钢丝绳公称直径		钢丝绳参考重量/kg·(100m)$^{-1}$		钢丝绳公称抗拉强度/MPa									
				1570		1670		1770		1870		1960	
				钢丝绳最小破断拉力/kN									
D/mm	允许偏差(%)	纤维芯钢丝绳	钢芯钢丝绳	纤维芯钢丝绳	钢芯钢丝绳	纤维芯钢丝绳	钢芯钢丝绳	纤维芯钢丝绳	钢芯钢丝绳	纤维芯钢丝绳	钢芯钢丝绳	纤维芯钢丝绳	钢芯钢丝绳
40		624	688	779	824	828	876	878	929	928	981	972	1030
42		688	759	859	908	913	966	968	1020	1020	1080	1070	1130
44		755	832	942	997	1000	1060	1060	1120	1120	1190	1180	1240
46		825	910	1030	1090	1100	1160	1160	1230	1230	1300	1290	1360
48	+5	899	991	1120	1190	1190	1260	1260	1340	1340	1410	1400	1480
50	0	975	1080	1220	1290	1290	1370	1370	1450	1450	1530	1520	1610
52		1050	1160	1320	1390	1400	1480	1480	1570	1570	1660	1640	1740
54		1140	1250	1420	1500	1510	1600	1600	1690	1690	1790	1770	1870
56		1220	1350	1530	1610	1620	1720	1720	1820	1820	1920	1910	2020
58		1310	1450	1640	1730	1740	1840	1850	1950	1950	2060	2040	2160
60		1400	1550	1750	1850	1860	1970	1980	2090	2090	2210	2190	2310

表17.1-18　第8组34×7类力学性能

第8组　34×7类

34×7+FC

34×7+IWS

直径:16～60mm

36×7+FC

36×7+IWS

直径:16～60mm

钢丝绳公称直径		钢丝绳参考重量/kg·(100m)$^{-1}$		钢丝绳公称抗拉强度/MPa									
				1570		1670		1770		1870		1960	
				钢丝绳最小破断拉力/kN									
D/mm	允许偏差(%)	纤维芯钢丝绳	钢芯钢丝绳	纤维芯钢丝绳	钢芯钢丝绳	纤维芯钢丝绳	钢芯钢丝绳	纤维芯钢丝绳	钢芯钢丝绳	纤维芯钢丝绳	钢芯钢丝绳	纤维芯钢丝绳	钢芯钢丝绳
16		99.8	110	124	128	132	136	140	144	147	152	155	160
18		126	139	157	162	167	172	177	182	187	193	196	202
20		156	172	193	200	206	212	218	225	230	238	241	249
22		189	208	234	242	249	257	264	272	279	288	292	302
24	+5	225	248	279	288	296	306	314	324	332	343	348	359
26	0	264	291	327	337	348	359	369	380	389	402	408	421
28		306	337	379	391	403	416	427	441	452	466	473	489
30		351	387	435	449	463	478	491	507	518	535	543	561
32		399	440	495	511	527	544	558	576	590	609	618	638
34		451	497	559	577	595	614	630	651	666	687	698	721
36		505	557	627	647	667	688	707	729	746	771	782	808

（续）

钢丝绳公称直径		钢丝绳参考重量/kg·（100m）$^{-1}$		钢丝绳公称抗拉强度/MPa 1570		1670		1770		1870		1960	
				钢丝绳最小破断拉力/kN									
D/mm	允许偏差（%）	纤维芯钢丝绳	钢芯钢丝绳	纤维芯钢丝绳	钢芯钢丝绳	纤维芯钢丝绳	钢芯钢丝绳	纤维芯钢丝绳	钢芯钢丝绳	纤维芯钢丝绳	钢芯钢丝绳	纤维芯钢丝绳	钢芯钢丝绳
38		563	621	698	721	743	767	787	813	832	859	872	900
40		624	688	774	799	823	850	872	901	922	951	966	997
42		688	759	853	881	907	937	962	993	1020	1050	1060	1100
44		755	832	936	967	996	1030	1060	1090	1120	1150	1170	1210
46	+5	825	910	1020	1060	1090	1120	1150	1190	1220	1260	1280	1320
48	0	899	991	1110	1150	1190	1220	1260	1300	1330	1370	1390	1440
50		975	1080	1210	1250	1290	1330	1360	1410	1440	1490	1510	1560
52		1050	1160	1310	1350	1390	1440	1470	1520	1560	1610	1630	1690
54		1140	1250	1410	1460	1500	1550	1590	1640	1680	1730	1760	1820
56		1220	1350	1520	1570	1610	1670	1710	1770	1810	1860	1890	1950
58		1310	1450	1630	1680	1730	1790	1830	1890	1940	2000	2030	2100
60		1400	1550	1740	1800	1850	1910	1960	2030	2070	2140	2170	2240

表17.1-19　第9组35W×7类力学性能

第9组　35W×7类

35W×7

24W×7

直径:16～60mm

钢丝绳公称直径		钢丝绳参考重量/kg·（100m）$^{-1}$	钢丝绳公称抗拉强度/MPa 1570	1670	1770	1870	1960
D/mm	允许偏差（%）		钢丝绳最小破断拉力/kN				
16		118	145	154	163	172	181
18		149	183	195	206	218	229
20		184	226	240	255	269	282
22		223	274	291	308	326	342
24		265	326	346	367	388	406
26		311	382	406	431	455	477
28		361	443	471	500	528	553
30		414	509	541	573	606	635
32		471	579	616	652	689	723
34		532	653	695	737	778	816
36	+5	596	732	779	826	872	914
38	0	664	816	868	920	972	1020
40		736	904	962	1020	1080	1130
42		811	997	1060	1120	1190	1240
44		891	1090	1160	1230	1300	1370
46		973	1200	1270	1350	1420	1490
48		1060	1300	1390	1470	1550	1630
50		1150	1410	1500	1590	1680	1760
52		1240	1530	1630	1720	1820	1910
54		1340	1650	1750	1860	1960	2060
56		1440	1770	1890	2000	2110	2210
58		1550	1900	2020	2140	2260	2370
60		1660	2030	2160	2290	2420	2540

表17.1-20　第10组6V×7类力学性能

第10组　6V×7类

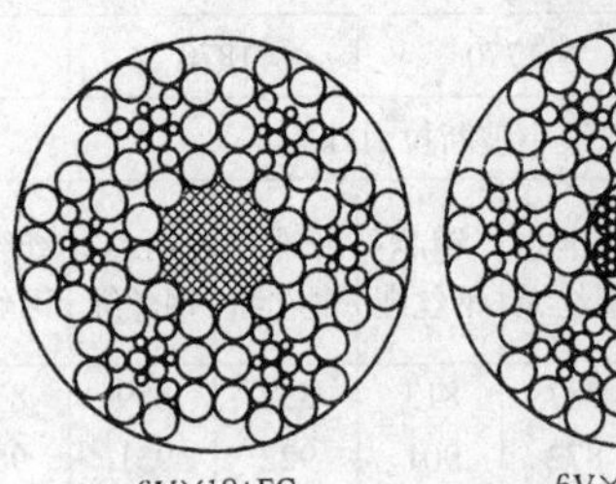
6V×18+FC

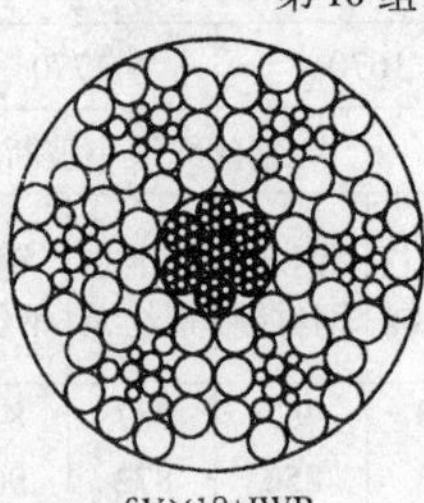
6V×18+IWR

直径：20～36mm

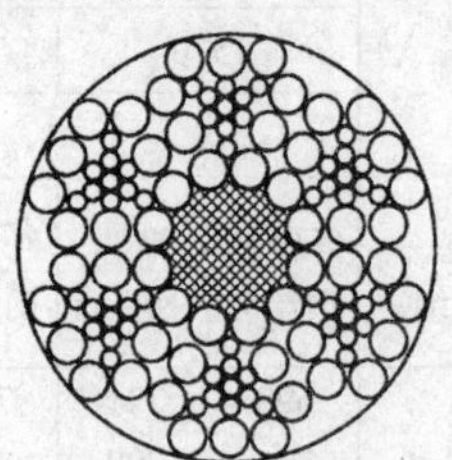
6V×19+FC

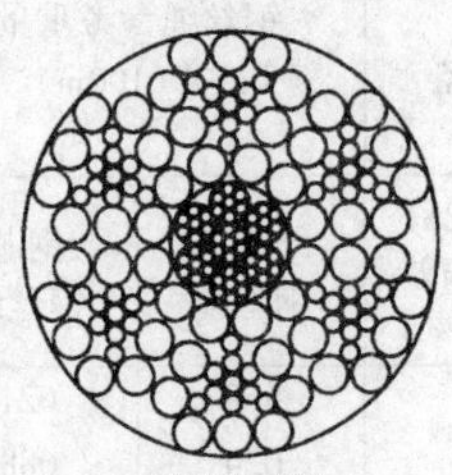
6V×19+IWR

直径：20～36mm

钢丝绳公称直径		钢丝绳参考重量/kg·(100m)$^{-1}$			钢丝绳公称抗拉强度/MPa									
					1570		1670		1770		1870		1960	
					钢丝绳最小破断拉力/kN									
D/mm	允许偏差(%)	天然纤维芯钢丝绳	合成纤维芯钢丝绳	钢芯钢丝绳	纤维芯钢丝绳	钢芯钢丝绳	纤维芯钢丝绳	钢芯钢丝绳	纤维芯钢丝绳	钢芯钢丝绳	纤维芯钢丝绳	钢芯钢丝绳	纤维芯钢丝绳	钢芯钢丝绳
20		165	162	175	236	250	250	266	266	282	280	298	294	312
22		199	196	212	285	302	303	322	321	341	339	360	356	378
24		237	233	252	339	360	361	383	382	406	404	429	423	449
26	+6	279	273	295	398	422	423	449	449	476	474	503	497	527
28	0	323	317	343	462	490	491	521	520	552	550	583	576	612
30		371	364	393	530	562	564	598	597	634	631	670	662	702
32		422	414	447	603	640	641	681	680	721	718	762	753	799
34		476	467	505	681	722	724	768	767	814	811	860	850	902
36		534	524	566	763	810	812	861	860	913	909	965	953	1010

表17.1-21　第11组6V×19类力学性能

第11组　6V×19类

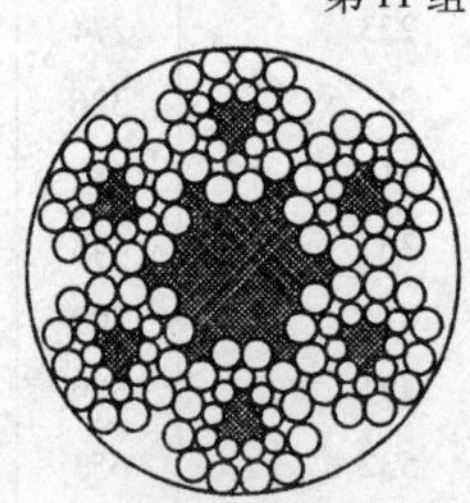
6V×21+7FC

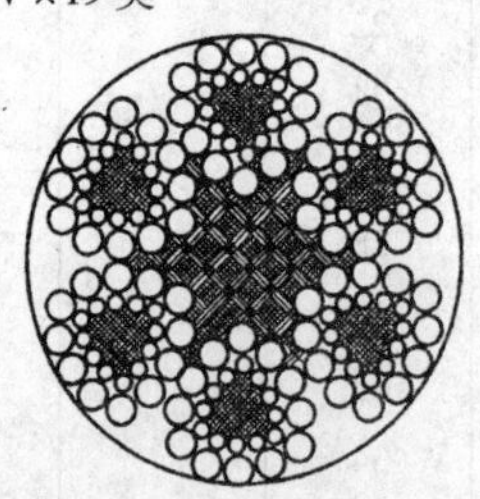
6V×24+7FC

直径：18～36mm

钢丝绳公称直径		钢丝绳参考重量/kg·(100m)$^{-1}$		钢丝绳公称抗拉强度/MPa				
				1570	1670	1770	1870	1960
D/mm	允许偏差(%)	天然纤维芯钢丝绳	合成纤维芯钢丝绳	钢丝绳最小破断拉力/kN				
18		121	118	168	179	190	201	210
20		149	146	208	221	234	248	260
22		180	177	252	268	284	300	314
24		215	210	300	319	338	357	374
26	+6	252	247	352	374	396	419	439
28	0	292	286	408	434	460	486	509
30		335	329	468	498	528	557	584
32		382	374	532	566	600	634	665
34		431	422	601	639	678	716	750
36		483	473	674	717	760	803	841

表 17.1-22　第 11 组 6V×19 类力学性能

第 11 组　6V×19 类

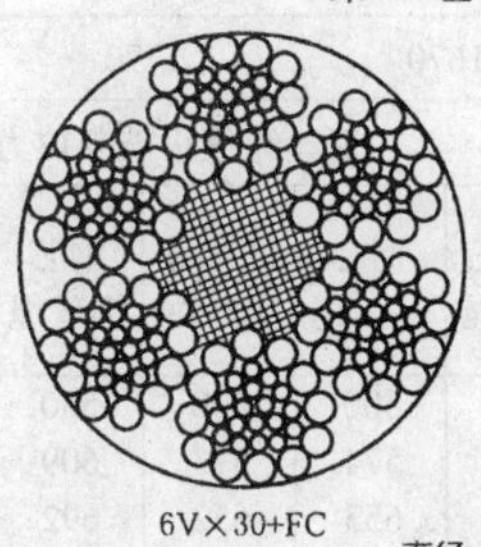
6V×30+FC

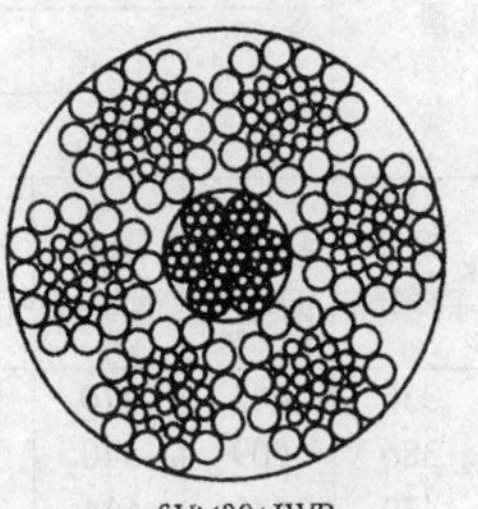
6V×30+IWR

直径:20～38mm

钢丝绳公称直径		钢丝绳参考重量/kg·(100m)$^{-1}$			钢丝绳公称抗拉强度/MPa									
					1570		1670		1770		1870		1960	
					钢丝绳最小破断拉力/kN									
D/mm	允许偏差(%)	天然纤维芯钢丝绳	合成纤维芯钢丝绳	钢芯钢丝绳	纤维芯钢丝绳	钢芯钢丝绳	纤维芯钢丝绳	钢芯钢丝绳	纤维芯钢丝绳	钢芯钢丝绳	纤维芯钢丝绳	钢芯钢丝绳	纤维芯钢丝绳	钢芯钢丝绳
20	+6 0	162	159	172	203	216	216	230	229	243	242	257	254	270
22		196	192	208	246	261	262	278	278	295	293	311	307	326
24		233	229	247	293	311	312	331	330	351	349	370	365	388
26		274	268	290	344	365	366	388	388	411	410	435	429	456
28		318	311	336	399	423	424	450	450	477	475	504	498	528
30		365	357	386	458	486	487	517	516	548	545	579	572	606
32		415	407	439	521	553	554	588	587	623	620	658	650	690
34		468	459	496	588	624	625	664	663	703	700	743	734	779
36		525	515	556	659	700	701	744	743	789	785	833	823	873
38		585	573	619	735	779	781	829	828	879	875	928	917	973

表 17.1-23　第 11 组 6V×19 类和第 12 组 6V×37 类力学性能

第 11 组　6V×19 类和第 12 组　6V×37 类

6V×34+FC　直径:28～44mm　6V×34+IWR

6V×37+FC　直径:32～52mm　6V×37+IWR

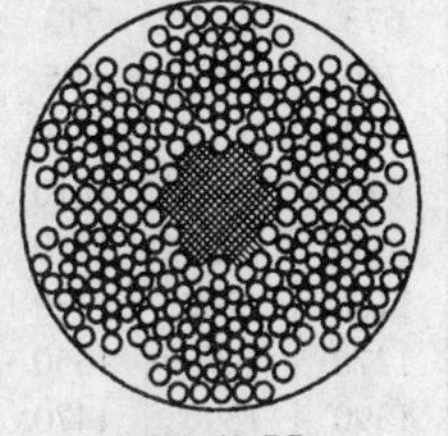
6V×43+FC

6V×43+IWR

直径:38～58mm

（续）

钢丝绳公称直径		钢丝绳参考重量 /kg·(100m)$^{-1}$			钢丝绳公称抗拉强度/MPa									
					1570		1670		1770		1870		1960	
					钢丝绳最小破断拉力/kN									
D/mm	允许偏差(%)	天然纤维芯钢丝绳	合成纤维芯钢丝绳	钢芯钢丝绳	纤维芯钢丝绳	钢芯钢丝绳	纤维芯钢丝绳	钢芯钢丝绳	纤维芯钢丝绳	钢芯钢丝绳	纤维芯钢丝绳	钢芯钢丝绳	纤维芯钢丝绳	钢芯钢丝绳
28		318	311	336	443	470	471	500	500	530	528	560	553	587
30		364	357	386	509	540	541	574	573	609	606	643	635	674
32		415	407	439	579	614	616	653	652	692	689	731	723	767
34		468	459	496	653	693	695	737	737	782	778	826	816	866
36		525	515	556	732	777	779	827	826	876	872	926	914	970
38		585	573	619	816	866	868	921	920	976	972	1030	1020	1080
40		648	635	686	904	960	962	1020	1020	1080	1080	1140	1130	1200
42	+6	714	700	757	997	1060	1060	1130	1120	1190	1190	1260	1240	1320
44	0	784	769	831	1090	1160	1160	1240	1230	1310	1300	1380	1370	1450
46		857	840	908	1200	1270	1270	1350	1350	1430	1420	1510	1490	1580
48		933	915	988	1300	1380	1390	1470	1470	1560	1550	1650	1630	1730
50		1010	993	1070	1410	1500	1500	1590	1590	1690	1680	1790	1760	1870
52		1100	1070	1160	1530	1620	1630	1720	1720	1830	1820	1930	1910	2020
54		1180	1160	1250	1650	1750	1750	1860	1860	1970	1960	2080	2060	2180
56		1270	1240	1350	1770	1880	1890	2000	2000	2120	2110	2240	2210	2350
58		1360	1340	1440	1900	2020	2020	2150	2140	2270	2260	2400	2370	2520

表 17.1-24　第 12 组 6V×37 类力学性能

第 12 组　6V×37 类

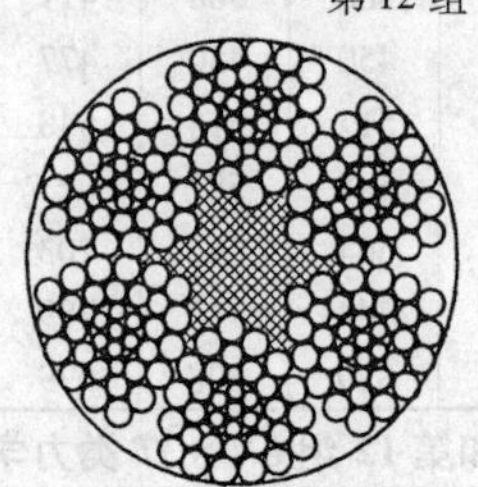

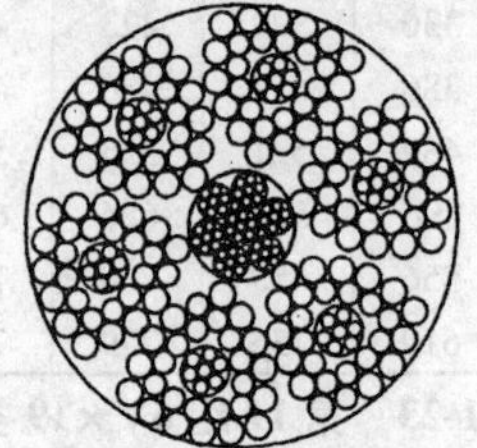

6V×37S+FC　直径：32～52mm　6V×37S+IWR

钢丝绳公称直径		钢丝绳参考重量 /kg·(100m)$^{-1}$			钢丝绳公称抗拉强度/MPa									
					1570		1670		1770		1870		1960	
					钢丝绳最小破断拉力/kN									
D/mm	允许偏差(%)	天然纤维芯钢丝绳	合成纤维芯钢丝绳	钢芯钢丝绳	纤维芯钢丝绳	钢芯钢丝绳	纤维芯钢丝绳	钢芯钢丝绳	纤维芯钢丝绳	钢芯钢丝绳	纤维芯钢丝绳	钢芯钢丝绳	纤维芯钢丝绳	钢芯钢丝绳
32		427	419	452	596	633	634	673	672	713	710	753	744	790
34		482	473	511	673	714	716	760	759	805	802	851	840	891
36		541	530	573	754	801	803	852	851	903	899	954	942	999
38		602	590	638	841	892	894	949	948	1010	1000	1060	1050	1110
40	+6	667	654	707	931	988	991	1050	1050	1110	1110	1180	1160	1230
42	0	736	721	779	1030	1090	1060	1160	1160	1230	1220	1300	1280	1360
44		808	792	855	1130	1200	1200	1270	1270	1350	1340	1420	1410	1490
46		883	865	935	1230	1310	1310	1390	1390	1470	1470	1560	1540	1630
48		961	942	1020	1340	1420	1430	1510	1510	1600	1600	1700	1670	1780
50		1040	1020	1100	1460	1540	1550	1640	1640	1740	1730	1840	1820	1930
52		1130	1110	1190	1570	1670	1670	1780	1770	1880	1870	1990	1970	2090

表 17.1-25 第 13 组 4V×39 类力学性能

第 13 组 4V×39 类

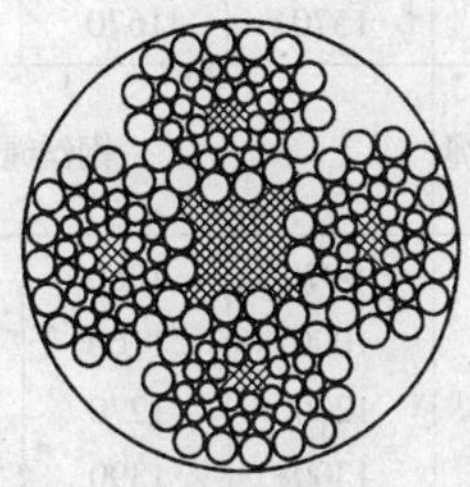
4V×39S+5FC
直径：16～36mm

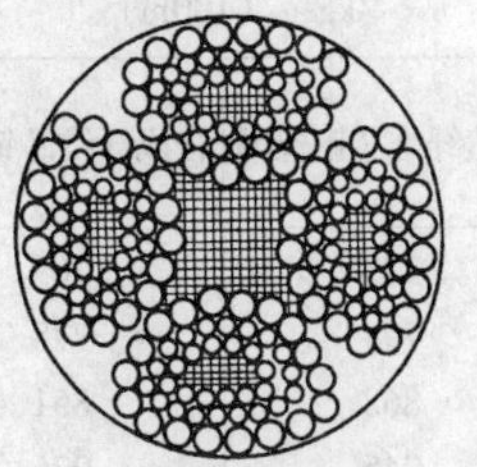
4V×48S+5FC
直径：20～40mm

钢丝绳公称直径		钢丝绳参考重量 /kg·(100m)$^{-1}$		钢丝绳公称抗拉强度/MPa				
				1570	1670	1770	1870	1960
D/mm	允许偏差（%）	天然纤维芯钢丝绳	合成纤维芯钢丝绳	钢丝绳最小破断拉力/kN				
16	+6 0	105	103	145	154	163	172	181
18		133	130	183	195	206	218	229
20		164	161	226	240	255	269	282
22		198	195	274	291	308	326	342
24		236	232	326	346	367	388	406
26		277	272	382	406	431	455	477
28		321	315	443	471	500	528	553
30		369	362	509	541	573	606	635
32		420	412	579	616	652	689	723
34		474	465	653	695	737	778	816
36		531	521	732	779	826	872	914
38		592	580	816	868	920	972	1020
40		656	643	904	962	1020	1080	1130

表 17.1-26 第 14 组 6Q×19+6V×21 类力学性能

第 14 组 6Q×19+6V×21 类

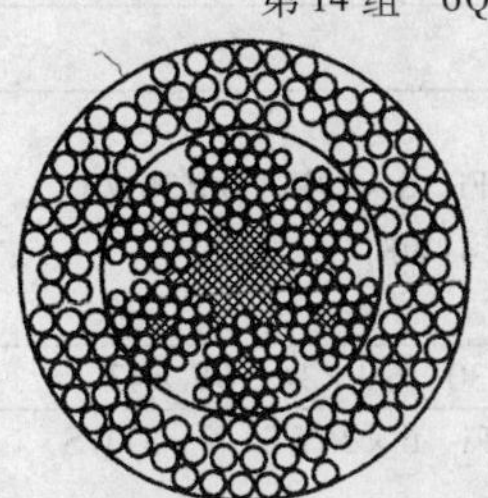
6Q×19+6V×21+7FC
直径：40～52mm

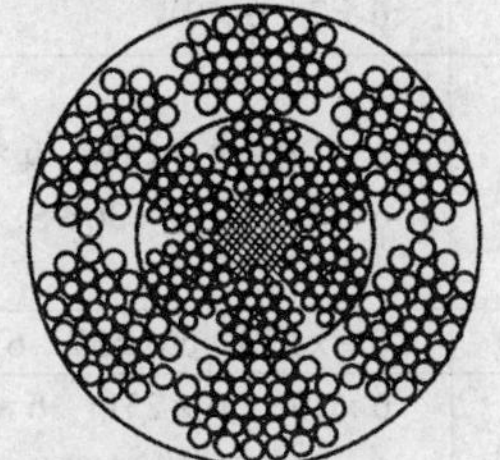
6Q×33+6V×21+7FC
直径：40～60mm

钢丝绳公称直径		钢丝绳参考重量 /kg·(100m)$^{-1}$		钢丝绳公称抗拉强度/MPa				
				1570	1670	1770	1870	1960
D/mm	允许偏差（%）	天然纤维芯钢丝绳	合成纤维芯钢丝绳	钢丝绳最小破断拉力/kN				
40	+6 0	656	643	904	962	1020	1080	1130

（续）

钢丝绳公称直径		钢丝绳参考重量/kg·(100m)$^{-1}$		钢丝绳公称抗拉强度/MPa				
				1570	1670	1770	1870	1960
D/mm	允许偏差（%）	天然纤维芯钢丝绳	合成纤维芯钢丝绳	钢丝绳最小破断拉力/kN				
42	+6 0	723	709	997	1060	1120	1190	1240
44		794	778	1090	1160	1230	1300	1370
46		868	851	1200	1270	1350	1420	1490
48		945	926	1300	1390	1470	1550	1630
50		1030	1010	1410	1500	1590	1680	1760
52		1110	1090	1530	1630	1720	1820	1910
54		1200	1170	1650	1750	1860	1960	2060
56		1290	1260	1770	1890	2000	2110	2210
58		1380	1350	1900	2020	2140	2260	2370
60		1480	1450	2030	2160	2290	2420	2540

（6）钢丝绳主要用途（见表 17.1-27）

表 17.1-27　钢丝绳主要用途推荐

用　途	名　称	结　构	备　注
立井提升	三角股钢丝绳	6V×37S　6V×37　6V×34　6V×30　6V×43　6V×21	推荐同向捻
	线接触钢丝绳	6×19S　6×19W　6×25Fi　6×29Fi　6×26WS　6×31WS　6×36WS　6×41WS	
	多层股钢丝绳	18×7　17×7　35W×7　24W×7	用于钢丝绳罐道的立井
		6Q×19+6V×21　6Q×33+6V×21	
开凿立井提升（建井用）	多层股钢丝绳及异形股钢丝绳	6Q×33+6V×21　17×7　18×7　34×7　36×7　6Q×19+6V×21　4V×39S　4V×48S　35W×7　24W×7	
立井平衡绳	钢丝绳	6×37S　6×36WS　4V×39S　4V×48S	仅适用于交互捻
	多层股钢丝绳	17×7　18×7　34×7　36×7　35W×7　24W×7	仅适用于交互捻
斜井提升（绞车）	三角股钢丝绳	6V×18　6V×19	
	钢丝绳	6×7　6×9W	推荐同向捻
钢绳牵引胶带运输机、索道及地面缆车	线接触钢丝绳	6×19S　6×19W　6×25Fi　6×29Fi　6×26WS　6×31WS　6×36WS　6×41WS	推荐同向捻 6×19W 不适合索道
高炉卷扬	三角股钢丝绳	6V×37S　6V×37　6V×30　6V×34　6V×43	
	线接触钢丝绳	6×19S　6×25Fi　6×29Fi　6×26WS　6×31WS　6×36WS　6×41WS	
立井罐道及索道	三角股钢丝绳	6V×18　6V×19	
	多层股钢丝绳	18×7　17×7	推荐同向捻
露天斜坡卷扬	三角股钢丝绳	6V×37S　6V×37　6V×30　6V×34　6V×43	
	线接触钢丝绳	6×36WS　6×37S　6×41WS　6×49SWS　6×55SWS	推荐同向捻
石油钻井	线接触钢丝绳	6×19S　6×19W　6×25Fi　6×29Fi　6×26WS　6×31WS　6×36WS	也可采用钢芯

（续）

用　途	名　称	结　构	备　注
挖掘机（电铲卷扬）	线接触钢丝绳	6×19S+IWR　6×25Fi+IWR　6×19W+IWR　6×29Fi+IWR　6×26WS+IWR　6×31WS+IWR　6×36WS+IWR　6×55SWS+IWR　6×49SWS+IWR　35W×7　24W×7	推荐同向捻
	三角股钢丝绳	6V×30　6V×34　6V×37　6V×37S　6V×43	
起重机　大型浇铸吊车	线接触钢丝绳	6×19S+IWR　6×19W+IWR　6×25Fi+IWR　6×36WS+IWR　6×41WS+IWR	
起重机　港口装卸、水利工程及建筑用塔式起重机	多层股钢丝绳	18×19S　18×19W　34×7　36×7　35W×7　24W×7	
	四股扇形股钢丝绳	4V×39S　4V×48S	
起重机　繁忙起重及其他重要用途	线接触钢丝绳	6×19S　6×19W　6×25Fi　6×29Fi　6×26WS　6×31WS　6×36WS　6×37S　6×41WS　6×49SWS　6×55SWS　8×19S　8×19W　8×25Fi　8×26WS　8×31WS　8×36WS　8×41WS　8×49SWS　8×55SWS	
	四股扇形股钢丝绳	4V×39S　4V×48S	
热移钢机（轧钢厂推钢台）	线接触钢丝绳	6×19S+IWR　6×19W+IWR　6×25Fi+IWR　6×29Fi+IWR　6×31WS+IWR　6×37S+IWR　6×36WS+IWR	
船舶装卸	线接触钢丝绳	6×19W　6×25Fi　6×29Fi　6×31WS　6×36WS　6×37S	镀锌
	多层股钢丝绳	18×19S　18×19W　34×7　36×7　35W×7　24W×7	
	四股扇形股钢丝绳	4V×39S　4V×48S	
拖船、货网	钢丝绳	6×31WS　6×36WS　6×37S	镀锌
船舶张拉桅杆吊桥	钢丝绳	6×7+IWS　6×19S+IWR	镀锌
打捞沉船	钢丝绳	6×37S　6×36WS　6×41WS　6×49SWS　6×31WS　6×55SWS　8×19S　8×19W　8×31WS　8×36WS　8×41WS　8×49SWS　8×55SWS	镀锌

注：1. 腐蚀是主要报废原因时，应采用镀锌钢丝绳。

2. 钢丝绳工作时，终端不能自由旋转，或虽有反拨力，但对不能相互纠合在一起的工作场合，应采用同向捻钢丝绳。

2.4　一般用途钢丝绳（摘自 GB/T 20118—2006）

（1）适用范围

一般用途钢丝绳适用于机械、建筑、船舶、渔业、林业、矿业、货运索道等行业使用的各种圆股钢丝绳。

（2）分类

钢丝绳按其股数和股外层钢丝的数目分类，见表17.1-28。如果需方没有明确要求某种结构的钢丝绳时，在同一组别内，结构的选择由供方自行确定。

表17.1-28　钢丝绳分类

组别	类别	分类原则	典型结构		直径范围/mm
			钢丝绳	股	
1	单股钢丝绳	1个圆股，每股外层丝可到18根，中心丝外捻制1~3层钢丝	1×7 1×19 1×37	(1+6) (1+6+12) (1+6+12+18)	0.6~12 1~16 1.4~22.5

（续）

组别	类别	分类原则	典型结构		直径范围/mm
			钢丝绳	股	
2	6×7	6个圆股，每股外层丝可到7根，中心丝（或无）外捻制1～2层钢丝，钢丝等捻距	6×7 6×9W	（1+6） （3+3/3）	1.8～36 14～36
3	6×19（a）	6个圆股，每股外层丝8～12根，中心丝外捻制2～3层钢丝，钢丝等捻距	6×19S 6×19W 6×25Fi 6×26WS 6×31WS	（1+9+9） （1+6+6/6） （1+6+6F+12） （1+5+5/5+10） （1+6+6/6+12）	6～36 6～40 8～44 13～40 12～46
	6×19（b）	6个圆股，每股外层丝12根，中心丝外捻制2层钢丝	6×19	（1+6+12）	3～46
4	6×37（a）	6个圆股，每股外层丝14～18根，中心丝外捻制3～4层钢丝，钢丝等捻距	6×29Fi 6×36WS 6×37S（点线接触） 6×41WS 6×49SWS 6×55SWS	（1+7+7F+14） （1+7+7/7+14） （1+6+15+15） （1+8+8/8+16） （1+8+8+8/8+16） （1+9+9+9/9+18）	10～44 12～60 10～60 32～60 36～60 36～60
	6×37（b）	6个圆股，每股外层丝18根，中心丝外捻制3层钢丝	6×37	（1+6+12+18）	5～60
5	6×61	6个圆股，每股外层丝24根，中心丝外捻制4层钢丝	6×61	（1+6+12+18+24）	40～60
6	8×19	8个圆股，每股外层丝8～12根，中心丝外捻制2～3层钢丝，钢丝等捻距	8×19S 8×19W 8×25Fi 8×26WS 8×31WS	（1+9+9） （1+6+6/6） （1+6+6F+12） （1+5+5/5+10） （1+6+6/6+12）	11～44 10～48 18～52 16～48 14～56
7	8×37	8个圆股，每股外层丝14～18根，中心丝外捻制3～4层钢丝，钢丝等捻距	8×36WS 8×41WS 8×49SWS 8×55SWS	（1+7+7/7+14） （1+8+8/8+16） （1+8+8+8/8+16） （1+9+9+9/9+18）	14～60 40～60 44～60 44～60
8	18×7	钢丝绳中有17或18个圆股，在纤维芯或钢芯外捻制2层股，外层10～12个股，每股外层丝4～7根，中心丝外捻制一层钢丝	17×7 18×7	（1+6） （1+6）	6～44 6～44
9	18×19	钢丝绳中有17或18个圆股，在纤维芯或钢芯外捻制2层股，外层10～12个股，每股外层丝8～12根，中心丝外捻制2～3层钢丝	18×19W 18×19S 18×19	（1+6+6/6） （1+9+9） （1+6+12）	14～44 14～44 10～44

（续）

组别	类别	分类原则	典型结构		直径范围/mm
			钢丝绳	股	
10	34×7	钢丝绳中有34~36个圆股，在纤维芯或钢芯外捻制3层股，外层17~18个股，每股外层丝4~8根，中心丝外捻制一层钢丝	34×7 36×7	(1+6) (1+6)	16~44 16~44
11	35W×7	钢丝绳中有24~40个圆股，在钢芯外捻制2~3层股，外层12~18个股，每股外层丝4~8根，中心丝外捻制一层钢丝	35W×7 24W×7	(1+6) (1+6)	12~50 12~50
12	6×12	6个圆股，每股外层丝12根，股纤维芯外捻制一层钢丝	6×12	(FC+12)	8~32
13	6×24	6个圆股，每股外层丝12~16根，股纤维芯外捻制2层钢丝	6×24 6×24S 6×24W	(FC+9+15) (FC+12+12) (FC+8+8/8)	8~40 10~44 10~44
14	6×15	6个圆股，每股外层丝15根，股纤维芯外捻制一层钢丝	6×15	(FC+15)	10~32
15	4×19	4个圆股，每股外层丝8~12根，中心丝外捻制2~3层钢丝，钢丝等捻距	4×19S 4×25Fi 4×26WS 4×31WS	(1+9+9) (1+6+6F+12) (1+5+5/5+10) (1+6+6/6+12)	8~28 12~34 12~31 12~36
16	4×37	4个圆股，每股外层丝14~18根，中心丝外捻制3~4层钢丝，钢丝等捻距	4×36WS 4×41WS	(1+7+7/7+14) (1+8+8/8+16)	14~42 26~46

注：1. 3组和4组内推荐用（a）类钢丝绳。
2. 12~14组仅为纤维芯，其余组别的钢丝绳可由需方指定纤维芯或钢芯。
3. （a）为线接触，（b）为点接触。
4. 1组中1×19和1×37单股钢丝绳外层钢丝与内部各层钢丝的捻向相反。
5. 2~4组、6~11组钢丝绳可为交互捻和同向捻，其中8组、9组、10组和11组多层股钢丝绳的内层绳捻法，由供方确定。
6. 3组中6×19（b）类、6×19W结构，6组中8×19W结构和9组中18×19W、18×19结构钢丝绳推荐使用交互捻。
7. 4组中6×37（b）类、5组、12组、13组、14组、15组、16组钢丝绳仅为交互捻。

（3）标记

钢丝绳的标记代号按GB/T 8706—2006的规定；股的结构由中心向外层进行标记。

（4）订货内容

钢丝绳订货的合同应包括：标准号、产品名称、结构（标记代号）、公称直径、捻法、表面状态、公称抗拉强度、数量（长度）、用途、需方提出的其他要求。

（5）力学性能（见表17.1-29~表17.1-47）

表17.1-29　第1组1×7单股绳类力学性能

	钢丝绳公称直径/mm	参考重量/kg·(100m)$^{-1}$	钢丝绳公称抗拉强度/MPa			
			1570	1670	1770	1870
			钢丝绳最小破断拉力/kN			
第1组　单股绳类 1×7	0.6	0.19	0.31	0.32	0.34	0.36
	1.2	0.75	1.22	1.30	1.38	1.45
	1.5	1.17	1.91	2.03	2.15	2.27
	1.8	1.69	2.75	2.92	3.10	3.27
	2.1	2.30	3.74	3.98	4.22	4.45
	2.4	3.01	4.88	5.19	5.51	5.82
	2.7	3.80	6.18	6.57	6.97	7.36
	3	4.70	7.63	8.12	8.60	9.09
	3.3	5.68	9.23	9.82	10.4	11.0
	3.6	6.77	11.0	11.7	12.4	13.1
	3.9	7.94	12.9	13.7	14.5	15.4
	4.2	9.21	15.0	15.9	16.9	17.8
	4.5	10.6	17.2	18.3	19.4	20.4
	4.8	12.0	19.5	20.8	22.0	23.3
	5.1	13.6	22.1	23.5	24.9	26.3
	5.4	15.2	24.7	26.3	27.9	29.4
	6	18.8	30.5	32.5	34.4	36.4
	6.6	22.7	36.9	39.3	41.6	44.0
	7.2	27.1	43.9	46.7	49.5	52.3
	7.8	31.8	51.6	54.9	58.2	61.4
	8.4	36.8	59.8	63.6	67.4	71.3
	9	42.3	68.7	73.0	77.4	81.8
	9.6	48.1	78.1	83.1	88.1	93.1
	10.5	57.6	93.5	99.4	105	111
	11.5	69.0	112	119	126	134
	12	75.2	122	130	138	145

注：最小钢丝破断拉力总和=钢丝绳最小破断拉力×1.111。

表17.1-30　第1组1×19单股绳类力学性能

	钢丝绳公称直径/mm	参考重量/kg·(100m)$^{-1}$	钢丝绳公称抗拉强度/MPa			
			1570	1670	1770	1870
			钢丝绳最小破断拉力/kN			
第1组　单股绳类 1×19	1	0.51	0.83	0.89	0.94	0.99
	1.5	1.14	1.87	1.99	2.11	2.23
	2	2.03	3.33	3.54	3.75	3.96
	2.5	3.17	5.20	5.53	5.86	6.19
	3	4.56	7.49	7.97	8.44	8.92
	3.5	6.21	10.2	10.8	11.5	12.1
	4	8.11	13.3	14.2	15.0	15.9
	4.5	10.3	16.9	17.9	19.0	20.1
	5	12.7	20.8	22.1	23.5	24.8
	5.5	15.3	25.2	26.8	28.4	30.0
	6	18.3	30.0	31.9	33.8	35.7
	6.5	21.4	35.2	37.4	39.6	41.9
	7	24.8	40.8	43.4	46.0	48.6
	7.5	28.5	46.8	49.8	52.8	55.7
	8	32.4	56.6	56.6	60.0	63.4
	8.5	36.6	60.1	63.9	67.8	71.6
	9	41.1	67.4	71.7	76.0	80.3
	10	50.7	83.2	88.6	93.8	99.1
	11	61.3	101	107	114	120
	12	73.0	120	127	135	143
	13	85.7	141	150	159	167
	14	99.4	163	173	184	194
	15	114	187	199	211	223
	16	130	213	227	240	254

注：最小钢丝破断拉力总和=钢丝绳最小破断拉力×1.111。

表17.1-31　第1组1×37单股绳类力学性能

	钢丝绳公称直径/mm	参考重量/kg·(100m)$^{-1}$	钢丝绳公称抗拉强度/MPa 1570	1670	1770	1870
			钢丝绳最小破断拉力/kN			
第1组　单股绳类 1×37	1.4	0.98	1.51	1.60	1.70	1.80
	2.1	2.21	3.39	3.61	3.82	4.04
	2.8	3.93	6.03	6.42	6.80	7.18
	3.5	6.14	9.42	10.0	10.6	11.2
	4.2	8.84	13.6	14.4	15.3	16.2
	4.9	12.0	18.5	19.6	20.8	22.0
	5.6	15.7	24.1	25.7	27.2	28.7
	6.3	19.9	30.5	32.5	34.4	36.4
	7	24.5	37.7	40.1	42.5	44.9
	7.7	29.7	45.6	48.5	51.4	54.3
	8.4	35.4	54.3	57.7	61.2	64.7
	9.1	41.5	63.7	67.8	71.8	75.9
	9.8	48.1	73.9	78.6	83.3	88.0
	10.5	55.2	84.8	90.2	95.6	101
	11	60.6	93.1	99.0	105	111
	12	72.1	111	118	125	132
	12.5	78.3	120	128	136	143
	14	98.2	151	160	170	180
	15.5	120	185	197	208	220
	17	145	222	236	251	265
	18	162	249	265	281	297
	19.5	191	292	311	330	348
	21	221	339	361	382	404
	22.5	254	389	414	439	464

注：最小钢丝破断拉力总和＝钢丝绳最小破断拉力×1.176。

表17.1-32　第2组6×7类力学性能

第2组　6×7类

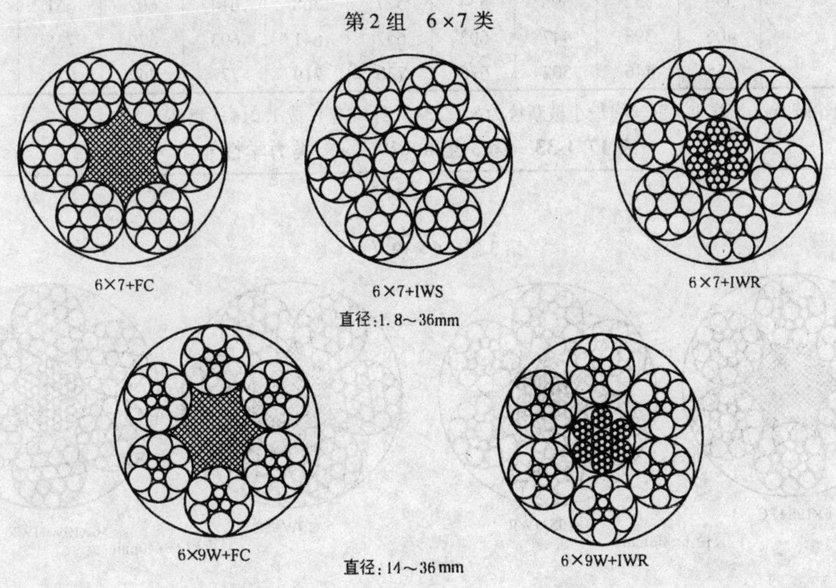

（续）

钢丝绳公称直径/mm	参考重量/kg·（100m）$^{-1}$			钢丝绳公称抗拉强度/MPa							
				1570		1670		1770		1870	
				钢丝绳最小破断拉力/kN							
	天然纤维芯钢丝绳	合成纤维芯钢丝绳	钢芯钢丝绳	纤维芯钢丝绳	钢芯钢丝绳	纤维芯钢丝绳	钢芯钢丝绳	纤维芯钢丝绳	钢芯钢丝绳	纤维芯钢丝绳	钢芯钢丝绳
1.8	1.14	1.11	1.25	1.69	1.83	1.80	1.94	1.90	2.06	2.01	2.18
2	1.40	1.38	1.55	2.08	2.25	2.22	2.40	2.35	2.54	2.48	2.69
3	3.16	3.10	3.48	4.69	5.07	4.99	5.40	5.29	5.72	5.59	6.04
4	5.62	5.50	6.19	8.34	9.02	8.87	9.59	9.40	10.2	9.93	10.7
5	8.78	8.60	9.68	13.0	14.1	13.9	15.0	14.7	15.9	15.5	16.8
6	12.6	12.4	13.9	18.8	20.3	20.0	21.6	21.2	22.9	22.4	24.2
7	17.2	16.9	19.0	25.5	27.6	27.2	29.4	28.8	31.1	30.4	32.9
8	22.5	22.0	24.8	33.4	36.1	35.5	38.4	37.6	40.7	39.7	43.0
9	28.4	27.9	31.3	42.2	45.7	44.9	48.6	47.6	51.5	50.3	54.4
10	35.1	34.4	38.7	52.1	56.4	55.4	60.0	58.8	63.5	62.1	67.1
11	42.5	41.6	46.8	63.1	68.2	67.1	72.5	71.1	76.9	75.1	81.2
12	50.5	49.5	55.7	75.1	81.2	79.8	86.3	84.6	91.5	89.4	96.7
13	59.3	58.1	65.4	88.1	95.3	93.7	101	99.3	107	105	113
14	68.8	67.4	75.9	102	110	109	118	115	125	122	132
16	89.9	88.1	99.1	133	144	142	153	150	163	159	172
18	114	111	125	169	183	180	194	190	206	201	218
20	140	138	155	208	225	222	240	235	254	248	269
22	170	166	187	252	273	268	290	284	308	300	325
24	202	198	223	300	325	319	345	338	366	358	387
26	237	233	262	352	381	375	405	397	430	420	454
28	275	270	303	409	442	435	470	461	498	487	526
30	316	310	348	469	507	499	540	529	572	559	604
32	359	352	396	534	577	568	614	602	651	636	687
34	406	398	447	603	652	641	693	679	735	718	776
36	455	446	502	676	730	719	777	762	824	805	870

注：最小钢丝破断拉力总和＝钢丝绳最小破断拉力×1.134（纤维芯）或1.214（钢芯）。

表17.1-33　第3组6×19（a）类力学性能

第3组　6×19（a）类

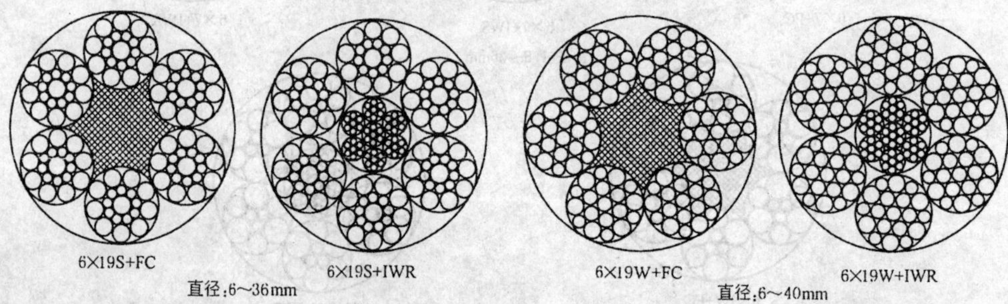

（续）

钢丝绳公称直径/mm	参考重量/kg·(100m)$^{-1}$			钢丝绳公称抗拉强度/MPa 钢丝绳最小破断拉力/kN											
				1570		1670		1770		1870		1960		2160	
	天然纤维芯钢丝绳	合成纤维芯钢丝绳	钢芯钢丝绳	纤维芯钢丝绳	钢芯钢丝绳	纤维芯钢丝绳	钢芯钢丝绳	纤维芯钢丝绳	钢芯钢丝绳	纤维芯钢丝绳	钢芯钢丝绳	纤维芯钢丝绳	钢芯钢丝绳	纤维芯钢丝绳	钢芯钢丝绳
6	13.3	13.0	14.6	18.7	20.1	19.8	21.4	21.0	22.7	22.2	24.0	23.3	25.1	25.7	27.7
7	18.1	17.6	19.9	25.4	27.4	27.0	29.1	28.6	30.9	30.2	32.6	31.7	34.2	34.9	37.7
8	23.6	23.0	25.9	33.2	35.8	35.3	38.0	37.4	40.3	39.5	42.6	41.4	44.6	45.6	49.2
9	29.9	29.1	32.8	42.0	45.3	44.6	48.2	47.3	51.0	50.0	53.9	52.4	56.5	57.7	62.3
10	36.9	36.0	40.6	51.8	55.9	55.1	59.5	58.4	63.0	61.7	66.6	64.7	69.8	71.3	76.9
11	44.6	43.5	49.1	62.7	67.6	66.7	71.9	70.7	76.2	74.7	80.6	78.3	84.4	86.2	93.0
12	53.1	51.8	58.4	74.6	80.5	79.4	85.6	84.1	90.7	88.9	95.9	93.1	100	103	111
13	62.3	60.8	68.5	87.6	94.5	93.1	100	98.7	106	104	113	109	118	120	130
14	72.2	70.5	79.5	102	110	108	117	114	124	121	130	127	137	140	151
16	94.4	92.1	104	133	143	141	152	150	161	158	170	166	179	182	197
18	119	117	131	168	181	179	193	189	204	200	216	210	226	231	249
20	147	144	162	207	224	220	238	234	252	247	266	259	279	285	308
22	178	174	196	251	271	267	288	283	305	299	322	313	338	345	372
24	212	207	234	298	322	317	342	336	363	355	383	373	402	411	443
26	249	243	274	350	378	373	402	395	426	417	450	437	472	482	520
28	289	282	318	406	438	432	466	458	494	484	522	507	547	559	603
30	332	324	365	466	503	496	535	526	567	555	599	582	628	642	692
32	377	369	415	531	572	564	609	598	645	632	682	662	715	730	787
34	426	416	469	599	646	637	687	675	728	713	770	748	807	824	889
36	478	466	525	671	724	714	770	757	817	800	863	838	904	924	997
38	532	520	585	748	807	796	858	843	910	891	961	934	1010	1030	1110
40	590	576	649	829	894	882	951	935	1010	987	1070	1030	1120	1140	1230

注：最小钢丝破断拉力总和＝钢丝绳最小破断拉力×1.214（纤维芯）或1.308（钢芯）。

表17.1-34　第3组6×19（b）类力学性能

第3组　6×19（b）类

6×19+FC

6×19+IWS

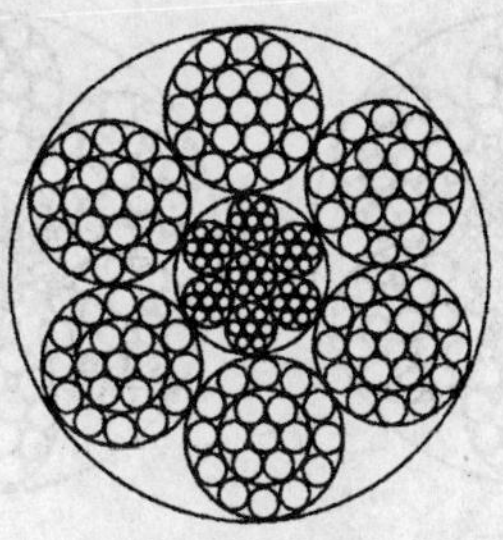

6×19+IWR

直径：3～46mm

钢丝绳公称直径/mm	参考重量/kg·(100m)$^{-1}$			钢丝绳公称抗拉强度/MPa 钢丝绳最小破断拉力/kN							
				1570		1670		1770		1870	
	天然纤维芯钢丝绳	合成纤维芯钢丝绳	钢芯钢丝绳	纤维芯钢丝绳	钢芯钢丝绳	纤维芯钢丝绳	钢芯钢丝绳	纤维芯钢丝绳	钢芯钢丝绳	纤维芯钢丝绳	钢芯钢丝绳
3	3.16	3.10	3.60	4.34	4.69	4.61	4.99	4.89	5.29	5.17	5.59
4	5.62	5.50	6.40	7.71	8.34	8.20	8.87	8.69	9.40	9.19	9.93
5	8.78	8.60	10.0	12.0	13.0	12.8	13.9	13.6	14.7	14.4	15.5

（续）

钢丝绳公称直径/mm	参考重量/kg·(100m)$^{-1}$			钢丝绳公称抗拉强度/MPa							
				1570		1670		1770		1870	
				钢丝绳最小破断拉力/kN							
	天然纤维芯钢丝绳	合成纤维芯钢丝绳	钢芯钢丝绳	纤维芯钢丝绳	钢芯钢丝绳	纤维芯钢丝绳	钢芯钢丝绳	纤维芯钢丝绳	钢芯钢丝绳	纤维芯钢丝绳	钢芯钢丝绳
6	12.6	12.4	14.4	17.4	18.8	18.5	20.0	19.6	21.2	20.7	22.4
7	17.2	16.9	19.6	23.6	25.5	25.1	27.2	26.6	28.8	28.1	30.4
8	22.5	22.0	25.6	30.8	33.4	32.8	35.5	34.8	37.6	36.7	39.7
9	28.4	27.9	32.4	39.0	42.2	41.6	44.9	44.0	47.6	46.5	50.3
10	35.1	34.4	40.0	48.2	52.1	51.3	55.4	54.4	58.8	57.4	62.1
11	42.5	41.6	48.4	58.3	63.1	62.0	67.1	65.8	71.1	69.5	75.1
12	50.5	50.0	57.6	69.4	75.1	73.8	79.8	78.2	84.6	82.7	89.4
13	59.3	58.1	67.6	81.5	88.1	86.6	93.7	91.8	99.3	97.0	105
14	68.8	67.4	78.4	94.5	102	100	109	107	115	113	122
16	89.9	88.1	102	123	133	131	142	139	150	147	159
18	114	111	130	156	169	166	180	176	190	186	201
20	140	138	160	193	208	205	222	217	235	230	248
22	170	166	194	233	252	248	268	263	284	278	300
24	202	198	230	278	300	295	319	313	338	331	358
26	237	233	270	326	352	346	375	367	397	388	420
28	275	270	314	378	409	402	435	426	461	450	487
30	316	310	360	434	469	461	499	489	529	517	559
32	359	352	410	494	534	525	568	557	602	588	636
34	406	398	462	557	603	593	641	628	679	664	718
36	455	446	518	625	676	664	719	704	762	744	805
38	507	497	578	696	753	740	801	785	849	829	896
40	562	550	640	771	834	820	887	869	940	919	993
42	619	607	706	850	919	904	978	959	1040	1010	1100
44	680	666	774	933	1010	993	1070	1050	1140	1110	1200
46	743	728	846	1020	1100	1080	1170	1150	1240	1210	1310

注：最小钢丝破断拉力总和＝钢丝绳最小破断拉力×1.226（纤维芯）或1.321（钢芯）。

表17.1-35　第3组和第4组6×19（a）和6×37（a）类力学性能

第3组和第4组　6×19（a）和6×37（a）类

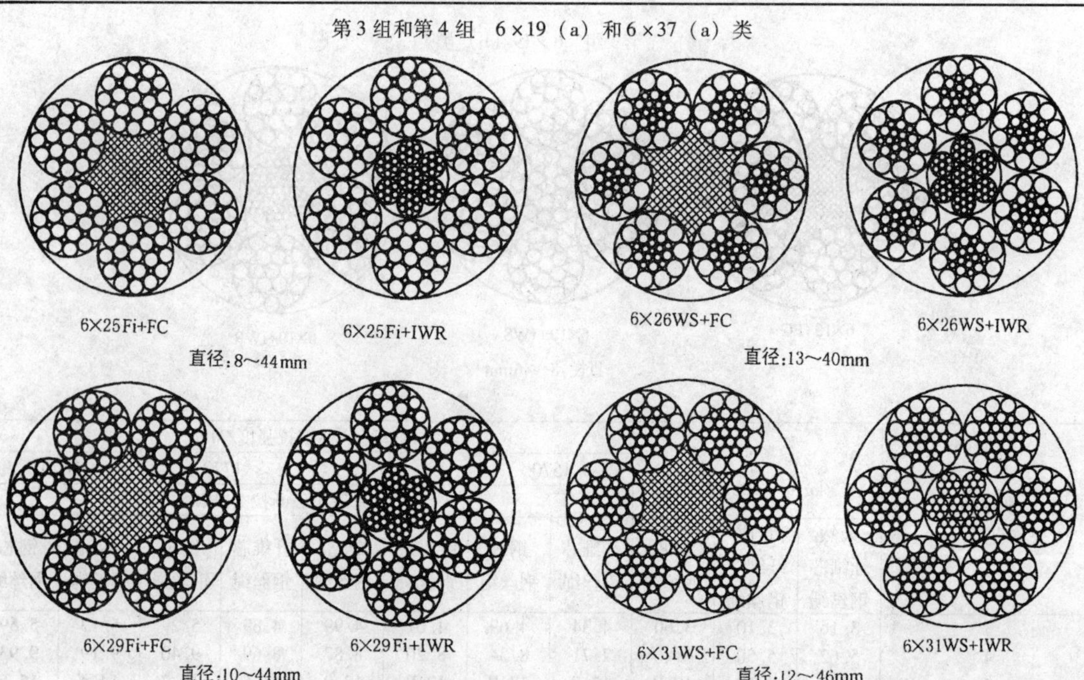

（续）

第3组和第4组 6×19（a）和6×37（a）类

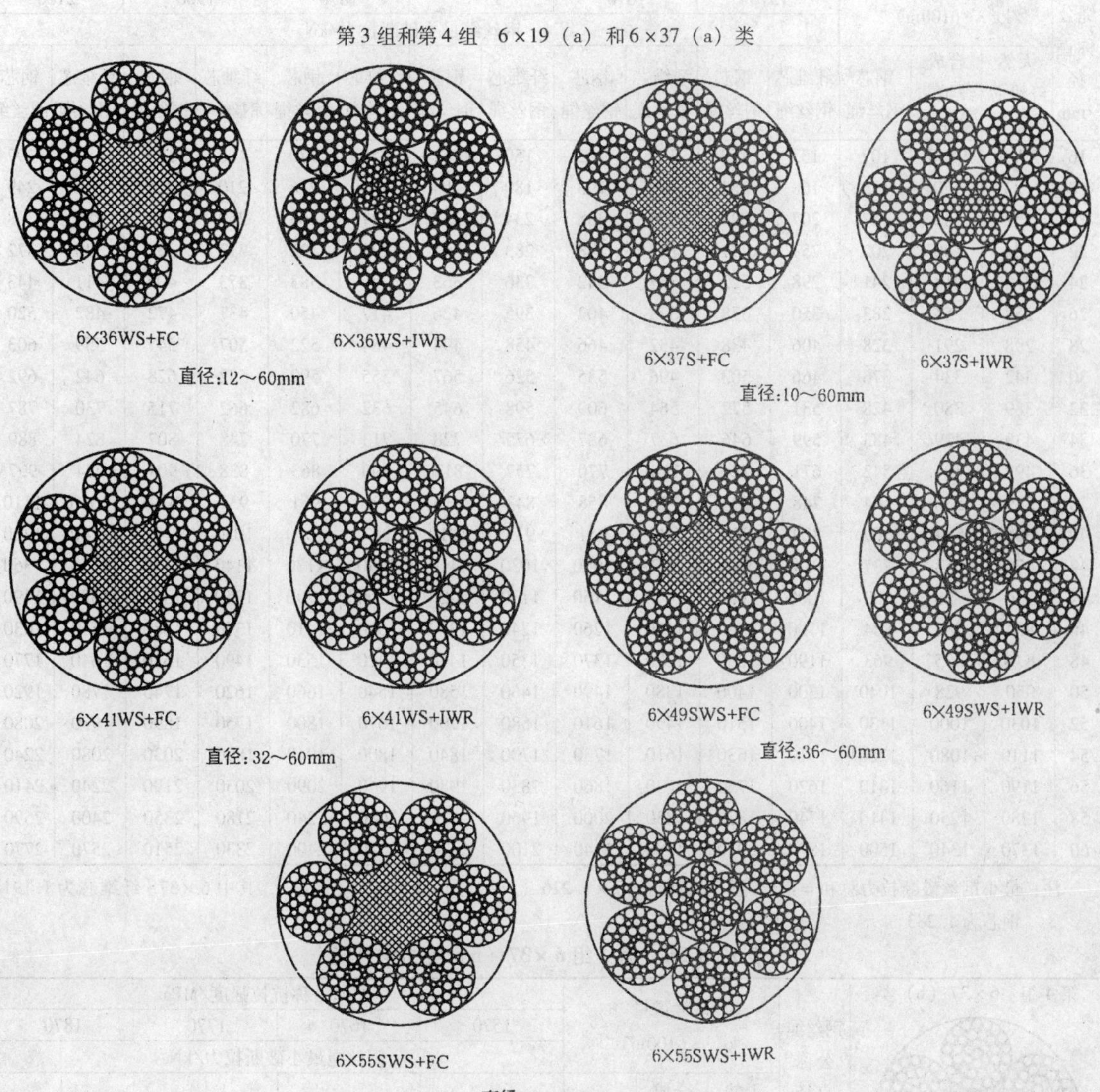

钢丝绳公称直径/mm	参考重量/kg·(100m)$^{-1}$			钢丝绳公称抗拉强度/MPa											
				1570		1670		1770		1870		1960		2160	
				钢丝绳最小破断拉力/kN											
	天然纤维芯钢丝绳	合成纤维芯钢丝绳	钢芯钢丝绳	纤维芯钢丝绳	钢芯钢丝绳	纤维芯钢丝绳	钢芯钢丝绳	纤维芯钢丝绳	钢芯钢丝绳	纤维芯钢丝绳	钢芯钢丝绳	纤维芯钢丝绳	钢芯钢丝绳	纤维芯钢丝绳	钢芯钢丝绳
8	24.3	23.7	26.8	33.2	35.8	35.3	38.0	37.4	40.3	39.5	42.6	41.4	44.7	45.6	49.2
10	38.0	37.1	41.8	51.8	55.9	55.1	59.5	58.4	63.0	61.7	66.6	64.7	69.8	71.3	76.9
12	54.7	53.4	60.2	74.6	80.5	79.4	85.6	84.1	90.7	88.9	95.9	93.1	100	103	111
13	64.2	62.7	70.6	87.6	94.5	93.1	100	98.7	106	104	113	109	118	120	130
14	74.5	72.7	81.9	102	110	108	117	114	124	121	130	127	137	140	151

（续）

钢丝绳公称直径/mm	参考重量/kg·(100m)$^{-1}$			钢丝绳公称抗拉强度/MPa 1570		1670		1770		1870		1960		2160	
				钢丝绳最小破断拉力/kN											
	天然纤维芯钢丝绳	合成纤维芯钢丝绳	钢芯钢丝绳	纤维芯钢丝绳	钢芯钢丝绳	纤维芯钢丝绳	钢芯钢丝绳	纤维芯钢丝绳	钢芯钢丝绳	纤维芯钢丝绳	钢芯钢丝绳	纤维芯钢丝绳	钢芯钢丝绳	纤维芯钢丝绳	钢芯钢丝绳
16	97.3	95.0	107	133	143	141	152	150	161	158	170	166	179	182	197
18	123	120	135	168	181	179	193	189	204	200	216	210	226	231	249
20	152	148	167	207	224	220	238	234	252	247	266	259	279	285	308
22	184	180	202	251	271	267	288	283	305	299	322	313	338	345	372
24	219	214	241	298	322	317	342	336	363	355	383	373	402	411	443
26	257	251	283	350	378	373	402	395	426	417	450	437	472	482	520
28	298	291	328	406	438	432	466	458	494	484	522	507	547	559	603
30	342	334	376	466	503	496	535	526	567	555	599	582	628	642	692
32	389	380	428	531	572	564	609	598	645	632	682	662	715	730	787
34	439	429	483	599	646	637	687	675	728	713	770	748	807	824	889
36	492	481	542	671	724	714	770	757	817	800	863	838	904	924	997
38	549	536	604	748	807	796	858	843	910	891	961	934	1010	1030	1110
40	608	594	669	829	894	882	951	935	1010	987	1070	1030	1120	1140	1230
42	670	654	737	914	986	972	1050	1030	1110	1090	1170	1140	1230	1260	1360
44	736	718	809	1000	1080	1070	1150	1130	1220	1190	1290	1250	1350	1380	1490
46	804	785	884	1100	1180	1170	1260	1240	1330	1310	1410	1370	1480	1510	1630
48	876	855	963	1190	1290	1270	1370	1350	1450	1420	1530	1490	1610	1640	1770
50	950	928	1040	1300	1400	1380	1490	1460	1580	1540	1660	1620	1740	1780	1920
52	1030	1000	1130	1400	1510	1490	1610	1580	1700	1670	1800	1750	1890	1930	2080
54	1110	1080	1220	1510	1630	1610	1730	1700	1840	1800	1940	1890	2030	2080	2240
56	1190	1160	1310	1620	1750	1730	1860	1830	1980	1940	2090	2030	2190	2240	2410
58	1280	1250	1410	1740	1880	1850	2000	1960	2120	2080	2240	2180	2350	2400	2590
60	1370	1340	1500	1870	2010	1980	2140	2100	2270	2220	2400	2330	2510	2570	2770

注：最小钢丝破断拉力总和＝钢丝绳最小破断拉力×1.226（纤维芯）或1.321（钢芯），其中6×37S纤维芯为1.191，钢芯为1.283。

表17.1-36　第4组6×37（b）类力学性能

第4组　6×37（b）类

6×37+FC

6×37+IWR

直径：5～60mm

钢丝绳公称直径/mm	参考重量/kg·(100m)$^{-1}$			钢丝绳公称抗拉强度/MPa 1570		1670		1770		1870	
				钢丝绳最小破断拉力/kN							
	天然纤维芯钢丝绳	合成纤维芯钢丝绳	钢芯钢丝绳	纤维芯钢丝绳	钢芯钢丝绳	纤维芯钢丝绳	钢芯钢丝绳	纤维芯钢丝绳	钢芯钢丝绳	纤维芯钢丝绳	钢芯钢丝绳
5	8.65	8.43	10.0	11.6	12.5	12.3	13.3	13.1	14.1	13.8	14.9
6	12.5	12.1	14.4	16.7	18.0	17.7	19.2	18.8	20.3	19.9	21.5
7	17.0	16.5	19.6	22.7	24.5	24.1	26.1	25.6	27.7	27.0	29.2
8	22.1	21.6	25.6	29.6	32.1	31.5	34.1	33.4	36.1	35.3	38.2
9	28.0	27.3	32.4	37.5	40.6	39.9	43.2	42.3	45.7	44.7	48.3
10	34.6	33.7	40.0	46.3	50.1	49.3	53.3	52.2	56.5	55.2	59.7
11	41.9	40.8	48.4	56.0	60.6	59.6	64.5	63.2	68.3	66.7	72.2
12	49.8	48.5	57.6	66.7	72.1	70.9	76.7	75.2	81.3	79.4	85.9
13	58.5	57.0	67.6	78.3	84.6	83.3	90.0	88.2	95.4	93.2	101
14	67.8	66.1	78.4	90.8	98.2	96.6	104	102	111	108	117
16	88.6	86.3	102	119	128	126	136	134	145	141	153
18	112	109	130	150	162	160	173	169	183	179	193
20	138	135	160	185	200	197	213	209	226	221	239

（续）

第 4 组　6×37（b）类

6×37+FC

6×37+IWR

直径:5～60mm

钢丝绳公称直径/mm	参考重量/kg·（100m）$^{-1}$			钢丝绳公称抗拉强度/MPa							
				1570		1670		1770		1870	
				钢丝绳最小破断拉力/kN							
	天然纤维芯钢丝绳	合成纤维芯钢丝绳	钢芯钢丝绳	纤维芯钢丝绳	钢芯钢丝绳	纤维芯钢丝绳	钢芯钢丝绳	纤维芯钢丝绳	钢芯钢丝绳	纤维芯钢丝绳	钢芯钢丝绳
22	167	163	194	224	242	238	258	253	273	267	289
24	199	194	230	267	288	284	307	301	325	318	344
26	234	228	270	313	339	333	360	353	382	373	403
28	271	264	314	363	393	386	418	409	443	432	468
30	311	303	360	417	451	443	479	470	508	496	537
32	354	345	410	474	513	504	546	535	578	565	611
34	400	390	462	535	579	570	616	604	653	638	690
36	448	437	518	600	649	638	690	677	732	715	773
38	500	487	578	669	723	711	769	754	815	797	861
40	554	539	640	741	801	788	852	835	903	883	954
42	610	594	706	817	883	869	940	921	996	973	1050
44	670	652	774	897	970	954	1030	1010	1090	1070	1150
46	732	713	846	980	1060	1040	1130	1100	1190	1170	1260
48	797	776	922	1070	1150	1140	1230	1200	1300	1270	1370
50	865	843	1000	1160	1250	1230	1330	1300	1410	1380	1490
52	936	911	1080	1250	1350	1330	1440	1410	1530	1490	1610
54	1010	983	1170	1350	1460	1440	1550	1520	1650	1610	1740
56	1090	1060	1250	1450	1570	1540	1670	1640	1770	1730	1870
58	1160	1130	1350	1560	1680	1660	1790	1760	1900	1860	2010
60	1250	1210	1440	1670	1800	1770	1920	1880	2030	1990	2150

注：最小钢丝破断拉力总和＝钢丝绳最小破断拉力×1.249（纤维芯）或 1.336（钢芯）。

表 17.1-37　第 5 组 6×61 类力学性能

第 5 组　6×61 类

6×61+FC

6×61+IWR

直径:40～60mm

钢丝绳公称直径/mm	参考重量/kg·（100m）$^{-1}$			钢丝绳公称抗拉强度/MPa							
				1570		1670		1770		1870	
				钢丝绳最小破断拉力/kN							
	天然纤维芯钢丝绳	合成纤维芯钢丝绳	钢芯钢丝绳	纤维芯钢丝绳	钢芯钢丝绳	纤维芯钢丝绳	钢芯钢丝绳	纤维芯钢丝绳	钢芯钢丝绳	纤维芯钢丝绳	钢芯钢丝绳
40	578	566	637	711	769	756	818	801	867	847	916
42	637	624	702	784	847	834	901	884	955	934	1010
44	699	685	771	860	930	915	989	970	1050	1020	1110
46	764	749	842	940	1020	1000	1080	1060	1150	1120	1210
48	832	816	917	1020	1110	1090	1180	1150	1250	1220	1320
50	903	885	995	1110	1200	1180	1280	1250	1350	1320	1430
52	976	957	1080	1200	1300	1280	1380	1350	1460	1430	1550
54	1050	1030	1160	1300	1400	1380	1490	1460	1580	1540	1670
56	1130	1110	1250	1390	1510	1480	1600	1570	1700	1660	1790
58	1210	1190	1340	1490	1620	1590	1720	1690	1820	1780	1920
60	1300	1270	1430	1600	1730	1700	1840	1800	1950	1910	2060

注：最小钢丝破断拉力总和＝钢丝绳最小破断拉力×1.301（纤维芯）或 1.392（钢芯）。

表17.1-38　第6组8×19类力学性能

第6组　8×19类

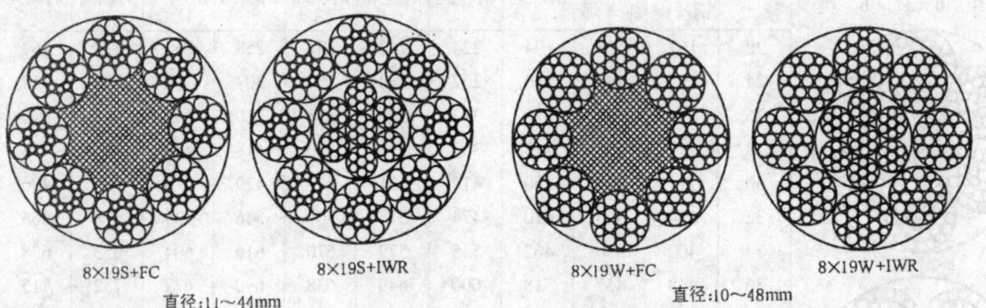

钢丝绳公称直径/mm	参考重量/kg·(100m)$^{-1}$			钢丝绳公称抗拉强度/MPa											
				1570		1670		1770		1870		1960		2160	
				钢丝绳最小破断拉力/kN											
	天然纤维芯钢丝绳	合成纤维芯钢丝绳	钢芯钢丝绳	纤维芯钢丝绳	钢芯钢丝绳	纤维芯钢丝绳	钢芯钢丝绳	纤维芯钢丝绳	钢芯钢丝绳	纤维芯钢丝绳	钢芯钢丝绳	纤维芯钢丝绳	钢芯钢丝绳	纤维芯钢丝绳	钢芯钢丝绳
10	34.6	33.4	42.2	46.0	54.3	48.9	57.8	51.9	61.2	54.8	64.7	57.4	67.8	63.3	74.7
11	41.9	40.4	51.1	55.7	65.7	59.2	69.9	62.8	74.1	66.3	78.3	69.5	82.1	76.6	90.4
12	49.9	48.0	60.8	66.2	78.2	70.5	83.2	74.7	88.2	78.9	93.2	82.7	97.7	91.1	108
13	58.5	56.4	71.3	77.7	91.8	82.7	97.7	87.6	103	92.6	109	97.1	115	107	126
14	67.9	65.4	82.7	90.2	106	95.9	113	102	120	107	127	113	133	124	146
16	88.7	85.4	108	118	139	125	148	133	157	140	166	147	174	162	191
18	112	108	137	149	176	159	187	168	198	178	210	186	220	205	242
20	139	133	169	184	217	196	231	207	245	219	259	230	271	253	299
22	168	162	204	223	263	237	280	251	296	265	313	278	328	306	362
24	199	192	243	265	313	282	333	299	353	316	373	331	391	365	430
26	234	226	285	311	367	331	391	351	414	370	437	388	458	428	505
28	271	262	331	361	426	384	453	407	480	430	507	450	532	496	586
30	312	300	380	414	489	440	520	467	551	493	582	517	610	570	673
32	355	342	432	471	556	501	592	531	627	561	663	588	694	648	765
34	400	386	488	532	628	566	668	600	708	633	748	664	784	732	864
36	449	432	547	596	704	634	749	672	794	710	839	744	879	820	969
38	500	482	609	664	784	707	834	749	884	791	934	829	979	914	1080
40	554	534	675	736	869	783	925	830	980	877	1040	919	1090	1010	1200
42	611	589	744	811	958	863	1020	915	1080	967	1140	1010	1200	1120	1320
44	670	646	817	891	1050	947	1120	1000	1190	1060	1250	1110	1310	1230	1450
46	733	706	893	973	1150	1040	1220	1100	1300	1160	1370	1220	1430	1340	1580
48	798	769	972	1060	1250	1130	1330	1190	1410	1260	1490	1320	1560	1460	1720

注：最小钢丝破断拉力总和＝钢丝绳最小破断拉力×1.214（纤维芯）或1.360（钢芯）。

表 17.1-39　第 6 组和第 7 组 8×19 和 8×37 类力学性能

第 6 组和第 7 组　8×19 和 8×37 类

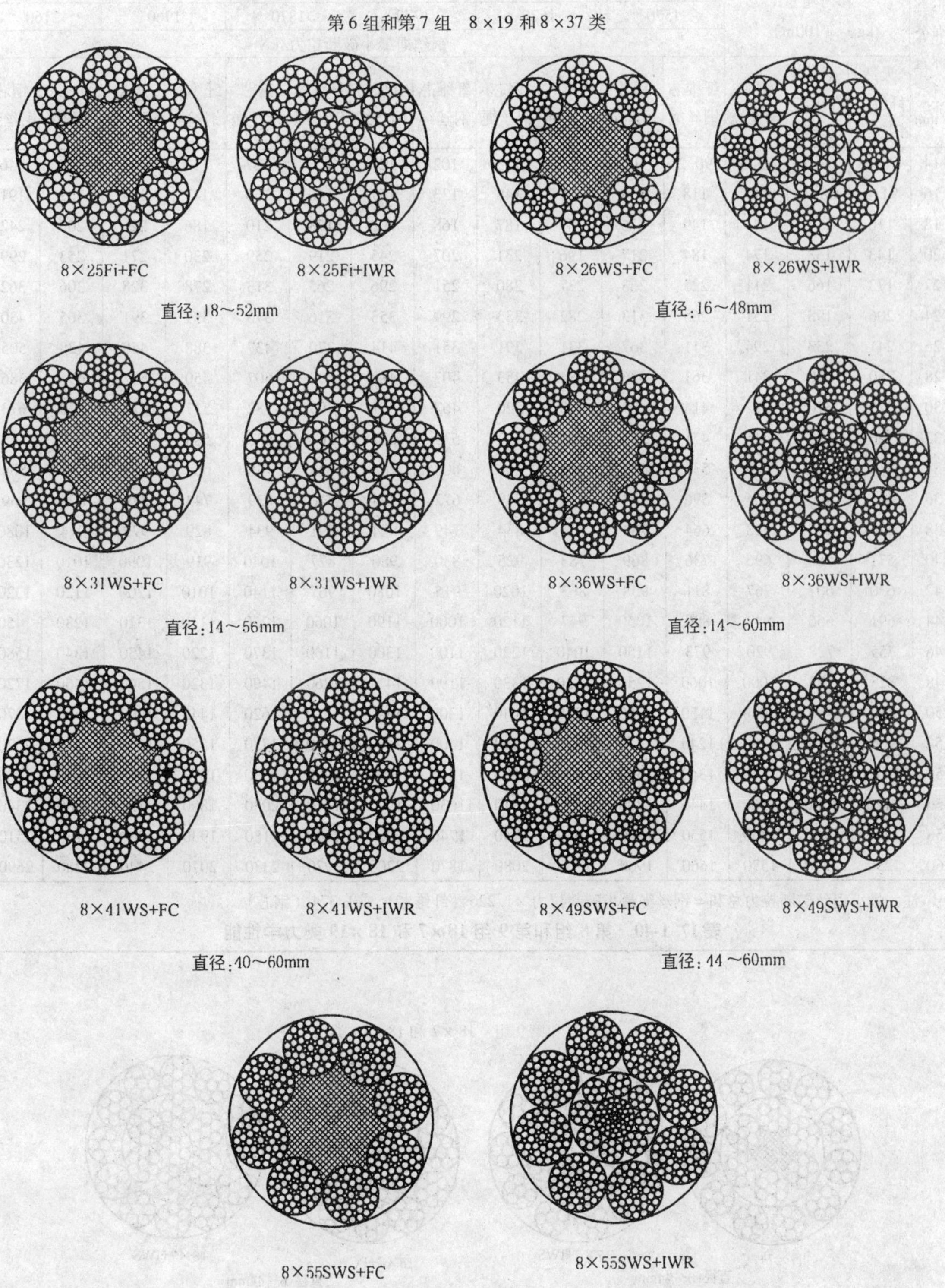

（续）

钢丝绳公称直径/mm	参考重量/kg·(100m)$^{-1}$			钢丝绳公称抗拉强度/MPa											
				1570		1670		1770		1870		1960		2160	
				钢丝绳最小破断拉力/kN											
	天然纤维芯钢丝绳	合成纤维芯钢丝绳	钢芯钢丝绳	纤维芯钢丝绳	钢芯钢丝绳	纤维芯钢丝绳	钢芯钢丝绳	纤维芯钢丝绳	钢芯钢丝绳	纤维芯钢丝绳	钢芯钢丝绳	纤维芯钢丝绳	钢芯钢丝绳	纤维芯钢丝绳	钢芯钢丝绳
14	70.0	67.4	85.3	90.2	106	95.9	113	102	120	107	127	113	133	124	146
16	91.4	88.1	111	118	139	125	148	133	157	140	166	147	174	162	191
18	116	111	141	149	176	159	187	168	198	178	210	186	220	205	242
20	143	138	174	184	217	196	231	207	245	219	259	230	271	253	299
22	173	166	211	223	263	237	280	251	296	265	313	278	328	306	362
24	206	198	251	265	313	282	333	299	353	316	373	331	391	365	430
26	241	233	294	311	367	331	391	351	414	370	437	388	458	428	505
28	280	270	341	361	426	384	453	407	480	430	507	450	532	496	586
30	321	310	392	414	489	440	520	467	551	493	582	517	610	570	673
32	366	352	445	471	556	501	592	531	627	561	663	588	694	648	765
34	413	398	503	532	628	566	668	600	708	633	748	664	784	732	864
36	463	446	564	596	704	634	749	672	794	710	839	744	879	820	969
38	516	497	628	664	784	707	834	749	884	791	934	829	979	914	1080
40	571	550	696	736	869	783	925	830	980	877	1040	919	1090	1010	1230
42	630	607	767	811	958	863	1020	915	1080	967	1140	1010	1200	1120	1320
44	691	666	842	890	1050	947	1120	1000	1190	1060	1250	1110	1310	1230	1450
46	755	728	920	973	1150	1040	1220	1100	1300	1160	1370	1220	1430	1340	1580
48	823	793	1000	1060	1250	1130	1330	1190	1410	1260	1490	1320	1560	1460	1720
50	892	860	1090	1150	1360	1220	1440	1300	1530	1370	1620	1440	1700	1580	1870
52	965	930	1180	1240	1470	1320	1560	1400	1660	1480	1750	1550	1830	1710	2020
54	1040	1000	1270	1340	1580	1430	1680	1510	1790	1600	1890	1670	1980	1850	2180
56	1120	1080	1360	1440	1700	1530	1810	1630	1920	1720	2030	1800	2130	1980	2340
58	1200	1160	1460	1550	1830	1650	1940	1740	2060	1840	2180	1930	2280	2130	2510
60	1290	1240	1570	1660	1960	1760	2080	1870	2200	1970	2330	2070	2440	2280	2690

注：最小钢丝破断拉力总和 = 钢丝绳最小破断拉力 ×1.226（纤维芯）或 1.374（钢芯）。

表 17.1-40　第 8 组和第 9 组 18×7 和 18×19 类力学性能

第 8 组和第 9 组　18×7 和 18×19 类

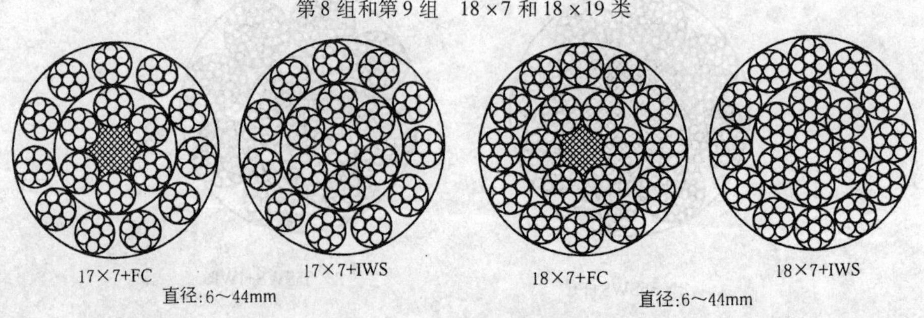

17×7+FC　17×7+IWS　直径:6～44mm

18×7+FC　18×7+IWS　直径:6～44mm

（续）

第8组和第9组　18×7和18×19类

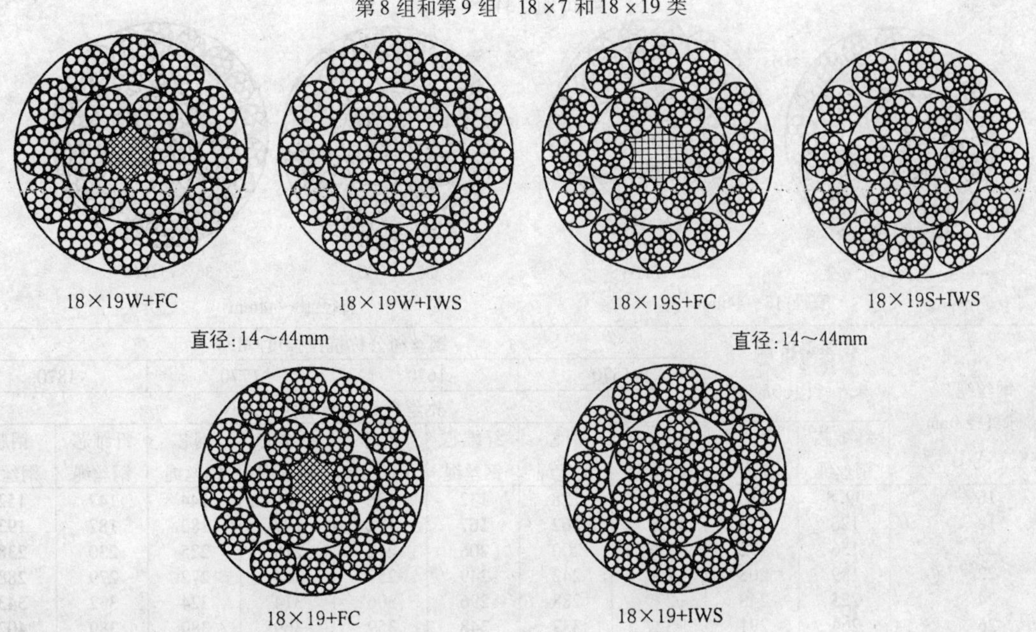

18×19W+FC　18×19W+IWS　直径：14～44mm

18×19S+FC　18×19S+IWS　直径：14～44mm

18×19+FC　18×19+IWS　直径：10～44mm

钢丝绳公称直径/mm	参考重量/kg·(100m)$^{-1}$		钢丝绳公称抗拉强度/MPa											
			1570		1670		1770		1870		1960		2160	
			钢丝绳最小破断拉力/kN											
	纤维芯钢丝绳	钢芯钢丝绳	纤维芯钢丝绳	钢芯钢丝绳	纤维芯钢丝绳	钢芯钢丝绳	纤维芯钢丝绳	钢芯钢丝绳	纤维芯钢丝绳	钢芯钢丝绳	纤维芯钢丝绳	钢芯钢丝绳	纤维芯钢丝绳	钢芯钢丝绳
6	14.0	15.5	17.5	18.5	18.6	19.7	19.8	20.9	20.9	22.1	21.9	23.1	24.1	25.5
7	19.1	21.1	23.8	25.2	25.4	26.8	26.9	28.4	28.4	30.1	29.8	31.5	32.8	34.7
8	25.0	27.5	31.1	33.0	33.1	35.1	35.1	37.2	37.1	39.3	38.9	41.1	42.9	45.3
9	31.6	34.8	39.4	41.7	41.9	44.4	44.4	47.0	47.0	49.7	49.2	52.1	54.2	57.4
10	39.0	43.0	48.7	51.5	51.8	54.8	54.9	58.1	58.0	61.3	60.8	64.3	67.0	70.8
11	47.2	52.0	58.9	62.3	62.6	66.3	66.4	70.2	70.1	74.2	73.5	77.8	81.0	85.7
12	56.2	61.9	70.1	74.2	74.5	78.9	79.0	83.6	83.5	88.3	87.5	92.6	96.4	102
13	65.9	72.7	82.3	87.0	87.5	92.6	92.7	98.1	98.0	104	103	109	113	120
14	76.4	84.3	95.4	101	101	107	108	114	114	120	119	126	131	139
16	99.8	110	125	132	133	140	140	149	148	157	156	165	171	181
18	126	139	158	167	168	177	178	188	188	199	197	208	217	230
20	156	172	195	206	207	219	219	232	232	245	243	257	268	283
22	189	208	236	249	251	265	266	281	281	297	294	311	324	343
24	225	248	280	297	298	316	316	334	334	353	350	370	386	408
26	264	291	329	348	350	370	371	392	392	415	411	435	453	479
28	306	337	382	404	406	429	430	455	454	481	476	504	525	555
30	351	387	438	463	466	493	494	523	522	552	547	579	603	638
32	399	440	498	527	530	561	562	594	594	628	622	658	686	725
34	451	497	563	595	598	633	634	671	670	709	702	743	774	819
36	505	557	631	667	671	710	711	752	751	795	787	833	868	918
38	563	621	703	744	748	791	792	838	837	886	877	928	967	1020
40	624	688	779	824	828	876	878	929	928	981	972	1030	1070	1130
42	688	759	859	908	913	966	968	1020	1020	1080	1070	1130	1180	1250
44	755	832	942	997	1000	1060	1060	1120	1120	1190	1180	1240	1300	1370

注：最小钢丝破断拉力总和＝钢丝绳最小破断拉力×1.283，其中17×7为1.250。

表 17.1-41　第 10 组 34×7 类力学性能

第 10 组　34×7 类

34×7+FC

34×7+IWS

直径:16～44mm

36×7+FC

36×7+IWS

直径:16～44mm

钢丝绳公称直径/mm	参考重量/kg·(100m)$^{-1}$		钢丝绳公称抗拉强度/MPa							
			1570		1670		1770		1870	
			钢丝绳最小破断拉力/kN							
	纤维芯钢丝绳	钢芯钢丝绳	纤维芯钢丝绳	钢芯钢丝绳	纤维芯钢丝绳	钢芯钢丝绳	纤维芯钢丝绳	钢芯钢丝绳	纤维芯钢丝绳	钢芯钢丝绳
16	99.8	110	124	128	132	136	140	144	147	152
18	126	139	157	162	167	172	177	182	187	193
20	156	172	193	200	206	212	218	225	230	238
22	189	208	234	242	249	257	264	272	279	288
24	225	248	279	288	296	306	314	324	332	343
26	264	291	327	337	348	359	369	380	389	402
28	306	337	379	391	403	416	427	441	452	466
30	351	387	435	449	463	478	491	507	518	535
32	399	440	495	511	527	544	558	576	590	609
34	451	497	559	577	595	614	630	651	666	687
36	505	557	627	647	667	688	707	729	746	771
38	563	621	698	721	743	767	787	813	832	859
40	624	688	774	799	823	850	872	901	922	951
42	688	759	853	881	907	937	962	993	1020	1050
44	755	832	936	967	996	1030	1060	1090	1120	1150

注：最小钢丝破断拉力总和＝钢丝绳最小破断拉力×1.334，其中 34×7 为 1.300。

表 17.1-42　第 11 组 35W×7 类力学性能

第 11 组　35W×7 类

35W×7

24W×7

直径:12～50mm

钢丝绳公称直径/mm	参考重量/kg·(100m)$^{-1}$	钢丝绳公称抗拉强度/MPa					
		1570	1670	1770	1870	1960	2160
		钢丝绳最小破断拉力/kN					
12	66.2	81.4	86.6	91.8	96.9	102	112
14	90.2	111	118	125	132	138	152
16	118	145	154	163	172	181	199
18	149	183	195	206	218	229	252
20	184	226	240	255	269	282	311
22	223	274	291	308	326	342	376
24	265	326	346	367	388	406	448
26	311	382	406	431	455	477	526
28	361	443	471	500	528	553	610
30	414	509	541	573	606	635	700
32	471	579	616	652	689	723	796
34	532	653	695	737	778	816	899
36	596	732	779	826	872	914	1010
38	664	816	868	920	972	1020	1120
40	736	904	962	1020	1080	1130	1240
42	811	997	1060	1120	1190	1240	1370
44	891	1090	1160	1230	1300	1370	1510
46	973	1200	1270	1350	1420	1490	1650
48	1060	1300	1390	1470	1550	1630	1790
50	1150	1410	1500	1590	1680	1760	1940

注：最小钢丝破断拉力总和＝钢丝绳最小破断拉力×1.287。

表 17.1-43　第 12 组 6×12 类力学性能

第 12 组　6×12 类

6×12+7FC
直径：8～32mm

钢丝绳公称直径/mm	参考重量/kg·(100m)$^{-1}$ 天然纤维芯钢丝绳	参考重量/kg·(100m)$^{-1}$ 合成纤维芯钢丝绳	钢丝绳公称抗拉强度/MPa 1470	1570	1670	1770
			钢丝绳最小破断拉力/kN			
8	16.1	14.8	19.7	21.0	22.3	23.7
9	20.3	18.7	24.9	26.6	28.3	30.0
9.3	21.7	20.0	26.6	28.4	30.2	32.0
10	25.1	23.1	30.7	32.8	34.9	37.0
11	30.4	28.0	37.2	39.7	42.2	44.8
12	36.1	33.3	44.2	47.3	50.3	53.3
12.5	39.2	36.1	48.0	51.3	54.5	57.8
13	42.4	39.0	51.9	55.5	59.0	62.5
14	49.2	45.3	60.2	64.3	68.4	72.5
15.5	60.3	55.5	73.8	78.8	83.9	88.9
16	64.3	59.1	78.7	84.0	89.4	94.7
17	72.5	66.8	88.8	94.8	101	107
18	81.3	74.8	99.5	106	113	120
18.5	85.9	79.1	105	112	119	127
20	100	92.4	123	131	140	148
21.5	116	107	142	152	161	171
22	121	112	149	159	169	179
24	145	133	177	189	201	213
24.5	151	139	184	197	210	222
26	170	156	208	222	236	250
28	197	181	241	257	274	290
32	257	237	315	336	357	379

注：最小钢丝破断拉力总和＝钢丝绳最小破断拉力×1.136。

表 17.1-44　第 13 组 6×24 类力学性能

第 13 组　6×24 类

6×24+7FC
直径：8～40mm

钢丝绳公称直径/mm	参考重量/kg·(100m)$^{-1}$ 天然纤维芯钢丝绳	参考重量/kg·(100m)$^{-1}$ 合成纤维芯钢丝绳	钢丝绳公称抗拉强度/MPa 1470	1570	1670	1770
			钢丝绳最小破断拉力/kN			
8	20.4	19.5	26.3	28.1	29.9	31.7
9	25.8	24.6	33.3	35.6	37.9	40.1
10	31.8	30.4	41.2	44.0	46.8	49.6
11	38.5	36.8	49.8	53.2	56.6	60.0
12	45.8	43.8	59.3	63.3	67.3	71.4
13	53.7	51.4	69.6	74.3	79.0	83.8
14	62.3	59.6	80.7	86.2	91.6	97.1
16	81.4	77.8	105	113	120	127
18	103	98.5	133	142	152	161
20	127	122	165	176	187	198
22	154	147	199	213	226	240
24	183	175	237	253	269	285
26	215	206	278	297	316	335
28	249	238	323	345	367	389
30	286	274	370	396	421	446
32	326	311	421	450	479	507
34	368	351	476	508	541	573
36	412	394	533	570	606	642
38	459	439	594	635	675	716
40	509	486	659	703	748	793

注：最小钢丝破断拉力总和＝钢丝绳最小破断拉力×1.150（纤维芯）。

表17.1-45　第13组6×24类力学性能

第13组　6×24类

6×24S+7FC

6×24W+7FC

直径:10~44mm

钢丝绳公称直径/mm	参考重量/kg·(100m)$^{-1}$		钢丝绳公称抗拉强度/MPa			
			1470	1570	1670	1770
	天然纤维芯钢丝绳	合成纤维芯钢丝绳	钢丝绳最小破断拉力/kN			
10	33.1	31.6	42.8	45.7	48.6	51.5
11	40.0	38.2	51.8	55.3	58.8	62.3
12	47.7	45.5	61.6	65.8	70.0	74.2
13	55.9	53.4	72.3	77.2	82.1	87.0
14	64.9	61.9	83.8	90.0	95.3	101
16	84.7	80.9	110	117	124	132
18	107	102	139	148	157	167
20	132	126	171	183	194	206
22	160	153	207	221	235	249
24	191	182	246	263	280	297
26	224	214	289	309	329	348
28	260	248	335	358	381	404
30	298	284	385	411	437	464
32	339	324	438	468	498	527
34	383	365	495	528	562	595
36	429	410	554	592	630	668
38	478	456	618	660	702	744
40	530	506	684	731	778	824
42	584	557	755	806	857	909
44	641	612	828	885	941	997

注：最小钢丝破断拉力总和=钢丝绳最小破断拉力×1.150（纤维芯）。

表17.1-46　第14组6×15类力学性能

第14组　6×15类

6×15+7FC

直径:10~32mm

钢丝绳公称直径/mm	参考重量/kg·(100m)$^{-1}$		钢丝绳公称抗拉强度/MPa			
			1470	1570	1670	1770
	天然纤维芯钢丝绳	合成纤维芯钢丝绳	钢丝绳最小破断拉力/kN			
10	20.0	18.5	26.5	28.3	30.1	31.9
12	28.8	26.6	38.1	40.7	43.3	45.9
14	39.2	36.3	51.9	55.4	58.9	62.4
16	51.2	47.4	67.7	72.3	77.0	81.6
18	64.8	59.9	85.7	91.6	97.4	103
20	80.0	74.0	106	113	120	127
22	96.8	89.5	128	137	145	154
24	115	107	152	163	173	184
26	135	125	179	191	203	215
28	157	145	207	222	236	250
30	180	166	238	254	271	287
32	205	189	271	289	308	326

注：最小钢丝破断拉力总和=钢丝绳最小破断拉力×1.136。

表 17.1-47　第15组和第16组4×19和4×37类力学性能

第15组和第16组　4×19 和 4×37 类

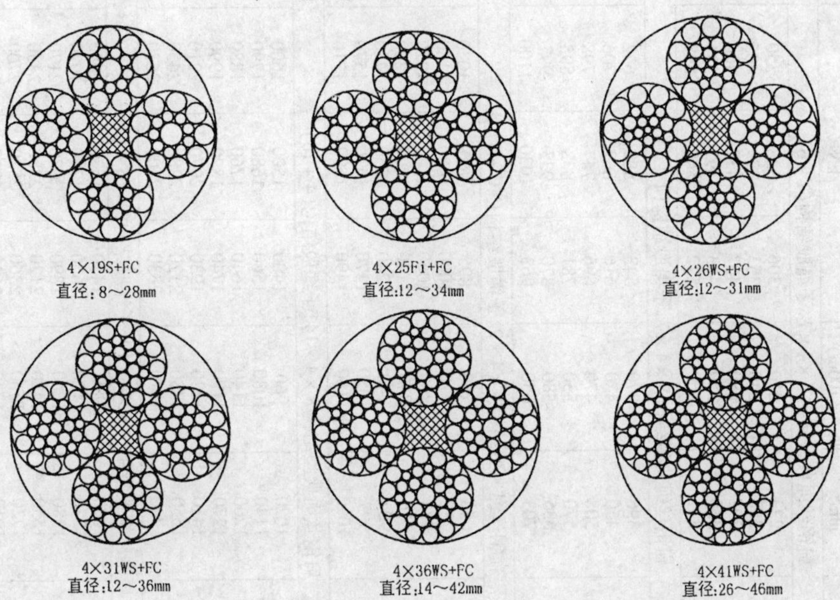

钢丝绳公称直径/mm	参考重量/kg·(100m)$^{-1}$	钢丝绳公称抗拉强度/MPa					
		1570	1670	1770	1870	1960	2160
		钢丝绳最小破断拉力/kN					
8	26.2	36.2	38.5	40.8	43.1	45.2	49.8
10	41.0	56.5	60.1	63.7	67.3	70.6	77.8
12	59.0	81.5	86.6	91.8	96.9	102	112
14	80.4	111	118	125	132	138	152
16	105	145	154	163	172	181	199
18	133	183	195	206	218	229	252
20	164	226	240	255	269	282	311
22	198	274	291	308	326	342	376
24	236	326	346	367	388	406	448
26	277	382	406	431	455	477	526
28	321	443	471	500	528	553	610
30	369	509	541	573	606	635	700
32	420	579	616	652	689	723	796
34	474	653	695	737	778	816	899
36	531	732	779	826	872	914	1010
38	592	816	868	920	972	1020	1120
40	656	904	962	1020	1080	1130	1240
42	723	997	1060	1120	1190	1240	1370
44	794	1090	1160	1230	1300	1370	1510
46	868	1200	1270	1350	1420	1490	1650

注：最小钢丝破断拉力总和 = 钢丝绳最小破断拉力 ×1.191。

表 17.1-48　扁钢丝绳典型结构、公称尺寸

断面图	公称尺寸 宽×厚 $b \times h$	子绳钢丝公称直径	子绳钢丝断面积总和	扁钢丝绳参考重量	扁钢丝绳公称抗拉强度/MPa 1370	1470	1570	编织方式
					最小钢丝破断拉力总和			
	mm		mm^2	$kg\cdot(100m)^{-1}$	kN			
	扁钢丝绳典型结构 6×4×7，子绳股结构(1+6)							
PD6×4×7 扁钢丝绳断面图	58×13	1.3	223	210	306	328	350	双纬绳两侧各 2 条
	62×14	1.4	258	240	353	379	405	
	67×15	1.5	297	280	407	437	466	
	71×16	1.6	338	320	463	497	531	
	75×17	1.7	381	360	522	560	598	
	扁钢丝绳典型结构 8×4×7，子绳股结构(1+6)							
PD8×4×7 扁钢丝绳断面图	88×15	1.5	396	370	543	582	622	双纬绳两侧各 2 条
	94×16	1.6	450	420	616	662	706	
	100×17	1.7	508	470	696	747	798	
	107×18	1.8	570	530	781	838	895	
	113×19	1.9	635	580	870	933	997	
	119×20	2	703	650	963	1030	1100	
	扁钢丝绳典型结构 8×4×9，子绳股结构(FC+9)							
PD8×4×9 扁钢丝绳断面图	132×21	1.7	653	700	895	960	1030	双纬绳两侧各 4 条
	139×23	1.8	732	770	1000	1080	1150	
	143×24	1.85	774	800	1060	1140	1220	
	147×24	1.9	816	840	1120	1200	1280	
	155×26	2	904	940	1240	1330	1420	
	163×27	2.1	997	1050	1370	1470	1570	
	170×28	2.2	1090	1160	1490	1600	1710	
	扁钢丝绳典型结构 8×4×14，子绳股结构(4+10)							
PD8×4×14 扁钢丝绳断面图	145×24	1.7	1020	960	1400	1500	1600	双纬绳两侧各 4 条
	154×25	1.8	1140	1080	1560	1680	1790	
	158×26	1.85	1200	1140	1640	1760	1880	
	162×27	1.9	1270	1190	1740	1870	1990	
	171×28	2	1410	1330	1930	2070	2210	
	180×30	2.1	1550	1480	2120	2280	2430	
	188×31	2.2	1700	1610	2330	2500	2670	
	扁钢丝绳典型结构 8×4×19，子绳股结构(1+6+12)							
PD8×4×19 扁钢丝绳断面图	148×24	1.5	1070	980	1470	1570	1680	双纬绳两侧各 4 条
	157×25	1.6	1220	1120	1670	1790	1920	
	166×26	1.7	1380	1260	1890	2030	2170	
	177×28	1.8	1550	1420	2120	2280	2430	
	187×29	1.9	1720	1560	2360	2530	2700	
	196×31	2	1910	1740	2620	2810	3000	
	206×33	2.1	2100	1950	2880	3090	3300	
	216×34	2.2	2310	2120	3160	3400	3630	

注：1. 子绳钢丝公称直径允许在 ±0.20mm 范围内调整。

2. 若纬绳钢丝损坏是钢丝绳报废的主要原因时，纬绳可以用其他构件代替，但应按标准的规定进行检验与验收。

3. 表中钢丝绳的参考质量为未涂油的质量，涂油钢丝绳的单位长度质量应双方协议。

2.5　平衡用扁钢丝绳（摘自 GB/T 20119—2006）

见表 17.1-48 和表 17.1-49。

（1）适用范围

平衡用扁钢丝绳适用于竖井提升设备平衡用的扁钢丝绳（简称扁钢丝绳）。

（2）订货内容

订货的合同应包括：标准号、产品名称、结构（标记代号）、公称尺寸、表面状态、公称抗拉强度、数量（长度）、是否涂油、（需方提出的）其他要求。

（3）标记

扁钢丝绳的标记方法按 GB/T 8706—2006 的规定。

如图 17.1-1 是由 6 条子绳，每条子绳 4 股，每股（1 + 6）丝制成的双纬绳平衡用扁钢丝绳，其全称标记示例为：

PD6［4（1 + 6）+ FC］

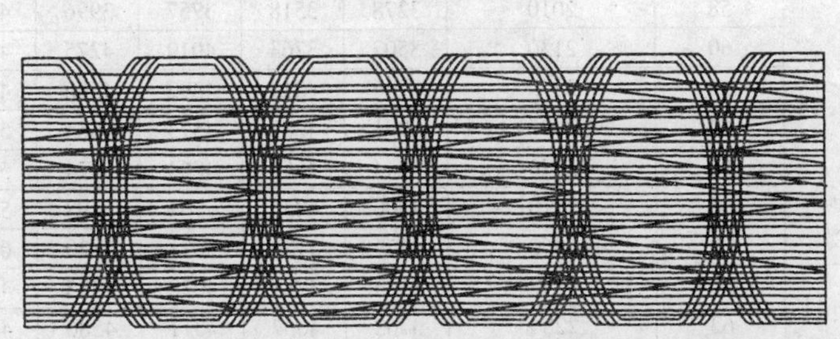

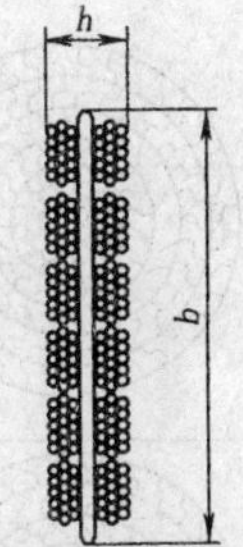

图 17.1-1　PD6［4（1 + 6）+ FC］平衡用扁钢丝绳

2.6　密封钢丝绳（摘自 YB/T 5295—2006）

主要用途：用于客运索道、矿井罐道、塔式起重机主索、挖掘机绷绳、吊桥主索等场合。

标记示例：

公称直径为 20mm，由一层 Z 型钢丝和线接触绳芯构成的，强度级别为 1470MPa，密封绳韧度为特级的右捻镀锌密封钢丝绳，标记为：

密封钢丝绳 20Zn-18Z + 6/6 + 6 + 1-1470 特级 Z GB/T 352—2002

或简化标记为:20Zn-Z-1470 特级 Z GB/T 352—2002。

公称直径为 60mm，由三层 Z 型钢丝和点接触绳芯构成的，强度级别为 1370MPa，密封绳韧度为普通级的左捻光面密封钢丝绳标记为：

密封钢丝绳 60-33Z-26Z-22Z + 18 + 12 + 6 + 1-1370 普通级 S GB/T 352—2002

或简化标记为 60-ZZZ-1370 普通级 S GB/T 352—2002。

表 17.1-49　密封钢丝绳

用途	结构	钢丝绳公称直径 /mm	参考重量 /kg·(100m)$^{-1}$	钢丝实测破断拉力总和/kN 不小于					
				钢丝绳公称抗拉强度/MPa					
				1370	1470	1570	1670	1770	1870
客运索道		22	278	463	497	531	564	605	639
		24	331	511	598	639	679	720	761
		26	388	647	694	741	788	835	883
		28	451	751	806	860	915	970	1025
		30	518	862	925	988	1050	1113	1176
		32	589	980	1051	1123	1194	1266	1337
		34	664	1107	1188	1269	1349	1430	1511
		36	745	1240	1330	1421	1511	1602	1693
		28	470	767	823	879	935	991	1047
		30	538	881	945	1010	1074	1138	1202
		32	609	1001	1075	1148	1221	1294	1367
		34	692	1132	1214	1297	1397	1462	1545
		36	782	1269	1361	1454	1546	1639	1732
		38	871	1311	1517	1620	1723	1827	1930
		40	958	1566	1680	1795	1909	2023	2137
		42	1040	1726	1852	1978	2104	2230	2356
		44	1140	1852	1987	2122	2258	2393	2528

（续）

用途	结构	钢丝绳公称直径/mm	参考重量/kg·（100m）$^{-1}$	钢丝实测破断拉力总和/kN 不小于					
				钢丝绳公称抗拉强度/MPa					
				1370	1470	1570	1670	1770	1870
客运索道		46	1240	2082	2234	2386	2538	2690	2842
		48	1360	2267	2433	2598	2764	2929	3095
		50	1460	2461	2640	2820	2999	3179	3359
		52	1640	2661	2855	3049	3243	3437	3632
		54	1750	2869	3078	3288	3497	3706	3916
		56	1870	3087	3312	3547	3763	3988	4213
		58	2010	3278	3518	3757	3996	4236	4475
		60	2130	3507	3763	4019	4275	4531	4787
		62	2270	3746	4019	4292	4566	4839	5113
		64	2430	3991	4282	4573	4865	5156	5447
		66	2570	4244	4554	4864	5174	5484	5793
		68	2710	4506	4835	5164	5493	5822	6150
		70	2860	4774	5123	5471	5820	6168	6517
		60	2148	3524	3781	4038	4295	4552	4810
		62	2284	3762	4037	4311	4586	4860	5135
		64	2435	4009	4301	4594	4886	5179	5472
		66	2589	4263	4575	4886	5197	5508	5819
		68	2745	4525	4855	5186	5516	5846	6177
		70	2889	4795	5145	5495	5845	6195	6545

用途	结构	钢丝绳公称直径/mm	参考重量/kg·（100m）$^{-1}$	钢丝实测破断拉力总和/kN 不小于			
				钢丝绳公称抗拉强度/MPa			
				1270	1370	1470	1570
其他用途（包括矿井罐道、塔式起重机主索、挖掘机绷绳、吊桥主索等）		20	225	347	376	402	431
		22	271	420	450	486	516
		24	322	499	536	578	614
		26	367	586	612	679	702
		28	426	680	706	787	809
		30	476	781	792	851	908
		32	557	888	949	1028	1088
		34	623	1003	1020	1094	1169
		36	693	1124	1131	1211	1296
		38	771	1252	1272	1366	1457
		40	864	1388	1437	1541	1647
		42	936	1394	1502	1610	1721
		44	1030	1544	1665	1787	1908
		46	1110	1664	1789	1926	2050
		48	1231	1812	1944	2098	2244
		50	1324	1966	2123	2276	2433

注：半密封钢丝绳最小破断拉力＝钢丝实测破断拉力总和×0.88

用途	结构	钢丝绳公称直径/mm	参考重量/kg·（100m）$^{-1}$	钢丝实测破断拉力总和/kN 不小于				
				钢丝绳公称抗拉强度/MPa				
				1180	1270	1370	1470	1570
其他用途（包括矿井罐道、塔式起重机主索、挖掘机绷绳、吊桥主索等）		16	141	202	217	234	251	268
		18	178	255	274	296	318	339
		20	220	315	339	366	392	419
		22	266	381	410	443	475	507
		24	316	454	488	526	564	603
		26	371	532	573	618	663	708
		28	430	617	664	717	769	821
		30	494	709	763	823	883	944
		32	562	806	867	936	1004	1072
		34	634	910	979	1056	1133	1210
		36	712	1020	1099	1185	1272	1358

（续）

用途	结　　构	钢丝绳公称直径/mm	参考重量/kg·（100m）$^{-1}$	钢丝实测破断拉力总和/kN 不小于				
				钢丝绳公称抗拉强度/MPa				
				1180	1270	1370	1470	1570
其他用途（包括矿井罐道、塔式起重机主索、挖掘机绷绳、吊桥主索等）	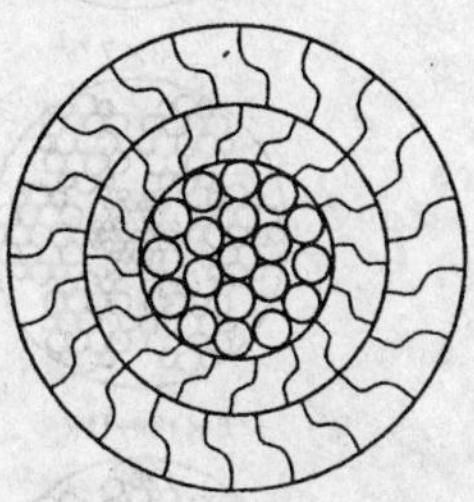	24	322	462	496	536	575	614
		26	378	542	583	629	675	721
		28	438	628	676	729	782	835
		30	503	721	776	837	898	959
		32	572	820	883	952	1022	1091
		34	646	926	997	1075	1154	1232
		36	724	1038	1118	1206	1294	1382
		38	807	1157	1246	1344	1442	1540
		40	894	1282	1379	1488	1596	1705
		42	985	1413	1521	1641	1761	1881
		45	1131	1623	1746	1884	2021	2159
		48	1310	1878	2022	2180	2340	2499
		50	1421	2038	2193	2366	2539	2711
		52	1538	2204	2372	2559	2746	2933
		54	1657	2377	2558	2759	2961	3162
		56	1782	2566	2751	2967	3184	3401
		58	1912	2742	2951	3184	3416	3649
		60	2046	2935	3158	3407	3656	3905
		62	2184	3133	3372	3637	3903	4168
		64	2328	3339	3594	3877	4160	4443
		56	1803	2574	2751	2968	3185	3401
		58	1934	2761	2951	3184	3416	3648
		60	2069	2954	3158	3407	3656	3904
		62	2210	3155	3372	3638	3903	4169
		64	2354	3361	3593	3876	4159	4442
		66	2504	3575	3822	4123	4423	4724
		68	2658	3795	4057	4376	4696	5015
		70	2817	4021	4299	4637	4976	5314
其他用途		60	2093	2968	3194	3446	3697	3949
		62	2235	3169	3411	3679	3948	4216
		64	2381	3377	3634	3920	4207	4493
		66	2532	3591	3865	4193	4474	4778
		68	2688	3812	4103	4426	4749	5072
		70	2849	4039	4348	4690	5032	5375

注：1. 除表中注明者外，密封绳最小破断拉力 = 钢丝实测破断拉力总和 ×0.86。

2. 密封绳按结构分为点接触、点线接触、线接触三种。外层包捻 1 ~5 层异形钢丝。如果需方没有明确要求密封绳的结构时，则密封绳结构由供方确定。

3. 密封绳按钢丝表面状态分为光面和镀锌两种。

4. 密封绳捻向按最外层钢丝捻向确定，分为左捻（S）和右捻（Z）两种。如需方无要求，按右捻供货。

5. 根据力学性能，制绳钢丝分为两个韧性级别：特级、普通级。

6. YB/T 5295—2006 实际也是 GB/T 352—2006 标准。

2.7　不锈钢丝绳（摘自 GB/T 9944—2002）（见表 17.1-50）

表 17.1-50　不锈钢丝绳

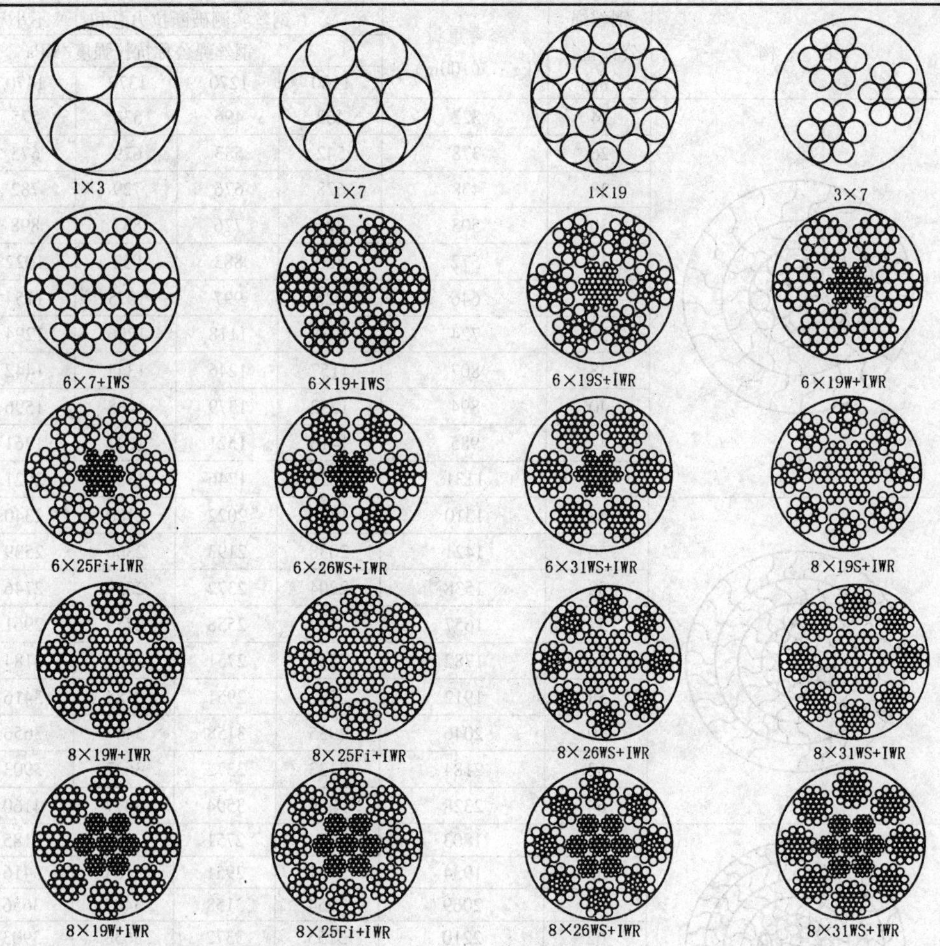

标记示例：6×7＋IWS 结构，公称直径 1.6mm 的钢丝绳，标记为：1.6NAT6×7＋IWS GB/T 9944—2002

结构	钢丝绳公称直径/mm	允许偏差/mm	钢丝绳最小破断拉力/kN	参考重量/kg·(100m)$^{-1}$
1×3	0.15	+0.03 0	0.022	0.012
	0.25		0.056	0.029
	0.35		0.113	0.055
	0.45		0.185	0.089
	0.55	+0.06 0	0.284	0.135
	0.65		0.393	0.186
1×7	0.15	+0.03 0	0.025	0.011
	0.25		0.063	0.031
	0.30		0.093	0.044
	0.35		0.127	0.061
	0.40		0.157	0.080
	0.45		0.200	0.100
	0.50	+0.06 0	0.255	0.125
	0.60		0.382	0.180
	0.70		0.540	0.245
	0.80	+0.08 0	0.667	0.327
	0.90		0.823	0.400
	1.0		1.00	0.500
	1.2	+0.10 0	1.32	0.700
1×19	0.60	+0.08 0	0.343	0.175
	0.70		0.470	0.240
	0.80		0.617	0.310
	0.90	+0.09 0	0.774	0.390
	1.0	+0.10 0	0.950	0.500
	1.2	+0.12 0	1.27	0.700
	1.5		2.25	1.10
	2.0	+0.20 0	3.82	2.00
	2.5	+0.25 0	5.58	3.13
	3.0	+0.30 0	8.03	4.50
	3.5	+0.35 0	10.6	6.13
	4.0	+0.40 0	13.9	8.19

（续）

结构	钢丝绳公称直径/mm	允许偏差/mm	钢丝绳最小破断拉力/kN	参考重量/kg·(100m)$^{-1}$
1×19	5.0	$^{+0.50}_{0}$	21.0	12.9
	6.0	$^{+0.60}_{0}$	30.4	18.5
3×7	0.70	$^{+0.08}_{0}$	0.323	0.182
	0.80		0.488	0.238
	1.0	$^{+0.12}_{0}$	0.686	0.375
	1.2		0.931	0.540
6×7+IWS	0.45	$^{+0.09}_{0}$	0.142	0.08
	0.50		0.176	0.12
	0.60		0.253	0.15
	0.70		0.345	0.20
	0.80		0.461	0.26
	0.90		0.539	0.32
	1.0	$^{+0.15}_{0}$	0.637	0.40
	1.2		1.20	0.65
	1.5	$^{+0.20}_{0}$	1.67	0.93
	1.6		2.15	1.20
	1.8		2.25	1.35
	2.0		2.94	1.65
	2.4	$^{+0.30}_{0}$	4.10	2.40
	3.0		6.37	3.70
	3.2		7.15	4.20
	3.5	$^{+0.40}_{0}$	7.64	5.10
	4.0		9.51	6.50
	4.5		12.1	8.30
	5.0	$^{+0.50}_{0}$	14.7	10.5
	6.0	$^{+0.60}_{0}$	18.6	15.1
	8.0		40.6	26.6
6×19+IWS	1.6	$^{+0.25}_{0}$	1.85	1.12
	2.4	$^{+0.30}_{0}$	4.10	2.60
	3.2		7.85	4.30
	4.0	$^{+0.40}_{0}$	10.7	6.70
	4.8		16.5	9.70
	5.0		17.4	10.5
	5.6		22.3	12.8
	6.0		23.5	14.9
	6.4		28.5	16.4
	7.2	$^{+0.50}_{0}$	34.7	20.8
	8.0	$^{+0.56}_{0}$	40.1	25.8
	9.5	$^{+0.66}_{0}$	53.4	36.2
6×19+IWR	11.0	$^{+0.76}_{0}$	72.5	53.0

结构	钢丝绳公称直径/mm	允许偏差/mm	钢丝绳最小破断拉力/kN	参考重量/kg·(100m)$^{-1}$
6×19+IWR	12.7	$^{+0.84}_{0}$	101	68.2
	14.3	$^{+0.91}_{0}$	127	87.8
	16.0	$^{+0.99}_{0}$	156	106
	19.0	$^{+1.14}_{0}$	221	157
	22.0	$^{+1.22}_{0}$	295	213
	25.4	$^{+1.27}_{0}$	380	278
	28.5	$^{+1.37}_{0}$	474	357
6×19S 6×19W 6×25Fi 6×26WS 6×31WS	6.0	$^{+0.42}_{0}$	23.9	15.4
	7.0		32.6	20.7
	8.0	$^{+0.56}_{0}$	42.6	27.0
	8.75		54.0	32.4
	9.0		54.0	34.2
	10.0		63.0	42.2
	11.0	$^{+0.66}_{0}$	76.2	53.1
	12.0		85.6	60.8
	13.0	$^{+0.82}_{0}$	106	71.4
	14.0		123	82.8
	16.0		161	108
	18.0	$^{+1.10}_{0}$	192	137
	20.0		237	168
	22.0	$^{+1.20}_{0}$	304	216
	24.0		342	241
	26.0	$^{+1.40}_{0}$	401	282
	28.0		466	327
8×19S 8×19W 8×25Fi 8×26WS 8×31WS	8.0	$^{+0.56}_{0}$	42.6	28.3
	8.75		54.0	33.9
	9.0		54.0	35.8
	10.0		61.2	44.2
	11.0	$^{+0.66}_{0}$	74.0	53.5
	12.0		83.3	63.7
	13.0	$^{+0.82}_{0}$	103	74.8
	14.0		120	86.7
	16.0		156	113
	18.0	$^{+1.10}_{0}$	187	143
	20.0		231	176
	22.0	$^{+1.20}_{0}$	296	219
	24.0		332	252
	26.0	$^{+1.40}_{0}$	390	296
	28.0		453	343

注：1. 8.75mm 钢丝绳主要用于电气化铁路接触网滑轮补偿装置。
2. 公称直径小于等于 8.0mm 为钢丝股芯，大于等于 8.75mm 为钢丝绳绳芯。
3. 适用于仪表和机械传动、拉索、吊索、减振器减振等使用的不锈钢丝绳。

3　绳具

3.1　钢丝绳夹（见表 17.1-51、表 17.1-52）

表 17.1-51　钢丝绳夹（摘自 GB/T 5976—2006）

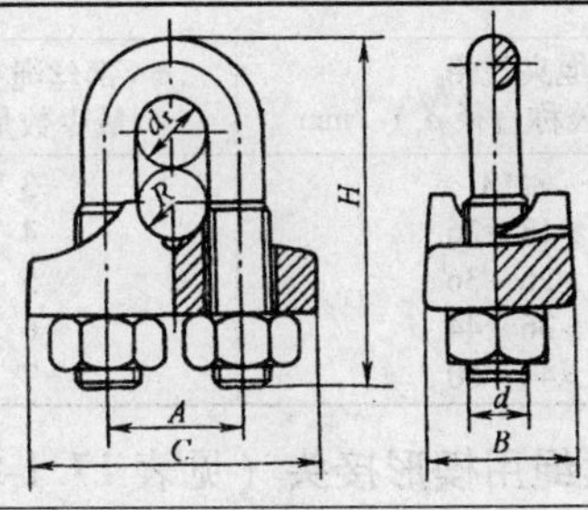

标记示例：

钢丝绳为右捻 6 股，规格为 20mm（钢丝绳公称直径 d_r > 18～20mm），夹座材料为 KTH350-10 的钢丝绳夹，标记为：

绳夹 GB/T 5976—20KTH

钢丝绳为左捻 6 股时，标记为：

绳夹 GB/T 5976—20 左 KTH

（续）

绳夹规格 d_r（钢丝绳公称直径）/mm	适用钢丝绳公称直径 d_r/mm	尺寸/mm					螺母（GB/T 41—2000）	单组重量/kg
		A	B	C	R	H	d	
6	6	13.0	14	27	3.5	31	M6	0.034
8	>6～8	17.0	19	36	4.5	41	M8	0.073
10	>8～10	21.0	23	44	5.5	51	M10	0.140
12	>10～12	25.0	28	53	6.5	62	M12	0.243
14	>12～14	29.0	32	61	7.5	72	M14	0.372
16	>14～16	31.0	32	63	8.5	77	M14	0.402
18	>16～18	35.0	37	72	9.5	87	M16	0.601
20	>18～20	37.0	37	74	10.5	92	M16	0.624
22	>20～22	43.0	46	89	12.0	108	M20	1.122
24	>22～24	45.5	46	91	13.0	113	M20	1.205
26	>24～26	47.5	46	93	14.0	117	M20	1.244
28	>26～28	51.5	51	102	15.0	127	M22	1.605
32	>28～32	55.5	51	106	17.0	136	M22	1.727
36	>32～36	61.5	55	116	19.5	151	M24	2.286
40	>36～40	69.0	62	131	21.5	168	M27	3.133
44	>40～44	73.0	62	135	23.5	178	M27	3.470
48	>44～48	80.0	69	149	25.5	196	M30	4.701
52	>48～52	84.5	69	153	28.0	205	M30	4.897
56	>52～56	88.5	69	157	30.0	214	M30	5.075
60	>56～60	98.5	83	181	32.0	237	M36	7.921

注：适用于起重机、矿山运输、船舶和建筑业等重型工况中使用的GB/T 8918—2006和GB/T 20118—2006中圆股钢丝绳的绳端固定或连接。

表17.1-52　钢丝绳夹零件材料

零件名称		材料
夹座	锻造	GB/T 700—1988规定的Q235-B
	铸造	GB/T 1348—1988规定的QT450-10
		GB/T 9440—1988规定的KTH350-10
		GB/T 11352—1989规定的ZG270-500
U形螺栓		GB/T 700—1988规定的Q235-B
螺母		GB/T 41—2000规定的性能等级5级

注：1. 允许采用性能不低于表中的材料代用。

2. 当绳夹用于起重机上时，夹座材料推荐采用Q235B钢或ZG270-500制造。

钢丝绳夹使用方法

（1）钢丝绳夹的布置

钢丝绳夹应把夹座扣在钢丝绳的工作段上，U形螺栓扣在钢丝绳的尾段上。钢丝绳夹不得在钢丝绳上交替布置。

（2）钢丝绳夹的数量

对于符合本标准规定的适用场合，每一连接处所需钢丝绳夹的最少数量推荐见表17.1-53。

（3）钢丝绳夹间的距离

钢丝绳夹间的距离A等于6～7倍钢丝绳直径。

（4）绳夹固定处的强度

按上述固定方法正确布置和夹紧，固定处的强度至少为钢丝绳自身强度的80%。

（5）钢丝绳夹的紧固方法

紧固绳夹时必须考虑每个绳夹的合理受力，离套环最远处的绳夹不得首先单独紧固。离套环最近处的绳夹（第一个绳夹）应尽可能地靠紧套环，但仍必须保证绳夹的正确拧紧，不得损坏钢丝绳的外层钢丝。

表17.1-53　钢丝绳夹最少数量推荐见表

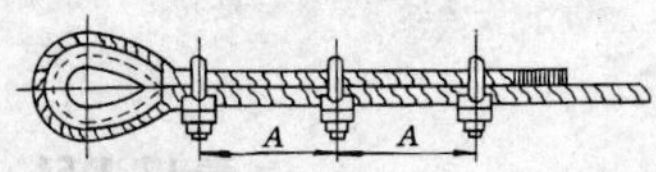

绳夹规格（钢丝绳公称直径 d_r）/mm	钢丝绳夹的最少数量/组
≤18	3
>18～26	4
>26～36	5
>36～44	6
>44～60	7

3.2　钢丝绳用楔形接头（见表17.1-54）

表 17.1-54　钢丝绳用楔形接头（摘自 GB/T 5973—2006）

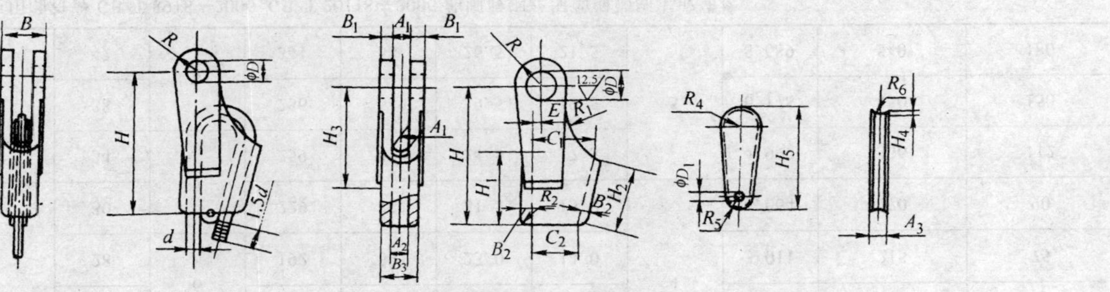

材料：楔套 不低于 ZG 270-500　楔 不低于 HT 200

标记示例

规格为 20mm（钢丝绳公称直径 $d>18\sim20$mm）的楔形接头，标记为：楔形接头　GB/T 5973—20；

楔套，标记为：楔套　GB/T 5973—20；楔，标记为：楔　GB/T 5973—20

规格（钢丝绳公称直径 d）/mm	适用钢丝绳公称直径 d/mm	楔套 /mm																					单件重量 /kg
		A_1		A_2		B	B_1	B_2	B_3	C_1		C_2		ϕD (H10)	E	H	H_1	H_2	H_3	R	R_1	R_2	
		基本尺寸	极限偏差	基本尺寸	极限偏差					基本尺寸	极限偏差	基本尺寸	极限偏差										
6	6	13	+1.0 0	11	+1.0 0	29	8	7	25	30	+1.0 0	20.5	+1.0 0	16	3.0	105	45	43.0	60	16	40	2	0.452
8	>6～8	15		13		31	8	7	27	39		27.0		18	3.5	125	55	51.0	80	25	50	2	0.623
10	>8～10	18		16		38	10	8	30	49		32.5		20	4.5	150	75	71.0	100	25	60	3	0.802
12	>10～12	20		18		44	12	10	36	58		40.5		25	5.5	180	80	75.0	110	30	70	3	1.309
14	>12～14	23		21		51	14	13	41	69		50.5		30	6.5	185	85	79.0	140	35	80	3	1.708
16	>14～16	26	+1.5 0	24	+1.5 0	60	17	15	48	77	+1.5 0	56.5	+1.5 0	34	7.5	195	95	88.0	140	42	90	4	2.379
18	>16～18	28		26		64	18	17	52	87		65.5		36	8.5	195	100	92.0	150	44	100	4	2.948
20	>18～20	30		28		72	21	18	58	93		68.0		38	9.5	220	115	107.0	160	50	110	4	3.939
22	>20～22	32		29		76	22	22	64	104		80.0		40	10.5	240	115	107.0	180	52	120	5	4.571
24	>22～24	35		32		83	24	24	71	112		86.5		50	11.5	260	120	109.0	200	60	130	5	5.928
26	>24～26	38		35		92	27	25	76	120		92.5		55	12.5	280	130	118.0	210	65	140	6	7.153
28	>26～48	40		36		94	27	25	78	119		83.0		55	13.5	320	165	154.0	230	70	155	6	9.906
32	>28～32	44	+2.0 0	40	+2.0 0	110	33	27	84	146	+2.0 0	104.0	+2.0 0	65	15.0	360	190	180.0	270	77	175	7	12.948
36	>32～36	48		44		122	37	32	96	166		120.5		70	17.0	390	210	195.0	280	85	195	7	16.848
40	>36～40	55		51		145	45	32	103	184		125.5		75	19.0	470	260	246.0	340	90	210	8	23.665

（续）

规格（钢丝绳公称直径 d）/mm	适用钢丝绳公称直径 d/mm	楔/mm							单件重量 /kg	断裂载荷 /kN	许用载荷 /kN	组件重量 /kg
		A_3	H_4	H_5	R_4	R_5	R_6	ϕD_1				
6	6	9	2	65	12	6.5	3.5	2	0.133	12	4	0.59
8	>6～8	11		79	15	8.0	4.5		0.179	21	7	0.80
10	>8～10	12	3	98	18	9.5	5.5		0.242	32	11	1.04
12	>10～12	14		111	21	11.5	6.5		0.421	48	16	1.73
14	>12～14	15	4	120	24	14.0	7.5	3.2	0.632	66	22	2.34
16	>14～16	17		136	26	14.5	9.0		0.889	85	28	3.27
18	>16～18	19	5	142	30	18.5	10.0		1.045	108	36	4.00
20	>18～20	21		161	31	17.0	11.0		1.513	135	45	5.45
22	>20～22	23		166	35	22.0	12.0	4	1.794	168	56	6.37
24	>22～24	25	6	180	37	22.0	13.0		2.387	190	63	8.32
26	>24～26	28		192	39	23.0	14.0		3.011	215	75	10.16
28	>26～28	30	7	229	42	21.5	15.0		4.064	270	90	13.97
32	>28～32	34		259	47	24.5	17.5	5	4.992	336	112	17.94
36	>32～36	38	8	286	54	29.5	19.5		6.178	450	150	23.03
40	>36～40	42		341	58	26.5	21.5		8.689	540	180	32.35

注：1. 本标准适用于各类起重机上使用的符合 GB/T 8918—2006、GB/T 20118—2006 的圆股钢丝绳的绳端固定或连接。

2. 表中许用载荷和断裂载荷是楔套材料采用 GB/T 11352—2009 中规定的 ZG270-500 铸钢件、楔的材料采用 GB/T 9439—1988 中规定的 HT200 灰铸铁件确定的。

3. 楔形接头与钢丝绳的连接方法如表头图所示。

3.3　钢丝绳用普通套环（见表 17.1-55）

表 17.1-55　钢丝绳用普通套环（摘自 GB/T 5974.1—2006）

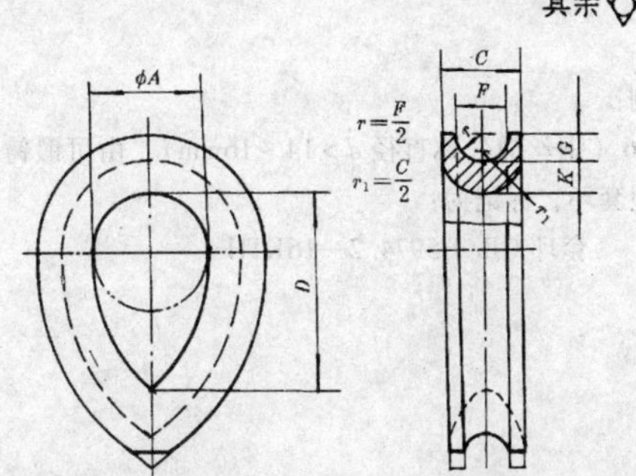

推荐材料：Q235B，15，35；抗拉强度不低于 375 ~ 530N/mm²，伸长率不小于 20%

标记示例：

规格为 16mm（钢丝绳公称直径 d > 14 ~ 16mm）的普通套环，标记为：

套环　GB/T 5974.1—16

套环规格（钢丝绳公称直径）d/mm	尺寸/mm										单件重量 /kg
	F	C		A		D		G min	K		
		基本尺寸	极限偏差	基本尺寸	极限偏差	基本尺寸	极限偏差		基本尺寸	极限偏差	
6	6.7 ±0.2	10.5	0 −1.0	15	+1.5 0	27	+2.7 0	3.3	4.2	0 −0.1	0.032
8	8.9 ±0.3	14.0		20		36		4.4	5.6		0.075
10	11.2 ±0.3	17.5	0 −1.4	25	+2.0 0	45	+3.6 0	5.5	7.0	0 −0.2	0.150
12	13.4 ±0.4	21.0		30		54		6.6	8.4		0.250
14	15.6 ±0.5	24.5		35		63		7.7	9.8		0.393
16	17.8 ±0.6	28.0		40		72		8.8	11.2		0.605
18	20.1 ±0.6	31.5	0 −2.8	45	+4.0 0	81	+7.2 0	9.9	12.6	0 −0.4	0.867
20	22.3 ±0.7	35.0		50		90		11.0	14.0		1.205
22	24.5 ±0.8	38.5		55		99		12.1	15.4		1.563
24	26.7 ±0.9	42.0		60		108		13.2	16.8		2.045
26	29.0 ±0.9	45.5	0 −3.4	65	+4.8 0	117	+8.6 0	14.3	18.2	0 −0.6	2.620
28	31.2 ±1.0	49.0		70		126		15.4	19.6		3.290
32	35.6 ±1.2	56.0		80		144		17.6	22.4		4.854
36	40.1 ±1.3	63.0		90		162		19.8	25.2		6.972
40	44.5 ±1.5	70.0	0 −4.4	100	+6.0 0	180	+11.3 0	22.0	28.0	0 −0.8	9.624
44	49.0 ±1.6	77.0		110		198		24.2	30.8		12.808
48	53.4 ±1.8	84.0		120		216		26.4	33.6		16.595
52	57.9 ±1.9	91.0		130		234		28.6	36.4		20.945
56	62.3 ±2.1	98.5	0 −5.5	140	+7.8 0	252	+14.0 0	30.8	39.2	0 −1.1	26.310
60	66.8 ±2.2	105.0		150		270		33.0	42.0		31.396

注：1. 适用于 GB/T 8918—2006、GB/T 20118—2006 规定的圆股钢丝绳。

2. 套环的最大承载能力应不低于公称抗拉强度为 1770MPa 的圆股钢丝绳最小破断拉力的 32%。

3. 套环所采用的销轴直径不得小于钢丝绳直径的 2 倍。

3.4　钢丝绳用重型套环（见表 17.1-56）

表 17.1-56　钢丝绳用重型套环（摘自 GB/T 5974.2—2006）

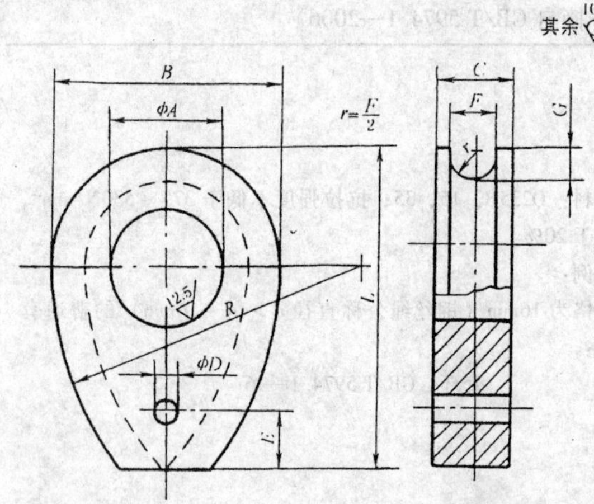

标记示例：

规格为 16（钢丝绳公称直径 $d>14\sim16$mm），由可锻铸铁制成的重型套环，标记为：

套环 GB/T 5974.2—16KTH

套环规格(钢丝绳公称直径)d /mm	尺寸/mm															单件重量 /kg	材料		
	F	C		A		B		L		R		G min	D	E		可锻铸铁	球墨铸铁	铸钢
		基本尺寸	极限偏差	基本尺寸	极限偏差	基本尺寸	极限偏差	基本尺寸	极限偏差	基本尺寸	极限偏差					不低于		
8	8.9 ±0.3	14.0	0 −1.4	20	+0.149 +0.065	40	±2	56	±3	59	+3 0	6.0	5	20	0.08	KTH370-12	—	—
10	11.2 ±0.3	17.5		25		50		70		74		7.5			0.17			
12	13.4 ±0.4	21.0		30		60		84		89		9.0			0.32			
14	15.6 ±0.5	24.5		35		70		98		104		10.5			0.50			
16	17.8 ±0.6	28.0	0 −2.8	40	+0.180 +0.080	80	±4	112	±6	118	+6 0	12.0			0.78			
18	20.1 ±0.6	31.5		45		90		126		133		13.5			1.14			
20	22.3 ±0.7	35.0		50		100		140		148		15.0	10	30	1.41			
22	24.5 ±0.8	38.5		55		110		154		163		16.5			1.96			
24	26.7 ±0.9	42.0	0 −3.4	60	+0.220 +0.100	120	±6	168	±9	178	+9 0	18.0			2.41			
26	29.0 ±0.9	45.5		65		130		182		193		19.5			3.46			
28	31.2 ±1.0	49.0		70		140		196		207		21.0			4.30			
32	35.6 ±1.2	56.0		80		160		224		237		24.0			6.46			
36	40.1 ±1.3	63.0	0 −4.4	90	+0.260 +0.120	180	±9	252	±13	267	+13 0	27.0			9.77	—	QT450-10	ZG270-500
40	44.5 ±1.5	70.0		100		200		280		296		30.0			12.94			
44	49.0 ±1.6	77.0		110		220		308		326		33.0	15	45	17.02			
48	53.4 ±1.8	84.0		120		240		336		356		36.0			22.75			
52	57.9 ±1.9	91.0	0 −5.5	130	+0.305 +0.145	260	±13	364	±18	385	+19 0	39.0			28.41			
56	62.3 ±2.1	98.0		140		280		392		415		42.0			35.56			
60	66.8 ±2.2	105.0		150		300		420		445		45.0			48.35			

注：1. 适用于 GB/T 8918—2006、GB/T 20118—2006 中规定的圆股钢丝绳。

2. 套环的最大承载能力应不低于公称抗拉强度为 1870MPa 圆股钢丝绳的最小破断拉力。

3.5　索具套环（见表 17.1-57）

表 17.1-57　索具套环（摘自 CB/T 33—1999）　　（mm）

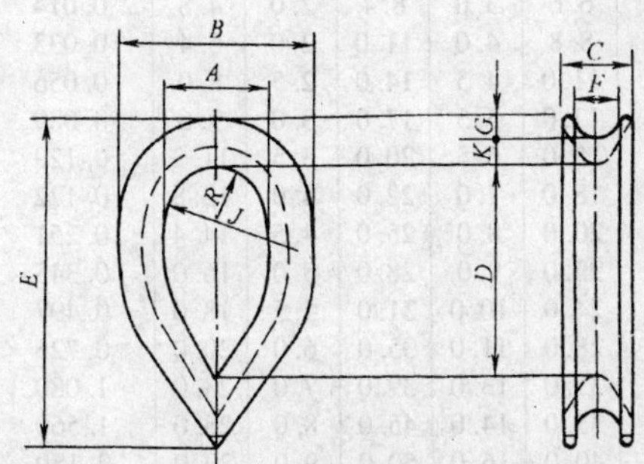

钢索套环

材料：Q255A

标记示例：

钢索直径为 6mm 的钢索套环，标记为：

套环 WT6　CB/T 33—1999

型号	钢索直径	套环的许用载荷 /kN（tf）	A	B	C	D	E	F	G	J	K	R	重量 /kg ≈
WT4	4	1.67（0.17）	10.0	19.0	6.0	20	32	4.4	2.5	14	2.0	4.4	0.011
WT5	5	2.45（0.25）	12.5	23.5	7.5	25	40	5.5	3.0	17	2.5	5.5	0.019
WT6	6	3.43（0.35）	15.0	28.0	9.0	30	47	6.6	3.5	20	3.0	6.6	0.034
WT8	8	6.27（0.64）	20.0	37.0	12.0	40	63	8.8	4.5	27	4.0	8.8	0.074
WT10	9 ~ 10	9.80（1.00）	25.0	46.0	15.0	50	79	11.0	5.5	34	5.0	11.0	0.132
WT12	11 ~ 12	14.70（1.50）	30.0	56.0	18.0	60	95	13.0	7.0	41	6.0	13.0	0.212
WT14	13 ~ 14	19.60（2.00）	35.0	65.0	21.0	70	111	15.0	8.0	48	7.0	15.0	0.311
WT16	16	26.46（2.70）	40.0	74.0	24.0	80	126	18.0	9.0	54	8.0	18.0	0.514
WT18	18	33.32（3.40）	45.0	83.0	27.0	90	142	20.0	10.0	61	9.0	20.0	0.938
WT20	20	40.18（4.10）	50.0	92.0	30.0	100	158	22.0	11.0	68	10.0	22.0	1.320
WT22	22	49.00（5.00）	55.0	101.0	33.0	110	174	24.0	12.0	75	11.0	24.0	1.750
WT25	24	63.70（6.50）	62.0	115.0	38.0	125	198	28.0	14.0	85	12.0	28.0	2.550
WT28	26 ~ 28	80.36（8.20）	70.0	129.0	42.0	140	221	31.0	15.5	95	14.0	31.0	3.530
WT32	32	104.86（10.70）	80.0	147.0	48.0	160	253	35.0	17.5	109	16.0	35.0	5.150
WT36	36	132.30（13.50）	90.0	166.0	54.0	180	284	40.0	20.0	122	18.0	40.0	7.250
WT40	40	166.60（17.00）	100.0	184.0	60.0	200	316	44.0	22.0	136	20.0	44.0	10.430
WT45	44	205.80（21.00）	112.0	207.0	68.0	225	356	50.0	25.0	153	22.5	50.0	14.810
WT50	48	264.60（27.00）	125.0	231.0	75.0	250	395	55.0	28.0	170	25.0	55.0	21.940
WT56	52 ~ 56	323.40（33.00）	140.0	258.0	84.0	280	442	62.0	31.0	190	28.0	62.0	30.240
WT63	60	392.00（40.00）	158.0	291.0	94.0	315	498	69.0	35.0	214	31.5	69.0	40.040

注：本标准原系 GB/T 560—1987，后改为行业标准 CB/T 33—1999，但内容并未修订，供参考。

3.6　纤维索套环（见表 17.1-58）

表 17.1-58　纤维索套环　　（mm）

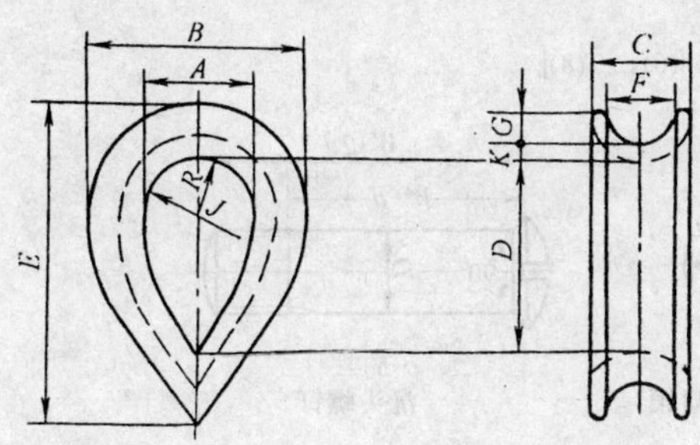

材料：Q255A

标记示例：

纤维索直径为 22mm 的纤维索套环，标记为：

套环 FT22　CB/T 33—1999

（续）

型号	纤维索直径	套环的许用载荷 /kN（tf）	A	B	C	D	E	F	G	J	K	R	重量 /kg ≈
FT6	6	0.78（0.08）	11	21	8.4	18	30	6.6	3.0	8.4	2.0	4.8	0.014
FT8	7～8	1.37（0.14）	14	26	11.0	24	40	8.8	4.0	11.0	2.0	6.4	0.033
FT10	9～10	2.06（0.21）	18	32	14.0	30	50	11.0	4.5	14.0	2.5	8.0	0.056
FT12	11～12	2.94（0.30）	22	39	17.0	36	60	13.0	5.5	17.0	3.0	9.6	0.089
FT14	13～14	3.92（0.40）	25	45	20.0	42	70	15.0	6.5	20.0	3.5	11.2	0.129
FT16	16	4.90（0.50）	29	51	22.0	48	80	18.0	7.0	22.0	4.0	12.8	0.172
FT18	18	6.37（0.65）	32	57	25.0	54	90	20.0	8.0	25.0	4.5	14.4	0.251
FT20	20	7.84（0.80）	36	64	28.0	60	100	22.0	9.0	28.0	5.0	16.0	0.345
FT22	22	9.80（1.00）	40	71	31.0	66	110	24.0	10.0	31.0	5.5	18.0	0.497
FT25	24	11.76（1.20）	45	79	35.0	75	125	28.0	11.0	35.0	6.0	20.0	0.725
FT28	26～28	14.70（1.50）	50	90	39.0	84	140	31.0	13.0	39.0	7.0	23.0	1.080
FT32	30～32	18.62（1.90）	58	102	45.0	96	160	35.0	14.0	45.0	8.0	26.0	1.560
FT36	34～36	24.50（2.50）	65	115	50.0	108	180	40.0	16.0	50.0	9.0	29.0	2.150
FT40	38～40	31.36（3.20）	72	128	56.0	120	200	44.0	18.0	56.0	10.0	32.0	3.250
FT45	44	38.22（3.90）	81	143	63.0	135	225	50.0	20.0	63.0	11.0	36.0	4.320
FT50	48	47.04（4.80）	90	159	70.0	150	250	55.0	22.0	70.0	12.5	40.0	5.750
FT56	52～56	58.80（6.00）	101	179	78.0	168	280	62.0	25.0	78.0	14.0	45.0	8.100
FT63	60	73.50（7.50）	113	201	88.0	189	315	69.0	28.0	88.0	16.0	51.0	11.240
FT70	64～68	88.20（9.00）	126	225	98.0	210	350	77.0	32.0	98.0	17.5	56.0	14.950
FT80	77，76～80	107.80（11.00）	144	256	112.0	240	400	88.0	36.0	112.0	20.0	64.0	20.820
FT90	88	137.20（14.00）	162	287	126.0	270	450	99.0	40.0	126.0	22.5	72.0	30.210
FT100	96	176.40（18.00）	180	320	140.0	300	500	110.0	45.0	140.0	25.0	80.0	46.310

3.7　一般起重用锻造卸扣（见表17.1-59）

表17.1-59　一般起重用锻造卸扣（摘自JB/T 8112—1999）

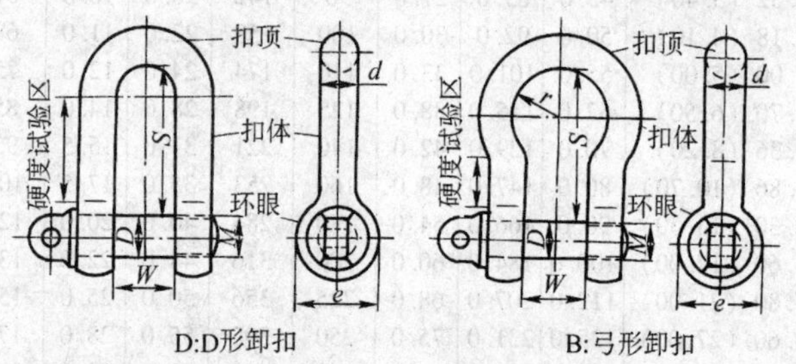

D:D形卸扣　　B:弓形卸扣

材料：M（4）级别20　S（6）级别20Cr、20Mn2　T（8）级别35CrMo

标记示例：

销轴为W型、起重量20t的M（4）级D形卸扣（4种型式类同），标记为：

卸扣M-DW20JB/T 8112—1999或卸扣4-DW20JB/T 8112—1999 型号意义

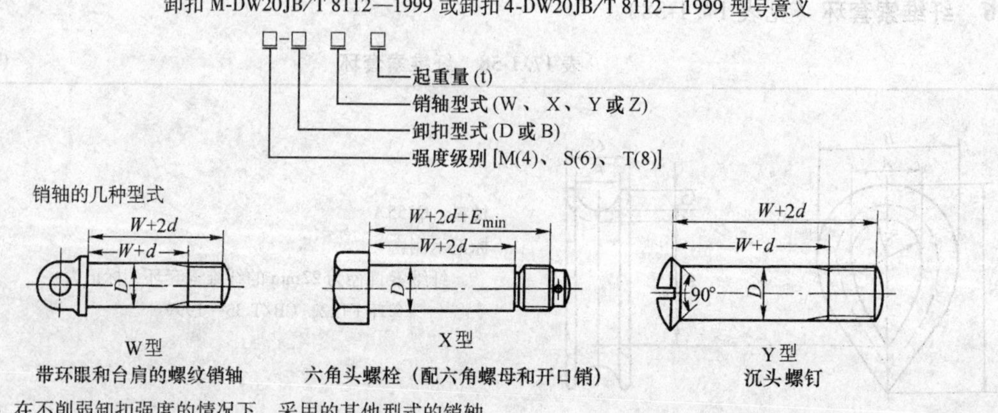

W型　带环眼和台肩的螺纹销轴

X型　六角头螺栓（配六角螺母和开口销）

Y型　沉头螺钉

Z型：在不削弱卸扣强度的情况下，采用的其他型式的销轴

（续）

起重量/t			D形卸扣的尺寸/mm					弓形卸扣的尺寸/mm					
强度级别			*d*	*D*	*W*	*S*	*M*	*d*	*D*	*W*	2*r*	*S*	*M*
M (4)	S (6)	T (8)	max	max	min	min		max	max	min	min	min	
—	—	0.63	8.0	9.0		18.0	M9	9.0	10.0		16.0	22.4	M10
—	0.63	0.8	9.0	10.0		20.0	M10	10.0	11.2		18.0	25.0	M11
—	0.8	1	10.0	11.2		22.4	M11	11.2	12.5		20.0	28.0	M12
0.63	1	1.25	11.2	12.5		25.0	M12	12.5	14.0		22.4	31.5	M14
0.8	1.25	1.6	12.5	14.0		28.0	M14	14.0	16.0		25.0	35.5	M16
1	1.6	2	14.0	16.0		31.5	M16	16.0	18.0		28.0	40.0	M18
1.25	2	2.5	16.0	18.0		35.5	M18	18.0	20.0		31.5	45.0	M20
1.6	2.5	3.2	18.0	20.0		40.0	M20	20.0	22.4		35.5	50.0	M22
2	3.2	4	20.0	22.4		45.0	M22	22.4	25.0		40.0	56.0	M25
2.5	4	5	22.4	25.0		50.0	M25	25.0	28.0		45.0	63.0	M28
3.2	5	6.3	25.0	28.0		56.0	M28	28.0	31.5		50.0	71.0	M30
4	6.3	8	28.0	31.5		63.0	M30	31.5	35.5		56.0	80.0	M35
5	8	10	31.5	35.5		71.0	M35	35.5	40.0		63.0	90.0	M40
6.3	10	12.5	35.5	40.0		80.0	M40	40.0	45.0		71.0	100.0	M45
8	12.5	16	40.0	45.0		90.0	M45	45.0	50.0		80.0	112.0	M50
10	16	20	45.0	50.0		100.0	M50	50.0	56.0		90.0	125.0	M56
12.5	20	25	50.0	56.0		112.0	M56	56.0	63.0		100.0	140.0	M62
16	25	32	56.0	63.0		125.0	M62	63.0	71.0		112.0	160.0	M70
20	32	40	63.0	71.0		140.0	M70	71.0	80.0		125.0	180.0	M80
25	40	50	71.0	80.0		160.0	M80	80.0	90.0		140.0	200.0	M90
32	50	63	80.0	90.0		180.0	M90	90.0	100.0		160.0	224.0	M100
40	63	—	90.0	100.0		200.0	M100	100.0	112.0		180.0	250.0	M110
50	80	—	100.0	112.0		224.0	M110	112.0	125.0		200.0	280.0	M125
63	100	—	112.0	125.0		250.0	M125	125.0	140.0		224.0	315.0	M140
80	—	—	125.0	140.0		280.0	M140	140.0	160.0		250.0	355.0	M160
100	—	—	140.0	160.0		315.0	M160	160.0	180.0		280.0	400.0	M180

注：1. $e_{max}=2.2D_{max}$。

2. E_{min}为螺母厚度。

3.8 索具螺旋扣（见表17.1-60～表17.1-63）

表17.1-60 螺旋扣的型式、规格和参数（摘自CB/T 3818—1999）

型式					规格和参数						
						M级			P级		
项目	名称	螺杆型式	螺旋套型式	简图	螺杆直径/mm	安全工作载荷SWL/kN 起重绑扎	安全工作载荷SWL/kN 救生	最小破断载荷/kN	安全工作载荷SWL/kN 起重绑扎	安全工作载荷SWL/kN 救生	最小破断载荷/kN
KUUD	开式索具螺旋扣	UU	模锻		M6	1.2	0.8	4.8	1.8	1.0	6.0
					M8	2.5	1.6	9.6	4.0	2.5	15
KUUH			焊接		M10	4.0	2.5	15	6.0	4.0	24
KOOD		OO	模锻		M12	6.0	4.0	24	8.0	5.0	30
					M14	9.0	6.0	36	12	8.0	48
KOOH			焊接		M16	12	8.0	48	17	10	60
KOUD		OU	模锻		M18	17	10	60	21	12	72
					M20	21	12	72	27	16	96
KOUH			焊接		M22	27	16	96	35	20	120

（续）

型式					规格和参数						
项目	名称	螺杆型式	螺旋套型式	简图	螺杆直径/mm	M级 安全工作载荷SWL/kN 起重绑扎	M级 安全工作载荷SWL/kN 救生	M级 最小破断载荷/kN	P级 安全工作载荷SWL/kN 起重绑扎	P级 安全工作载荷SWL/kN 救生	P级 最小破断载荷/kN
KCCD	开式索具螺旋扣	CC	模锻		M24	35	20	120	45	25	150
					M27	45	28	168	55	34	204
KCUD		CU			M30	55	35	210	75	43	258
					M36	75	50	300	95	63	378
KCOD		CO			M39	95	60	360	120	75	450
					M42	105	70	420	145	85	510
ZCUD	旋转式索具螺旋扣	CU			M48	140	90	540	180	110	660
					M56	175	115	690	220	140	840
ZUUD		UU			M60	210	125	750	250	160	960
					M64	250	160	960	320	200	1200

注：本标准强度计算，起重、绑扎按许用应力 $\sigma_p=\frac{1}{2}\sigma_s$，救生按 $\sigma_p=\frac{1}{6}\sigma_b$。

表 17.1-61　KUUD型、KUUH型、KOOD型和KOOH型螺旋扣的基本尺寸　（mm）

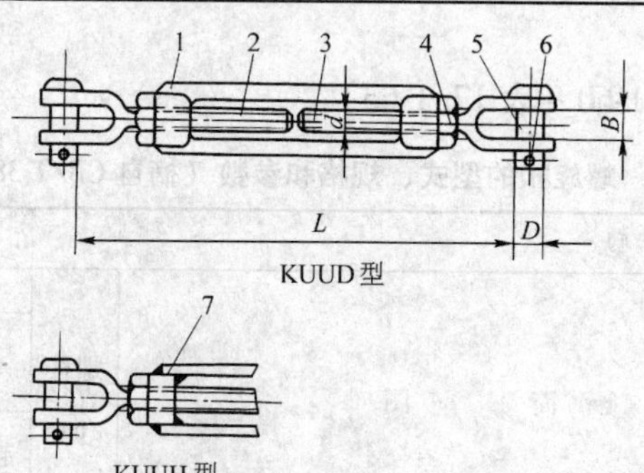

KUUD型

KUUH型

1—模锻螺旋套　2—U形左螺杆　3—U形右螺杆　4—锁紧螺母　5—光直销　6—开口销　7—焊接螺旋套

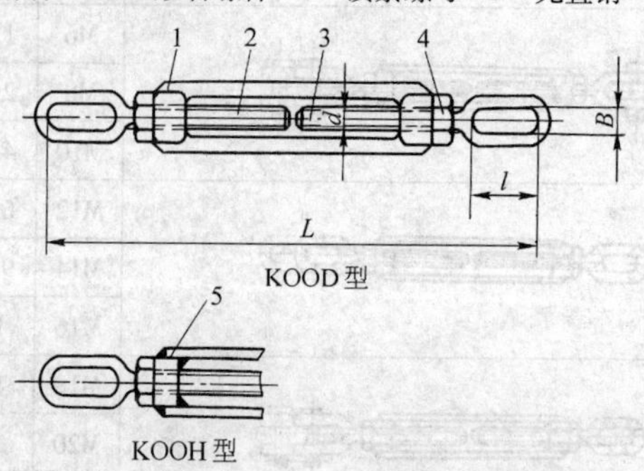

KOOD型

KOOH型

1—模锻螺旋套　2—O形左螺杆　3—O形右螺杆　4—锁紧螺母　5—焊接螺旋套

（续）

螺杆直径 d		最大钢索直径	B	D	L	重量/kg		螺杆直径 d		最大钢索直径	B	l	L	重量/kg	
KUUD	KUUH					KUUD	KUUH	KOOD	KOOH					KOOD	KOOH
M6	—	3.8	10	6	155/230	0.2	—	M6	—	3.8	10	19	170/245	0.2	—
M8	—	4.9	12	8	210/325	0.4	—	M8	—	4.9	12	24	230/345	0.3	—
M10	—	6.2	14	10	230/340	0.5	—	M10	—	6.2	14	28	255/365	0.4	—
M12	—	7.7	16	12	280/420	0.9	—	M12	—	7.7	16	34	310/450	0.7	—
M14	—	9.3	18	14	295/435	1.1	—	M14	—	9.3	18	40	325/465	0.9	—
M16	—	11.0	22	16	335/525	1.8	—	M16	—	11.0	22	47	390/560	1.6	—
M18	—	13.0	25	18	375/540	2.3	—	M18	—	13.0	25	55	415/580	1.8	—
M20	—	15.0	27	20	420/605	3.1	—	M20	—	15.0	27	60	470/655	2.6	—
M22	M22	17.0	30	23	445/630	3.7	4.1	M22	M22	17.0	30	70	495/680	2.9	3.4
M24	M24	19.5	32	26	505/720	5.8	6.2	M24	M24	19.5	32	80	575/785	4.8	5.2
M27	M27	21.5	36	30	545/755	6.9	7.3	M27	M27	21.5	36	90	610/820	5.5	6.0
M30	M30	24.5	40	32	635/880	11.4	12.1	M30	M30	24.5	40	100	700/950	9.8	10.5
M36	M36	28.0	44	38	650/900	14.1	15.1	M36	M36	28.0	44	105	730/975	11.6	12.5
—	M39	31.0	49	41	720/985	—	21.3	—	M39	31.0	49	120	820/1085	—	18.1
—	M42	34.0	52	45	760/1025	—	24.4	—	M42	34.0	52	130	855/1120	—	19.1
—	M48	40.0	58	50	845/1135	—	35.9	—	M48	40.0	58	140	940/1230	—	29.9
—	M56	43.0	65	57	870/1160	—	43.8	—	M56	43.0	65	150	970/1260	—	35.9
—	M60	46.0	70	61	940/1250	—	57.2	—	M60	46.0	70	170	1085/1390	—	46.2
—	M64	49.0	75	65	975/1280	—	65.8	—	M64	49.0	75	180	1130/1435	—	57.3

表 17.1-62　KOUD 型、KOUH 型、KCCD 型、KCUD 型和 KCOD 型螺旋扣的基本尺寸（mm）

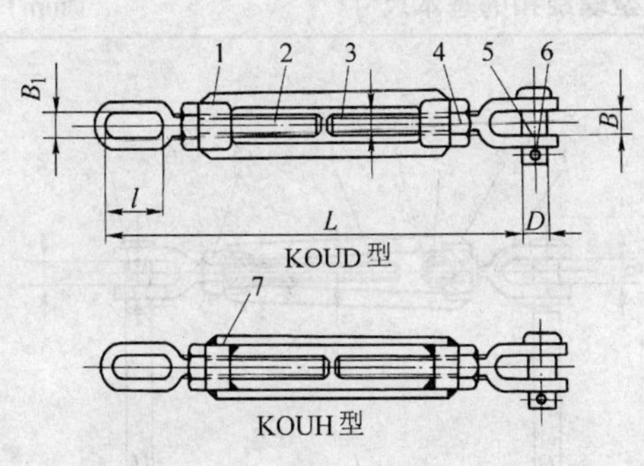

1—模锻螺旋套　2—O 形左螺杆　3—U 形右螺杆　4—锁紧螺母　5—光直销　6—开口销　7—焊接螺旋套

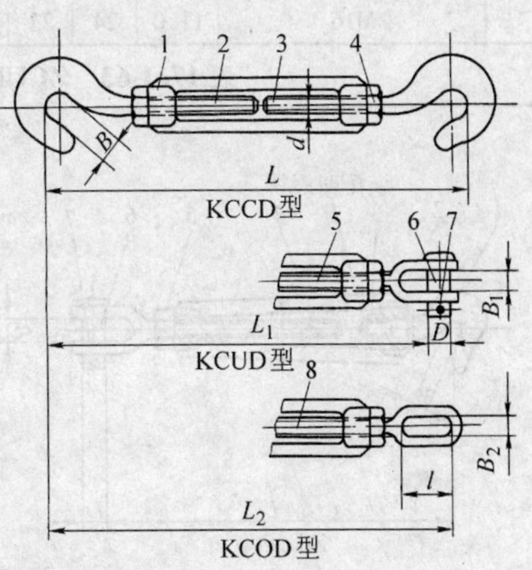

1—模锻螺旋套　2—C 形左螺杆　3—C 形右螺杆　4—锁紧螺母　5—U 形右螺杆　6—光直销　7—开口销　8—O 形右螺杆

（续）

	螺杆直径 d		最大钢索直径	B	B_1	D	l	L	重量/kg	
	KOUD	KOUH							KOUD	KOUH
KOUD、KOUH	M6	—	3.8	10	10	6	19	160/235	0.3	—
	M8	—	4.9	12	12	8	24	220/335	0.4	—
	M10	—	6.2	14	14	10	28	240/355	0.5	—
	M12	—	7.7	16	16	12	34	295/435	0.8	—
	M14	—	9.3	18	18	14	40	310/450	1.0	—
	M16	—	11.0	22	22	16	47	375/540	1.7	—
	M18	—	13.0	25	25	18	55	395/560	2.0	—
	M20	—	15.0	27	27	20	60	445/630	2.8	—
	M22	M22	17.0	30	30	23	70	470/655	3.3	3.8
	M24	M24	19.5	32	32	26	80	540/775	5.3	5.7
	M27	M27	21.5	36	36	30	90	575/790	6.2	6.7
	M30	M30	24.5	40	40	32	100	665/915	10.6	11.3
	M36	M36	28.0	44	44	38	105	690/940	12.8	13.7
	—	M39	31.0	49	49	41	120	770/1035	—	19.3
	—	M42	34.0	52	52	45	130	810/1075	—	21.8
	—	M48	40.0	58	58	50	140	890/1180	—	32.9
	—	M56	43.0	65	65	57	150	920/1210	—	40.9
	—	M60	46.0	70	70	61	170	1010/1320	—	52.1
	—	M64	49.0	75	75	65	180	1055/1360	—	61.5

	螺杆直径 d	最大钢索直径	B	B_1	B_2	D	l	L	L_1	L_2	重量/kg		
	KCCD、KCUD、KCOD										KCCD	KCUD	KCOD
KCCD、KCUD、KCOD	M6	3.8	8	10	10	6	19	160/235	160/235	165/240	0.2	0.2	0.2
	M8	4.9	13	12	12	8	24	250/360	230/340	240/350	0.4	0.4	0.5
	M10	6.2	16	14	14	10	28	270/385	250/365	260/375	0.6	0.5	0.7
	M12	7.7	18	16	16	12	34	320/460	300/440	315/455	1.0	1.0	1.2
	M14	9.3	20	18	18	14	40	330/470	315/455	330/470	1.2	1.1	1.3
	M16	11.0	24	22	22	16	47	390/560	375/545	390/560	2.0	1.9	2.2

表17.1-63　ZCUD型和ZUUD型螺旋扣的基本尺寸　（mm）

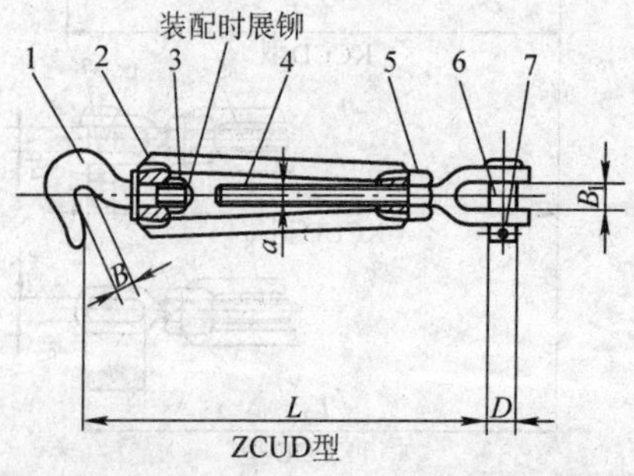

ZCUD型

1—钩子　2—模锻螺旋套　3—圆螺母　4—U形螺杆　5—锁紧螺母　6—光直销　7—开口销

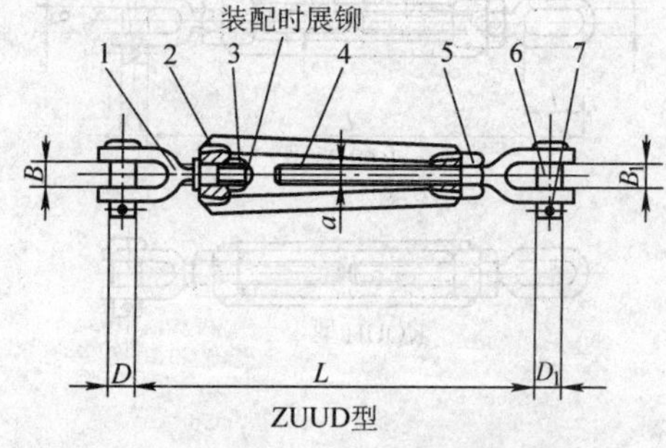

ZUUD型

1—叉子　2—模锻螺旋套　3—圆螺母　4—U形螺杆　5—锁紧螺母　6—光直销　7—开口销

（续）

螺杆直径 d	最大钢索直径	ZCUD型					ZUUD型					
		B	B_1	D	L	重量/kg	B	B_1	D	D_1	L	重量/kg
M8	4.9	10	12	8	185/265	0.4	12	12	8	8	190/270	0.4
M10	6.2	11	14	10	200/285	0.5	14	14	10	10	210/295	0.5
M12	7.7	12	16	12	240/330	0.9	16	16	12	12	245/335	0.9
M14	9.3	16	18	14	300/420	1.3	18	18	14	14	305/425	1.2
M16	11.0	20	22	16	315/440	1.8	22	22	16	16	325/450	1.6

3.8.1　标记示例

螺杆直径39mm、强度等级为M的KOUH型（焊接螺旋套，OU形螺杆）开式索具螺旋扣，标记为：

螺旋扣　KOUH39-M　CB/T 3818—1999

螺杆直径12mm、强度等级为P的ZUUD型（模锻螺旋套，UU形螺杆）旋转式索具螺旋扣，标记为：

螺旋扣　ZUUD12-P　CB/T 3818—1999

3.8.2　螺旋扣主要零部件的材料强度等级（见表17.1-64）

表17.1-64　螺旋扣主要零部件的材料强度等级

强度级	零件名称	抗拉强度 σ_b /MPa	屈服强度 σ_s /MPa	伸长率 δ_5 (%)	硬度 HBW	相当材料牌号
M	开式焊接螺旋套、开式模锻螺旋套、旋转式模锻螺旋套、U形螺杆、O形螺杆、C形螺杆、钩子、叉子、光直销	≥410	≥235	≥22	130～170	20
P		≥490	≥325	≥19		16Mn

3.8.3　螺旋扣一般零件的材料（见表17.1-65）

表17.1-65　螺旋扣一般零件的材料

零件名称	材料		
	名称	牌号	标准号
锁紧螺母 圆螺母 开口销	碳素钢	Q235-A	GB/T 700—2006

4　卷筒

4.1　卷筒的类型

卷筒的类型较多，最常用的是齿轮联结盘式和周边大齿轮式两种，其结构特点是卷筒轴不受转矩，只承受弯矩。尤其是前者是目前标准型桥式起重机典型结构，分组性好，为封闭式传动。缺点是检修时需沿轴向外移卷筒。带周边大齿轮的卷筒多用于传动速比大，转速低的卷筒。周边大齿轮，一般均为开式传动。

以上两种结构类型按JB/T9006.2—1999规定分为4种结构类型。图17.1-2为A型；图17.1-3为B型；图17.1-4为C型；图17.1-5为D型。推荐优先采用A、B型。

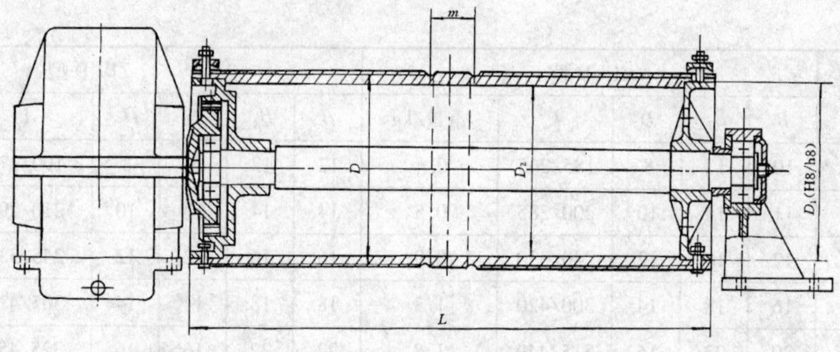

图17.1-2　A型卷筒结构

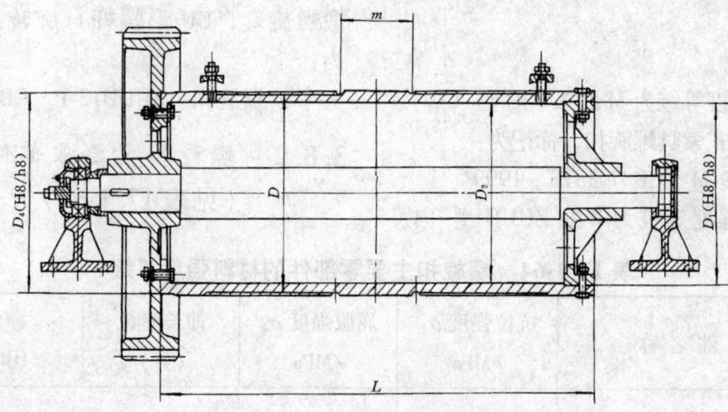

图17.1-3　B型卷筒结构

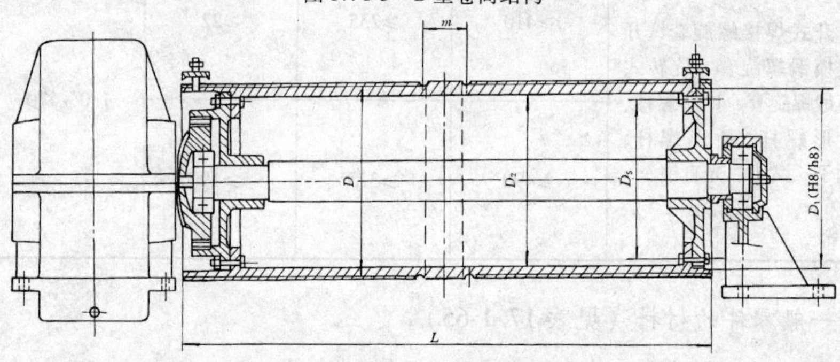

图17.1-4　C型卷筒结构

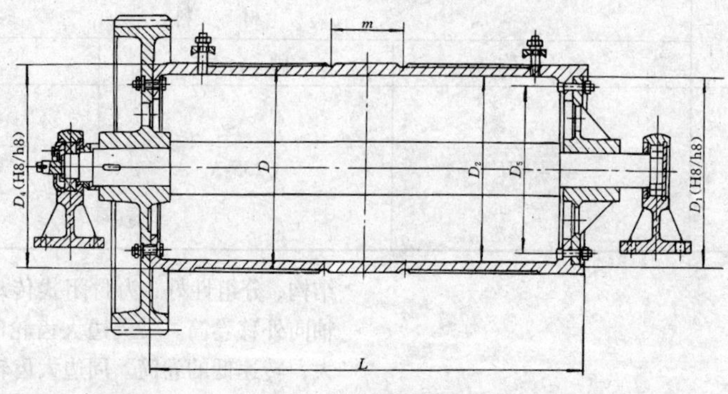

图17.1-5　D型卷筒结构

4.2　卷筒几何尺寸

卷筒有单层卷绕单联卷筒、单层卷绕双联卷筒。卷筒表面带有导向螺旋槽，钢丝绳进行单层卷绕。一般情况都采用标准槽，只有当钢丝绳有脱槽危险时（例如抓斗起重机的卷筒和工作中振动较大者）

才采用深槽。

在起重高度较高时，为了缩小卷筒尺寸，可采用表面带导向螺旋槽或光面卷筒，进行多层卷绕，但钢丝绳磨损较快。这种卷筒适用于慢速和工作类型较轻的起重机。如汽车起重机，多采用不带螺旋槽的光面卷筒，钢丝绳可以紧密排列。但实际作业时，钢丝绳排列凌乱，互相交叉挤压，钢丝绳寿命降低。目前，多层卷绕卷筒大多数制成带有绳槽。第一层钢丝绳卷绕入卷筒螺旋槽，第二层钢丝绳以相同的螺旋方向卷绕入内层钢丝绳形成的螺旋沟，钢丝绳的接触情况大为改善，延长了使用寿命。多层卷绕卷筒两端设挡边，以防钢丝绳脱出筒外。其挡边高度应比最外层钢丝绳高出（1～1.5）d。

关于卷筒几何尺寸见表17.1-66。

表17.1-66　卷筒几何尺寸　（mm）

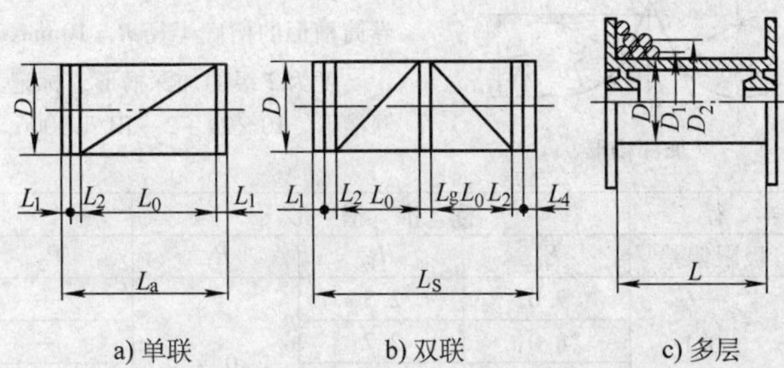

a) 单联　b) 双联　c) 多层

名称		公式	符号意义
卷筒名义直径		$D_1=hd$	d—钢丝绳直径 h—与机构工作级别和钢丝绳结构有关的系数，按表17.1-67选取 D_1—按钢丝绳中心计算的卷筒最小直径 D—卷筒绳槽底径
绳槽半径		$R=(0.53\sim0.56)d$	
绳槽深度	标准槽	$H_1=(0.25\sim0.4)d$	
	深槽	$H_2=(0.6\sim0.9)d$	
绳槽节距	标准槽	$P_1=d+(2\sim4)$mm	
	深槽	$P_2=d+(6\sim8)$mm	
卷筒厚度	钢卷筒	$\delta\approx d$	
	铸铁卷筒	$\delta\approx0.02D+(6\sim10)$mm $\geqslant$12mm	

名称		公式		符号意义
单层绕卷筒长度	单联卷筒	$L_d=L_0+2L_1+L_2$	$L_0=\left(\dfrac{H_{max}m}{\pi D_1}+Z_1\right)P$	L_0—卷筒有螺纹槽部分长度 L_1—无绳槽的卷筒端部尺寸，按需要定 L_2—固定绳尾所需长度，$L_2\approx3P$ L_g—中间光滑部分长度，根据钢丝绳允许偏斜角确定 H_{max}—最大起升高度 m—滑轮组倍率 Z_1—钢丝绳安全圈数，$Z_1\geqslant1.5\sim3$ P—绳槽节距或绳索卷绕的螺旋节距 D_1，D_2，D_3，…，D_n—各层直径 Z—每层圈数 n—卷绕层数 l—卷筒总卷绳长度，$l=H_{max}m$
	双联卷筒	$L=2(L_0+L_1+L_2)+L_g$		
多层卷绕卷筒长度 L		$l=Z\pi(D_1+D_2+D_3+\cdots+D_n)$ $D_1=D+d$ $D_2=D+3d$ $D_3=D+5d$ ⋮ $D_n=D+(2n-1)d$ 则 $l=Z\pi n(D+nd)$ $Z=\dfrac{l}{\pi n(D+nd)}$ 考虑钢丝绳在卷筒上排列可能不均匀，应将卷筒长度增加10%，即 $L=1.1ZP=\dfrac{1.1lP}{\pi n(D+nd)}$ $P=(1.1\sim1.2)d$		

关于表17.1-66中 h 值见表17.1-67。

表17.1-67　系数 h 值（摘自GB/T 3811—1983）

机构工作级别	卷筒	滑轮	机构工作级别	卷筒	滑轮
M1～M3	14	16	M6	20	22.4
M4	16	18	M7	22.4	25
M5	18	20	M8	25	28

注：1. 采用不旋转钢丝绳时，h 值应按比机构工作级别高一级的值选取。

2. 对于流动式起重机，建议卷筒 h 取16及滑轮 h 取18，与工作级别无关。

3. 机构工作级别参见表17.1-6。

4. 平衡滑轮的直径，对于桥式类型起重机取与 D_{0min} 相同；对于臂架起重机取为不小于 D_{0min} 的0.6倍。D_{0min} 为按钢丝绳中心计算的滑轮最小卷绕直径，mm。

4.3　卷筒槽形

卷筒槽形分为标准槽形和加深槽形两种。槽形表面粗糙度分为两级：1 级 R_a6.3μm；2 级 R_a12.5μm。

表 17.1-68　卷筒槽形（摘自 JB/T9006.1—1999）　(mm)

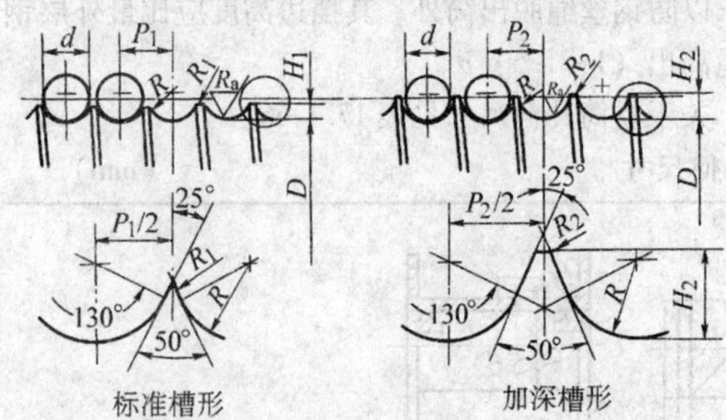

标准槽形　　加深槽形

标记示例：

卷筒槽形的槽底半径 R = 10mm，槽距 P_1 = 20mm，表面粗糙度为 1 级的标准槽形，标记为：

槽形　10×20-1　JB/T 9006.1—1999

卷筒槽形的槽底半径 R = 10mm，槽距 P_2 = 24mm，表面粗糙度为 2 级的加深槽形，标记为：

深槽形　10×24-2　JB/T 9006.1—1999

钢丝绳直径	槽底半径		标准槽形			加深槽形		
d	R	极限偏差	P_1	H_1	R_1	P_2	H_2	R_2
5~6	3.3	+0.1 0	7.0	2.3	0.5	—	—	0.3
>6~7	3.8		8.0	2.7		—	—	
>7~8	4.3		9.0	3.0		11	5.0	
>8~9	5.0	+0.2 0	10.5	3.5		12	5.5	
>9~10	5.5		11.5	4.0	0.8	13	6.0	0.5
>10~11	6.0		13.0	4.5		15	7.0	
>11~12	6.5		14.0			16	7.5	
>12~13	7.0		15.0	5.0		18	8.0	
>13~14	7.5		16.0	5.5		19	8.5	
>14~15	8.2		17.0	6.0		20	9.0	
>15~16	9.0		18.0			21	9.5	
>16~17	9.5		19.0	6.5		23	10.5	
>17~18	10.0		20.0	7.0		24	11.0	
>18~19	10.5		21.0	7.5		25	11.5	
>19~20	11.0		22.0			26	12.0	
>20~21	11.5		24.0	8.0		28	13.0	
>21~22	12.0		25.0	8.5		29	13.5	
>22~23	12.5		26.0	9.0		31	14.0	
>23~24	13.0		27.0			32	14.5	
>24~25	13.5		28.0	9.5		33	15.0	
>25~26	14.0		29.0	10.0		34	16.0	
>26~27	15.0		30.0	10.5		36	16.5	
>27~28			31.0			37	17.0	
>28~29	16.0		33.0	11.0	1.3	38	17.5	0.8
>29~30			34.0	11.5		39	18.0	
>30~31	17.0	+0.4 0	35.0	12.0		41	18.5	
>31~32			36.0			42	19.0	
>32~33	18.0		37.0	12.5		44	20.0	
>33~34			38.0	13.0				
>34~35	19.0		39.0	13.5		46	21.0	
>35~36			40.0			47		
>36~37	20.0		41.0	14.0		48	22.0	
>37~38			42.0	14.5		50	23.0	
>38~39	21.0		44.0	15.0	1.6	52	24.0	1.3
>39~40								

（续）

钢丝绳直径	槽底半径		标准槽形			加深槽形		
d	R	极限偏差	P_1	H_1	R_1	P_2	H_2	R_2
>40~41	22.0	+0.4 0	45.0	15.5	1.6	54	25.0	1.3
>41~42	23.0		47.0	16.0		55		
>42~43			48.0	16.5		56	26.0	
>43~44	24.0		49.0			58		
>44~45			50.0	17.0	2	60	27.0	1.6
>45~46	25.0		52.0	17.5		62	28.0	
>46~47			53.0	18.5		63		
>47~48	26.0		54.0			64	29.0	
>48~50	27.0		56.0	19.0		65	30.0	
>50~52	28.0		58.0	19.5				
>52~54	29.0		60.0	21.0				
>54~56	30.0		63.0		25			
>56~58	31.0		65.0	22.0				
>58~60	32.0		67.0	23.0	3.0			

注：1. 本标准规定的槽形除多层缠绕和电动葫芦用卷筒外，适用于所有起重机的钢丝绳铸造卷筒和焊接卷筒。

2. 本标准的槽底半径 R 是以钢丝绳直径 d 的最大允许偏差为 +7% 确定的。钢丝绳绕进或绕出卷筒时，其偏离螺旋槽每一侧的角度应不大于4°。

4.4 起重机用铸造卷筒型式、尺寸和技术条件

（1）应用范围

起重机用铸造卷筒主要适用于桥式起重机和门式起重机所用的钢丝绳铸造卷筒（以下简称卷筒），其他起重机所用的卷筒也可参照采用。

（2）型式和尺寸

卷筒的结构型式分A、B、C、D型4种。推荐优先采用A、B型。卷筒尺寸应分别符合表17.1-69、表17.1-70的规定。卷筒组装结构示例见图17.1-2～图17.1-5。

（3）技术要求

1）材料　铸造卷筒的材料应采用不低于GB/T 9439—1998中规定的HT200灰铸铁，或GB/T 11352—2009中规定的ZG 270-500铸钢。铸铁件需经时效处理以消除内应力，铸钢件应进行退火处理。

2）表面质量　卷筒不得有裂纹。成品卷筒的表面上不得有影响使用性能和有损外观的显著缺陷（如气孔、疏松、夹渣等）。

3）尺寸公差和表面粗糙度　同一卷筒上左右螺旋槽的底径（即卷筒直径 D）差，不得超过GB/T 1801—2009中规定的h12。

加工表面未注公差尺寸的公差等级应按GB/T 1804中的m级（中等级）。

未注加工表面粗糙度 R_a 值应按GB/T 1031—2009中的12.5μm。

4）形位公差　卷筒上配合圆（D_1）的圆度 t_1、同轴度 ϕt_2、左右螺旋槽的径向圆跳动 t_3 以及端面圆跳动 t_4，不得大于GB/T 1184—1996中的下列值：

$$t_1 \leqslant \frac{D_1 \text{ 孔的公差带}}{2};$$

ϕt_2 不低于8级；

$$t_3 = \frac{D}{1000} \leqslant 1.0;$$

t_4 不低于8级。

5）压板用螺孔　钢丝绳压板用的螺孔必须完整，螺纹不得有破碎、断裂等缺陷。

6）焊缝　对于必须施焊的铸钢卷筒，其重要焊缝不得有裂纹和未熔合等缺陷。其焊缝质量应符合GB/T 3323—2005中的Ⅱ级质量要求。

表17.1-69　A型和B型（摘自JB/T 9006.2—1999、JB/T 9006.3—1999）　（mm）

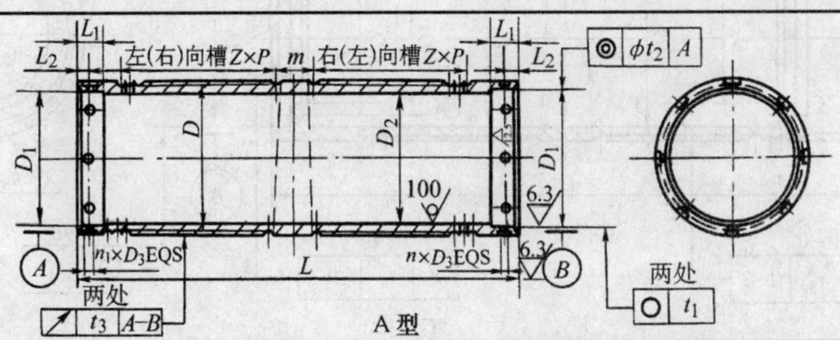

A型

（续）

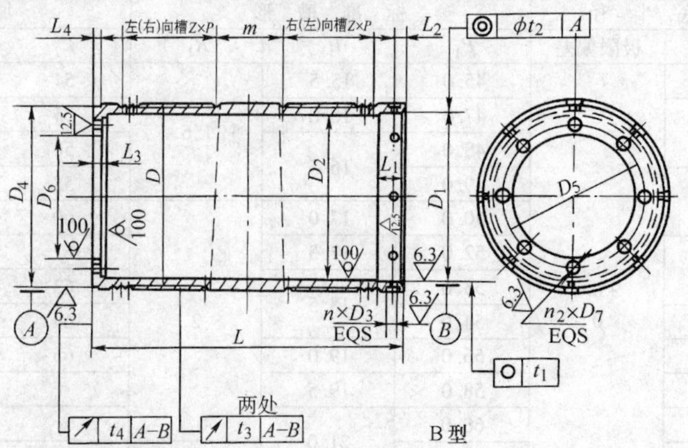

B型

标记示例：

卷筒直径 $D=500$mm，长度 $L=1500$mm；槽底半径 $R=10$mm，标准槽形槽距 $P_1=20$mm；起升高度 $H=12$m，滑轮倍率 $\alpha=4$；靠近减速器一端的卷筒槽向为左的A型卷筒，标记为：

卷筒　A500×1500-10×20-12×4-左　JB/T 9006.2—1999

卷筒直径 $D=800$mm，长度 $L=3000$mm；槽底半径 $R=15$mm；标准槽形槽距 $P_1=31$mm；起升高度 $H=16$m，滑轮倍率 $\alpha=5$；靠近减速器一端的卷筒槽向为右的B型卷筒，标记为：

卷筒　B800×3000-15×31-16×5-右 JB/T 9006.2—1999

	D h12	D_1 H8	D_2	D_3 H8	n	n_1	L_1	L_2	D h12	D_1 H8	D_2	D_3 H8	n	n_1	L_1	L_2
A型	315	290	285	17	6	6	60	20	800	740	730	28	8	8	120	50
	400	370	360				70	28	900	830	820	32			160	70
	500	465	455				90	40	1000	925	915				180	80
	630	580	570	25	8	8	100	45	1120	1050	1040					
	710	660	650				120	50	1250	1170	1160				200	100

	D h12	D_1 H8	D_2	D_3 H8	D_4 h8	D_5	D_6	D_7 H7	n_1	n_2	L_1	L_2	L_3	L_4
B型	800	740	730	28	810	660	550	50	8	8	120	50	40	30
	1000	925	915	32	1015	810	660	56			180	80	45	
	1120	1050	1040		1135	920	750	60						
	1250	1170	1160		1265	1050	870				200	100	50	
	1400	1320	1310		1415	1200	1010							
	1600	1520	1510		1615	1400	1200				220	120		
	1800	1720	1710		1815	1600	1400							

注：D_2 按铸铁材料确定，根据起重量和材料的变化允许作适当变动。

表17.1-70　C型和D型（摘自 JB/T 9006.2—1999、JB/T 9006.3—1999）　（mm）

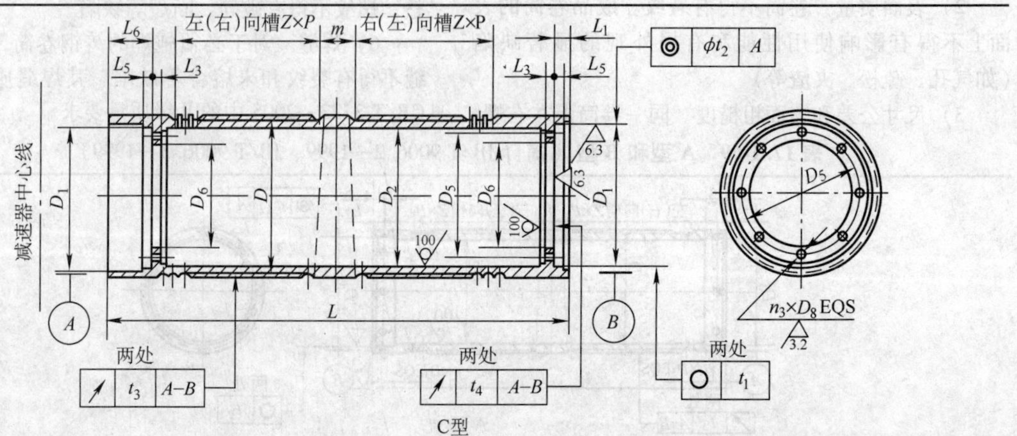

C型

（续）

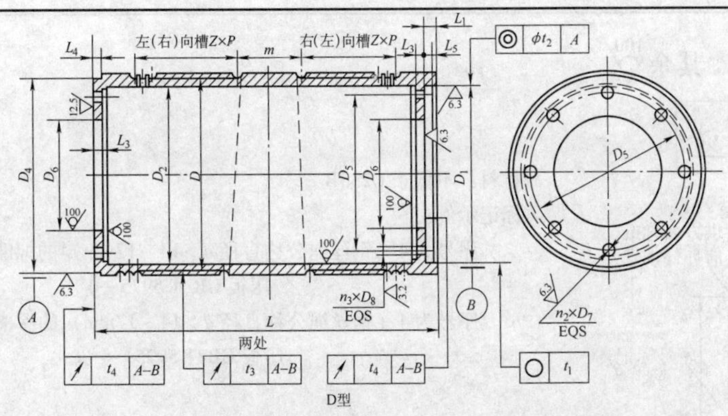

D型

标记示例：

卷筒直径 $D=500$mm，长度 $L=1500$mm；槽底半径 $R=10$mm，标准槽形槽距 $P_1=20$mm；起升高度 $H=12$m，滑轮倍率 $\alpha=4$；靠近减速器一端的卷筒槽向为左的C型卷筒，标记为：

卷筒　C500×1500-10×20-12×4-左　JB/T 9006.2—1999

卷筒直径 $D=800$mm，长度 $L=3000$mm；槽底半径 $R=15$mm，标准槽形槽距 $P_1=31$mm；起升高度 $H=16$m，滑轮倍率 $\alpha=5$；靠近减速器一端的卷筒槽向为右的D型卷筒，标记为：

卷筒　D800×3000-15×31-16×5-右　JB/T 9006.2—1999

	D h12	D_1 H8	D_2	D_5	D_6	D_8 H7	n_3	L_1	L_3	L_5	L_6
C型	315	285	285	250	200	17	6	32	25	20	30
	400	360	360	315	250						80
	500	465	455	430	350		8	42	30	30	145
	630	580	570	520	440	21					
	710	660	650	580	500	25		50	40	35	138
	800	740	730	660	580	28					206

	D h12	D_1 H8	D_2	D_4 h8	D_5	D_6	D_7 H7	D_8 H7	n_2	n_3	L_1	L_3	L_4	L_5
D型	800	740	730	810	660	550	50	28	8	8	50	40	30	35
	1000	925	915	1015	810	660	56	32			60	45		40
	1120	1050	1040	1135	920	750	60				65	50		45
	1250	1170	1160	1265	1050	870								
	1400	1320	1310	1415	1200	1010								
	1600	1520	1510	1615	1400	1200								

注：D_2 按铸铁材料确定，根据起重量大小和材料的变化允许作适当变动。

4.5　钢丝绳在卷筒上的固定

绳端在卷筒上的固定必须安全可靠。压板固定是最常用的方法，见图17.1-6a。它的构造简单，检查拆装方便，但不能用于多层卷绕卷筒。多层卷绕卷筒采用楔块固定见图17.1-6b。它的结构复杂。另一种方法也适用于多层卷绕卷筒，将钢丝绳引入卷筒内部或端部，再用压板固定，如图17.1-6c所示。它的结构比较简单。

钢丝绳用的压板按表17.1-71选取。这种压板适用于各种圆股钢丝绳的绳端固定，不宜用于电动葫芦和多层卷绕的起重机的卷筒。

压板的材料为Q235A，压板表面应光滑平整、无毛刺、瑕疵、锐边和表面粗糙不平等缺陷。

4.6　钢丝绳用压板（见表17.1-71）

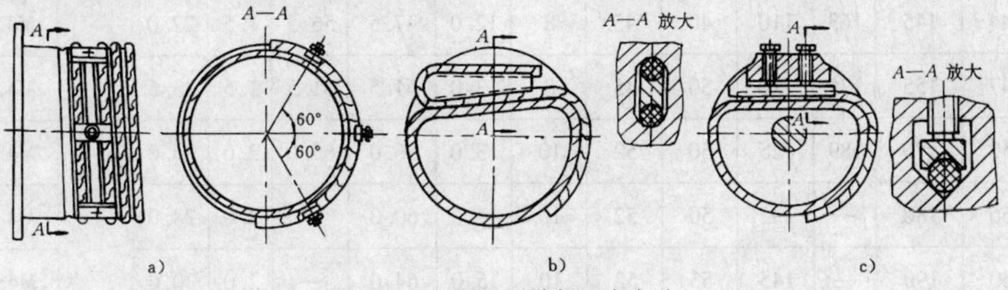

图17.1-6　钢丝绳端部固定方法

a）压板固定　b）楔块固定　c）卷筒端部压板固定

表17.1-71　钢丝绳用压板（摘自GB/T 5975—2006）

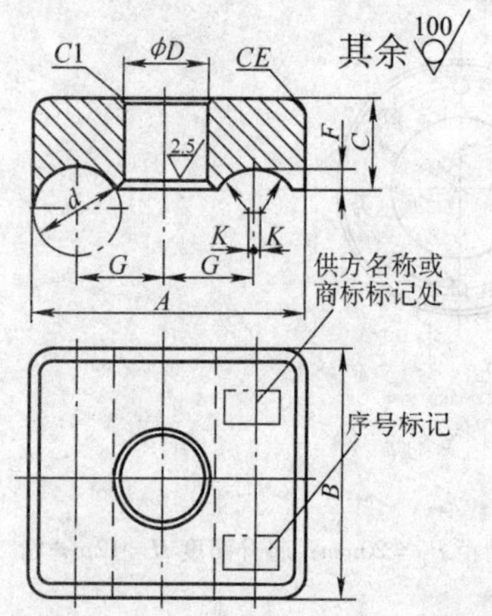

材料：不低于Q235B

标记示例：

序号为4（钢丝绳公称直径 $d>14\sim17$mm）的标准槽压板，标记为：

压板 GB/T 5975—4

序号为4（钢丝绳公称直径 $d>14\sim17$mm）的深槽压板，标记为：

压板 GB/T 5975—4 深

压板序号	尺寸/mm													压板螺栓直径	单件重量/kg	
	适用钢丝绳公称直径 *d*	*A*		*B*	*C*	*D*	*E*	*F*	*G*		*K*	*R*				
		标准槽	深槽						标准槽	深槽		基本尺寸	极限偏差		标准槽	深槽
1	6～8	25	29	25	8	9	1	2.0	8.0	10.0	1.0	4.0		M8	0.03	0.04
2	>8～11	35	39	35	12	11	1	3.0	11.5	13.5	1.5	5.5	+0.1 0	M10	0.10	0.12
3	>11～14	45	51	45	16	15	2	3.5	14.5	17.5	1.5	7.0		M14	0.22	0.25
4	>14～17	55	66	50	18	18	2	4.0	17.5	21.5	1.5	8.5		M16	0.32	0.37
5	>17～20	65	73	60	20	22	3	5.0	21.0	25.0	1.0	10.0	+0.2 0	M20	0.48	0.55
6	>20～23	75	85	60	20	22	4	6.0	24.5	29.5	1.5	11.5		M20	0.55	0.65
7	>23～26	85	95	70	25	26	4	6.5	28.0	33.0	1.0	13.0		M24	0.91	1.05
8	>26～29	95	105	70	25	30	5	7.0	31.5	36.5	1.5	14.5		M27	0.99	1.12
9	>29～32	105	117	80	30	33	5	8.0	34.5	40.5	1.5	16.0		M30	1.52	1.75
10	>32～35	115	129	90	35	33	6	9.0	38.0	45.0	1.0	17.5		M30	2.23	2.58
11	>35～38	125	141	90	35	39	6	10.0	40.5	48.5	1.5	19.0		M36	2.29	2.69
12	>38～41	135	153	100	40	45	8	11.0	44.0	53.0	1.0	20.5	+0.3 0	M42	3.17	3.74
13	>41～44	145	163	110	40	45	8	12.0	47.5	56.5	1.5	22.0		M42	3.82	4.44
14	>44～47	155	175	110	50	45	8	13.0	51.5	61.5	1.5	23.5		M42	5.25	6.12
15	>47～52	170	189	125	50	52	10	13.0	56.0	65.0	2.0	26.0		M48	6.69	7.57
16	>52～56	180	—	135	50	52	10	14.0	60.0	—	2.0	28.0		M48	8.10	—
17	>56～60	190	—	145	55	52	10	15.0	64.0	—	2.0	30.0		M48	9.20	—

注：本标准适用于起重机卷筒上所使用的GB 8918—2006、GB/T 20118—2006中规定的圆股钢丝绳的绳端固定。

4.7　钢丝绳在卷筒上用压板固定的计算（见表 17.1-72）

表 17.1-72　压板固定计算

名　称	钢丝绳固定处拉力	压板对钢丝绳的压紧力 压板槽为半圆形	压板对钢丝绳的压紧力 压板槽为梯形	固定螺栓的合成应力
公　式	$F=\dfrac{\varphi_z F_{\max}}{e^{\mu\alpha}}$	$N=\dfrac{n_0 F}{2\mu}$	$N=\dfrac{n_0 F}{\mu+\mu_1}$	$\sigma=\dfrac{4N}{Z\pi d_1^2}+\dfrac{\mu' N\iota}{0.1Zd_1^3}\leqslant\sigma_{tp}$
符号意义	φ_z —起升载荷动载系数 d_1 —固定螺栓的螺纹内径（mm） $F_{\max}$ —钢绳最大静拉力（N） μ —钢绳与卷筒和压板间的摩擦因数，按摩擦面有无油脂，取 $\mu=0.12\sim0.16$ α —安全圈（通常为 1.5 ~ 3 圈）在卷筒上的包角（rad） e —自然对数的底数，e = 2.718282 μ_1 —压板与钢丝绳间的换算摩擦因数，$\mu_1=\dfrac{\mu}{\sin\beta}$ n_0 —安全系数，一般取 $n_0\geqslant1.5$ μ' —垫圈与压板间的摩擦因数，$\mu'\approx0.16$ σ_{tp}—螺栓许用拉应力（MPa），$\sigma_{tp}=\dfrac{\sigma_s}{1.5}$（$\sigma_s$ 为螺栓材料的屈服点） β —压板槽的斜面角，一般 $\beta=45°$ Z —螺栓数量，$Z\geqslant2$ ι —摩擦力 $\mu' N$ 作用的力臂（mm）			

起升载荷运载系数 φ_z

额定起升速度 v/m·min^{-1}		≤5	≤10	≤15	≤20	≤30	≤40	≤50	≤60	>60
工作类型	轻级	1.10	1.13	1.16	1.20	1.25	1.30	1.35	1.40	1.45
	中级	1.20	1.25	1.30	1.35	1.40	1.45	1.50	1.55	1.60
	重级	1.30	1.35	1.40	1.45	1.50	1.55	1.60	1.65	1.70
	特重级	1.40	1.45	1.50	1.55	1.60	1.65	1.70	1.75	1.80

注：钢绳进出卷筒的偏斜角本表未列计算，可按《起重机设计规范》GB/T 3811—2008 选取。

（1）钢丝绳绕进或绕出卷筒时钢丝绳偏离螺旋槽两侧的角度推荐不大于 3.5°。

（2）对于光卷筒和多层缠绕卷筒，钢丝绳偏离与卷筒轴垂直的平面的角度推荐不大于 2°。

4.8　卷筒强度计算（见表 17.1-73）

表 17.1-73　卷筒强度计算

	应　力	卷筒壁内表面最大压应力	由弯矩产生的拉应力
强度计算	条　件	$L\leqslant3D$	$L>3D$
强度计算	公　式	$\sigma_c=A_1A\dfrac{F_{\max}}{\delta P}\leqslant\sigma_{cp}$	$\sigma_b=\dfrac{M_{u\max}}{W}\leqslant\sigma_{bp}$
强度计算	符号意义	A —与卷绕层数有关的系数 卷筒层数 n：1 | 2 | 3 | ≥4 | ≥5 系数 A：1 | 1.75 | 2.0 | 2.25 | 2.5 A_1—应力减小系数，一般取 $A_1=0.75$ $F_{\max}$—钢丝绳最大静拉力（N） P —钢丝绳卷绕节距（mm） δ —卷筒壁厚（mm） σ_{cp}—许用压应力（MPa） 钢：$\sigma_{cp}=\dfrac{\sigma_s}{1.5}$，$\sigma_s$—屈服点 铸铁：$\sigma_{cp}=\dfrac{\sigma_{bc}}{4.25}$，$\sigma_{bc}$—抗压强度	$M_{u\max}$—由钢丝绳最大拉力引起卷筒的最大弯矩（N·mm） W—抗弯截面模数（mm^3）， $W=\dfrac{0.1\ (D^4-D_0^4)}{D}$ D—卷筒绳槽底径（mm） D_0—卷筒内径（mm） σ_{bp}—许用拉应力（MPa） 钢：$\sigma_{bp}=\dfrac{\sigma_s}{2}$，$\sigma_s$—屈服点 铸铁：$\sigma_{bp}=\dfrac{\sigma_b}{2}$，$\sigma_b$—抗拉强度
强度计算	合成应力	当 $L\leqslant3D$ 时，弯曲和扭应力合成应力不超过 10% 的压应力，只计算压应力即可	$\sigma=\sigma_b+\dfrac{\sigma_{bp}}{\sigma_{cp}}\sigma_c\leqslant\sigma_{bp}$
稳定性验算	条　件	$D\geqslant1200$mm，$L>2D$ 的大尺寸卷筒，必须对卷筒壁进行稳定性验算	
稳定性验算	失去稳定时的临界压力	钢卷筒：$F_w=52500\dfrac{\delta^3}{R^3}$	铸铁卷筒：$F_w=(25000\sim32500)\dfrac{\delta^3}{R^3}$
稳定性验算	卷筒壁单位压力	$p_r=\dfrac{2F_{\max}}{DP}$	
稳定性验算	稳定性系数	$K=\dfrac{F_w}{p_r}\geqslant1.3\sim1.5$	
稳定性验算	符号意义	$R=\dfrac{D}{2}$—卷筒绳槽底半径（mm），其他符号同强度计算的符号	

5　滑轮和滑轮组

5.1　滑轮

5.1.1　滑轮结构和材料

滑轮一般用来导向和支承，以改变绳索及其传递拉力的方向或平衡绳索分支的拉力。

承受载荷不大的小尺寸滑轮（$D \leqslant 350$mm）一般制成实体滑轮，用 Q235A 或铸铁（如 HT150）制造。承受载荷大的滑轮一般采用球铁（如 QT420-10）或铸钢（如 ZG230-450、ZG270-500 或 ZG35Mn 等）、铸成带筋和孔或轮辐的结构。大型滑轮（$D > 800$mm）一般用型钢和钢板的焊接结构。

受力不大的滑轮直接装于心轴；受力较大的滑轮则装在滑动轴承（轴套材料采用青铜或粉末冶金材料等）或滚动轴承上，后者一般用在转速较高，载荷大的工况。轮毂长与轴套的直径比一般为 1.5～1.8。

5.1.2　滑轮的主要尺寸

绳槽半径 R 是根据钢丝绳直径 d 的最大允许偏差为 +7% 确定的。

钢丝绳绕进或绕出滑轮槽时偏斜的最大角度（即钢丝绳中心线和与滑轮轴垂直的平面之间的角度）应不大于 4°。

绳槽表面的精度分为两级：

1 级：表面粗糙度 $R_a 6.5\mu m$；

2 级：表面粗糙度 $R_a 12.5\mu m$。

滑轮的主要尺寸见表 17.1-74。

表 17.1-74　滑轮绳槽断面尺寸（摘自 JB/T 9005.1—1999）　（mm）

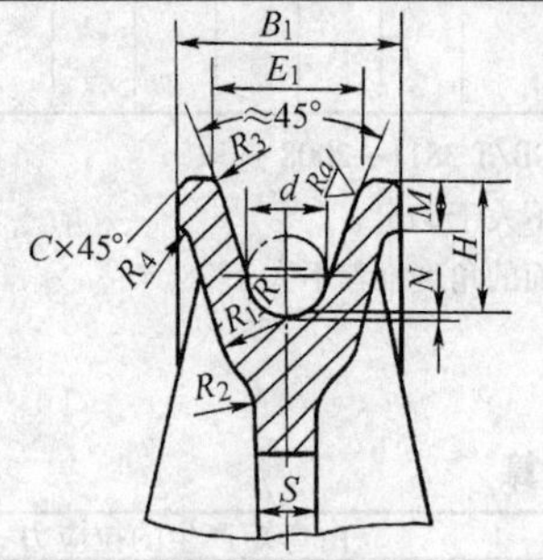

标记示例：

滑轮绳槽半径 $R = 13.5$mm，表面粗糙度为 2 级的绳槽断面，标记为：

绳槽断面 13.5-2 JB/T 9005.1—1999

钢丝绳直径 d	基本尺寸							参考尺寸						
	R			H	B_1	E_1	C	R_1	R_2	R_3	R_4	M	N	S
	尺寸	极限偏差 1 级	极限偏差 2 级											
5～6	3.3			12.5	22	15	0.5	7	5	1.5	2.0	4	0	6
>6～7	3.8	+0.1 0	+0.2 0	15.0	26	17	0.5	8	6	2.0	2.5	5	0	7
>7～8	4.3					18								
>8～9	5.0			17.5	32	21	1.0	10	8	2.0	2.5	6	0	8
>9～10	5.5					22								
>10～11	6.0			20.0	36	25	1.0	12	10	2.5	3.0	8	0	9
>11～12	6.5													
>12～13	7.0		+0.3 0	22.5	40	28	1.0	13	11	2.5	3.0	8	0	10
>13～14	7.5			25.0	45	31	1.0	15	12	3.0	4.0	10	0	11
>14～15	8.2													
>15～16	9.0			27.5	50	35	1.5	16	13	3.0	4.0	10	0	12
>16～17	9.5			30.0	53	38	1.5	18	15	3.0	5.0	12	0	12
>17～18	10.0													
>18～19	10.5	+0.2 0		32.5	56	41	1.5	18	15	3.0	5.0	12	0	12
>19～20	11.0			35.0	60	44	1.5	20	16	3.0	5.0	14	0	14
>20～21	11.5		+0.4 0											
>21～22	12.0				63	45	1.5	20	16	3.0	5.0	14	2.0	14
>22～23	12.5					46								
>23～24	13.0			37.5	67	48	1.5	20	16	4.0	6.0	16	2.5	16
>24～25	13.5			40.0	71	51	1.5	22	18	4.0	6.0	16	3.0	16
>25～26	14.0					52								
>26～28	15.0				75	53	1.5	25	20	4.0	6.0	16	3.0	18

（续）

钢丝绳直径 d	基本尺寸							参考尺寸						
	R			H	B_1	E_1	C	R_1	R_2	R_3	R_4	M	N	S
	尺寸	极限偏差 1级	极限偏差 2级											
>28~30	16.0			45.0	85	59	2.0	25	20	5.0	6.0	18	4.0	18
>30~32	17.0					61								
>32~34	18.0			50.0	90	66	2.0	28	22	5.0	6.0	18	4.0	20
>34~36	19.0			55.0	100	72	2.5	32	25	5.0	8.0	20	4.0	20
>36~38	20.0					73								
>38~40	21.0			60.0	105	78	2.5	36	28	5.0	8.0	22	5.0	22
>40~41	22.0					79								
>41~43	23.0			65.0	115	84	2.5	36	28	6.0	8.0	25	5.0	24
>43~45	24.0	+0.4 0	+0.8 0			86								
>45~46	25.0			67.5	120	90	2.5	40	32	6.0	8.0	25	5.0	24
>46~47				70.0	125	92	3.0	40	32	6.0	8.0	28	6.0	26
>47~48.5	26.0					94								
>48.5~50	27.0			72.5	130	96	3.0	45	36	6.0	10.0	28	6.0	26
>50~52	28.0			75.0		99								
>52~54.5	29.0			77.5	140	103	4.0	45	36	6.0	10.0	32	6.0	28
>54.5~56	30.0			80.0		106								
>56~58	31.0			82.5	150	110	4.0	50	40	8.0	10.0	32	8.0	30
>58~60.5	32.0			85.0		114								

注：1. 对于冶金起重机推荐用1级精度。

2. 绳槽断面允许按 JB/T 9005.2—1999 匹配，将同一直径的滑轮按最大绳径做成一种。

3. 参考尺寸是按铸铁滑轮提出的。

5.1.3 滑轮直径与钢丝绳直径匹配关系（见表 17.1-75）

表 17.1-75 直径的选用系列与匹配（摘自 JB/T9005.2—1999） （mm）

滑轮直径 D	钢丝绳直径 d																																						
	>7~8	>8~9	>9~10	>10~11	>11~12	>12~13	>13~14	>14~15	>15~16	>16~17	>17~18	>18~19	>19~20	>20~21	>21~22	>22~24	>24~25	>25~26	>26~27	>27~28	>28~30	>30~31	>31~32	>32~33	>33~34	>34~35	>35~36	>36~37	>37~39	>39~40	>04~41	>41~43	>43~44	>44~46	>46~48	>48~50	>50~54	>54~56	>56~60
225																																							
260																																							
280																																							
315																																							
355																																							
400																																							
450																																							
500																																							
560																																							
630																																							
710																																							
800																																							
900																																							
1000																																							
1120																																							
1250																																							
1400																																							
1600																																							
1800																																							
2000																																							

注：在滑轮轴上并列安装2个滑轮时，推荐按阴影区[////]选用；当并列安装4个和4个以上滑轮，以及用于冶金起重机的滑轮时，推荐按阴影区[\\\\]选用。

5.1.4　滑轮型式

按 JB/T 9005.3—1999 标准，滑轮共分 A、B、C、D、E、F 6 种型式，如图 17.1-7 所示。结构比较好而密封严密的为 A 型和 B 型。

滑轮轴承尺寸见表 17.1-76，轮毂尺寸见表 17.1-77。

5.1.5　A 型滑轮轴套和隔环

A 型滑轮用内轴套（T）和隔环（H）的尺寸见表 17.1-78。

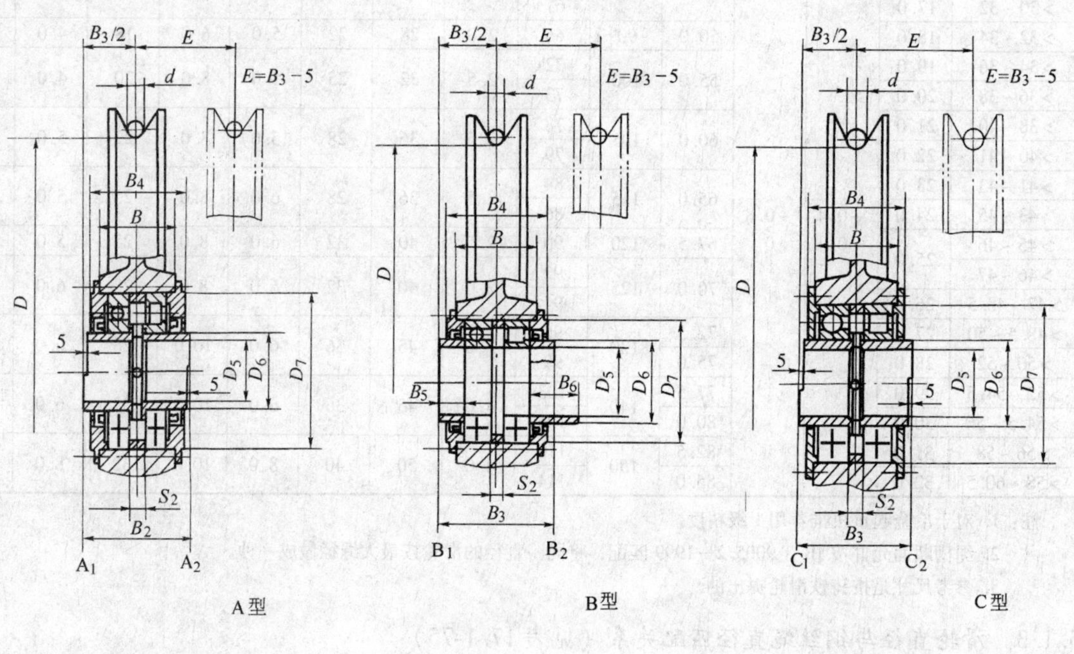

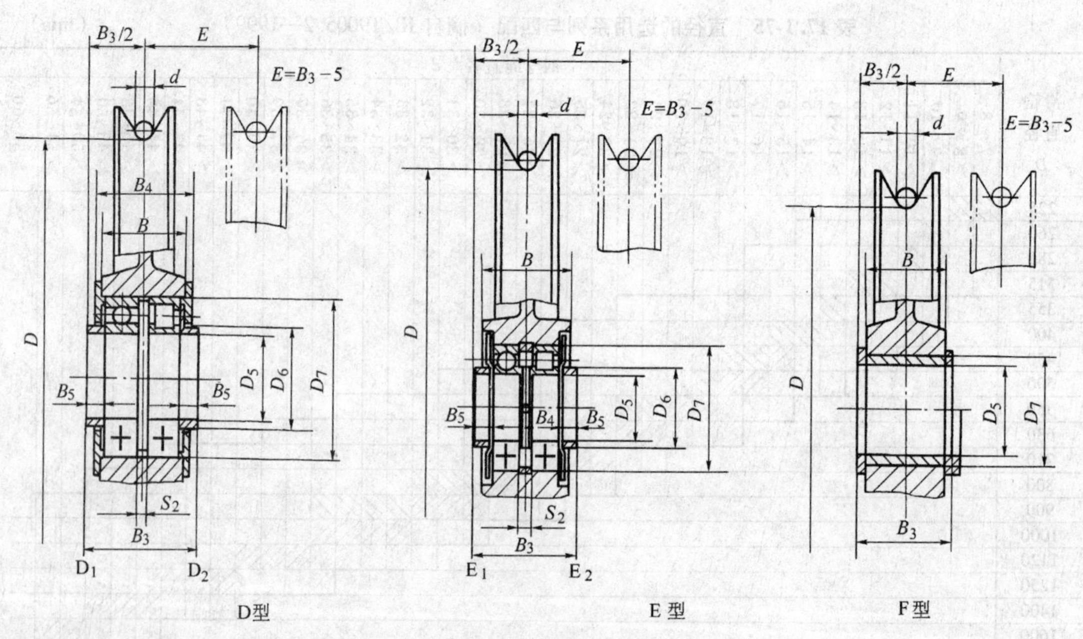

图 17.1-7　A、B、C、D、E、F 型滑轮结构

A 型—带滚动轴承（严密密封），有内轴套　D 型—带滚动轴承（较严密封）无内轴套；

B 型—带滚动轴承（严密密封），无内轴套　E 型—带滚动轴承（一般密封）无内轴套；

C 型—带滚动轴承（较严密封），有内轴套　F 型—带滑动轴承

表 17.1-76　轴承尺寸（摘自 JB/T 9005.3—1999）　（mm）

标记示例：

钢丝绳直径 $d=25$mm，滑轮直径 $D=630$mm 和滑轮轴的直径 $D_5=90$mm 的 A 型滑轮，标记为：

滑轮 A25×630-90 JB/T 9005.3—1999

型号意义：

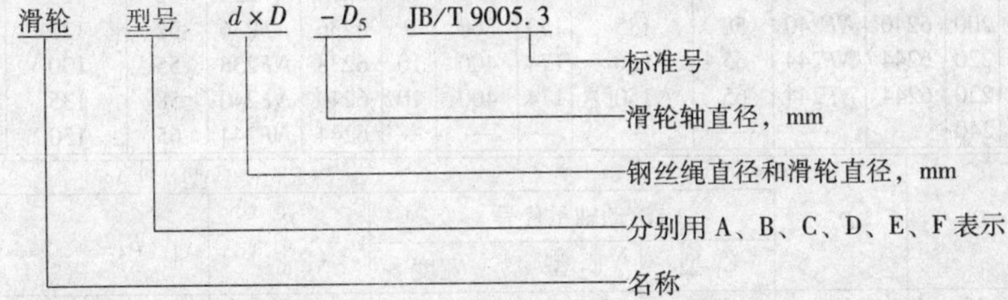

B_3 ($^{0}_{-0.2}$)	D_5	D_6	A 型							B 型									F 型	
			滚动轴承代号			B ($^{0}_{-0.2}$)	B_4	D_7 k7	S_2	滚动轴承代号			B ($^{0}_{-0.2}$)	B_4	B_5	B_6	D_7 k7	S_2	B ($^{0}_{-0.2}$)	D_7 H7/k6
			A_1 型	A_2 型	宽度					B_1 型	B_2 型	宽度								
100	45	60	6212	NF212	22	60	86	110	6	6209	NF209	19	55	81	27.5	50	85	7	80	55
100	50	60	6212	NF212	22	60	86	110	6	6210	NF210	20	60	86	25.0	45	90	10	80	60
105	55	70	6214	NF214	24	65	91	125	7	6211	NF211	21	60	86	27.5	50	100	8	90	65
105	60	70	6214	NF214	24	65	91	125	7	6212	NF212	22	60	86	27.5	50	110	6	90	75
110	65	80	6216	NF216	26	70	96	140	8	6213	NF213	23	65	91	27.5	50	120	9	90	80
110	70	80	6216	NF216	26	70	96	140	8	6214	NF214	24	65	91	27.5	50	125	7	90	85
130	75	90	6218	NF218	30	80	106	160	10	6215	NF215	25	70	96	35.0	65	130	10	110	90
135	80	100	6220	NF220	34	85	111	180	7	6216	NF216	26	70	96	37.5	70	140	8	110	95
145	90	110	6222	NF222	38	95	125	200	9	6218	NF218	30	80	110	37.5	70	160	10	120	105
150	100	120	6224	NF224	40	100	130	215	10	6220	NF220	34	85	115	37.5	70	180	7	130	120
160	110	130	6226	NF226	40	100	130	230	10	6220	NF222	38	95	125	37.5	70	200	9	140	130
160	120	140	6228	NF228	42	100	134	250	6	6224	NF224	40	100	134	35.0	65	215	10	140	140
165	130	150	6230	NF230	45	110	144	270	10	6226	NF226	40	100	134	37.5	70	230	10	140	150
170	140	160	6232	NF232	48	115	149	290	9	6228	NF228	42	100	134	40.0	75	250	6	140	160
180	150	170	6234	NF234	52	125	159	310	11	6230	NF230	45	110	144	40.0	75	270	10	140	170
180	160	180	6236	NF236	52	125	159	320	11	6232	NF232	48	115	149	37.5	70	290	9	140	180
185	170	190	6238	NF238	55	130	164	340	10	6234	NF234	52	125	159	35.0	65	310	11	140	190
190	180	200	6240	NF240	58	135	169	360	9	6236	NF236	52	125	159	37.5	70	320	11	150	200
220	190	220	6244	NF244	65	150	184	400	10	6238	NF238	55	130	164	50.0	95	340	10	150	210
220	200	220	6244	NF244	65	150	184	400	10	6240	NF240	58	135	169	47.5	90	360	9	160	220
220	220	240	—	—	—	—	—	—	—	6244	NF244	65	150	188	50.0	95	400	10	160	250

B_3 ($^{0}_{-0.2}$)	D_5	D_6	C 型							D 型							
			滚动轴承代号			B ($^{0}_{-0.2}$)	B_4	D_7 k7	S_2	滚动轴承代号			B ($^{0}_{-0.2}$)	B_4	B_5	D_7 k7	S_2
			C_1 型	C_2 型	宽度					D_1 型	D_2 型	宽度					
90	45	60	6212	NF212	22	60	76	110	6	6209	NF209	19	55	71	22.5	85	7
90	50	60	6212	NF212	22	60	76	110	6	6210	NF210	20	60	76	20.0	90	10
95	55	70	6214	NF214	24	65	81	125	7	6211	NF211	21	60	76	22.5	100	8
95	60	70	6214	NF214	24	65	81	125	7	6212	NF212	22	60	76	22.5	110	6
100	65	80	6216	NF216	26	70	86	140	8	6213	NF213	23	65	81	22.5	120	9
100	70	80	6216	NF216	26	70	86	140	8	6214	NF214	24	65	81	22.5	125	7
110	75	90	6218	NF218	30	80	96	160	10	6215	NF215	25	70	86	25.0	130	10
115	80	100	6220	NF220	34	85	101	180	7	6216	NF216	26	70	86	27.5	140	8
125	90	110	6222	NF222	38	95	111	200	9	6218	NF218	30	80	96	27.5	160	10
130	100	120	6224	NF224	40	100	116	215	10	6220	NF220	34	85	101	27.5	180	7
130	110	130	6226	NF226	40	100	118	230	10	6220	NF222	38	95	111	22.5	200	9
130	120	140	6228	NF228	42	100	118	250	6	6224	NF224	40	100	116	20.0	215	10
140	130	150	6230	NF230	45	110	128	270	10	6226	NF226	40	100	118	25.0	230	10
145	140	160	6232	NF232	48	115	133	290	9	6228	NF228	42	100	118	27.5	250	6
155	150	170	6234	NF234	52	125	143	310	11	6230	NF230	45	110	128	27.5	270	10
155	160	180	6236	NF236	52	125	143	320	11	6232	NF232	48	115	133	25.0	290	9

（续）

B_3 $\binom{0}{-0.2}$	D_5	D_6	C 型 滚动轴承代号							D 型 滚动轴承代号							
			C_1 型	C_2 型	宽度	B $\binom{0}{-0.2}$	B_4	D_7 k7	S_2	D_1 型	D_2 型	宽度	B $\binom{0}{-0.2}$	B_4	B_5	D_7 k7	S_2
160	170	190	6238	*NF*238	55	130	148	340	10	6234	*NF*234	52	125	143	22.5	310	11
165	180	200	6240	*NF*240	58	135	153	360	9	6236	*NF*236	52	125	143	25.0	320	11
190	190	220	6244	*NF*244	65	150	174	400	10	6238	*NF*238	55	130	148	35.0	340	10
190	200	220	6244	*NF*244	65	150	174	400	10	6240	*NF*240	58	135	153	32.5	360	9
190	220	240	—	—	—	—	—	—	—	6244	*NF*244	65	150	174	25.0	400	10

B_3 $\binom{0}{-0.2}$	D_5	D_6	E 型 滚动轴承代号						
			E_1 型	E_2 型	宽度	B $\binom{0}{-0.2}$	B_4	D_7 k7	S_2
65	45	60	6209	NJ209	19	55	48	85	7
70	50	60	6210	NJ210	20	60	53	90	10
70	55	70	6211	NJ211	21	60	53	100	8
70	60	70	6212	NJ212	22	60	53	110	6
75	65	80	6213	NJ213	23	65	58	120	9
75	70	80	6214	NJ214	24	65	58	125	7
80	75	90	6215	NJ215	25	70	63	130	10
80	80	100	6216	NJ216	26	70	63	140	8
90	90	110	6218	NJ218	30	80	74	160	10
95	100	120	6220	NJ220	34	85	79	180	7
105	110	130	6222	NJ222	38	95	89	200	9
110	120	140	6224	NJ224	40	100	94	215	10
110	130	150	6226	NJ226	40	100	94	230	10
110	140	160	6228	NJ228	42	100	94	250	6
120	150	170	6230	NJ230	45	110	104	270	10
125	160	180	6232	NJ232	48	115	109	290	9
135	170	190	6234	NJ234	52	125	119	310	11
135	180	200	6236	NJ236	52	125	119	320	11
140	190	220	6238	NJ238	55	130	124	340	10
145	200	220	6240	NJ240	58	135	129	360	9
160	220	240	6244	NJ244	65	150	144	400	10

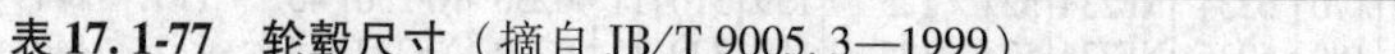

表 17.1-77　轮毂尺寸（摘自 JB/T 9005.3—1999）　（mm）

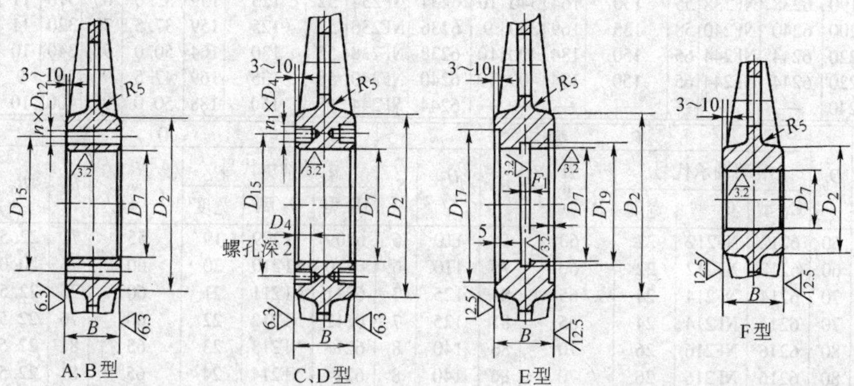

（1）A、B、C、D、E 型

D_7 (K7)	D_4	D_{12}	D_{15}	D_{17}	D_{19} (H12)	B $\binom{0}{-0.2}$	F_1 $\binom{+0.1}{0}$	D_2 铸钢	D_2 铸铁	R_5	螺栓孔数 n	螺钉孔数 n_1
基本尺寸								参考尺寸				
85	M8	9	100	110	90	55	6.5	120	130	8	4	8
90	M8	9	105	115	95	60	9.5	130	140	8	4	8
100	M8	9	115	125	105	60	7.5	140	150	8	4	8
110	M8	9	125	135	115	60	5.5	150	160	10	4	8
120	M8	11	140	150	125	65	8.5	160	170	10	4	8

（续）

基本尺寸								参考尺寸			螺栓孔数 n	螺钉孔数 n_1
D_7 (K7)	D_4	D_{12}	D_{15}	D_{17}	D_{19} (H12)	B ($^{0}_{-0.2}$)	F_1 ($^{+0.1}_{0}$)	D_2 铸钢	D_2 铸铁	R_5		
125	M8	11	145	155	130	65	6.5	170	180	0	4	8
130	M8	11	150	160	135	70	9.5	180	190	10	4	8
140	M8	11	160	170	145	70	7.5	190	200	10	4	8
160	M10	11	185	190	165	80	9.5	215	230	10	4	8
180	M10	11	205	210	185	85	6.5	240	260	12	4	8
200	M10	11	225	230	205	95	8.5	265	280	12	6	12
215	M10	11	240	245	220	100	9.5	280	300	12	6	12
230	M12	14	260	265	235	100	9.5	305	330	12	6	12
250	M12	14	280	285	255	105	5.5	330	350	16	6	12
270	M12	14	300	305	275	110	9.5	360	380	16	6	12
290	M12	14	320	325	295	115	8.5	380	400	16	6	12
310	M12	14	340	345	315	125	10.5	410	430	20	8	16
320	M12	14	350	355	325	125	10.5	430	450	20	8	16
340	M12	14	370	375	345	130	9.5	450	470	20	8	16
360	M12	14	390	395	365	135	8.5	470	500	20	8	16
400	M16	18	440	445	405	150	9.5	530	560	25	8	16

（2）F 型

基本尺寸		参考尺寸			基本尺寸		参考尺寸		
D_7 (H7)	B ($^{0}_{-0.2}$)	D_2 铸钢	D_2 铸铁	R_5	D_7 (H7)	B ($^{0}_{-0.2}$)	D_2 铸钢	D_2 铸铁	R_5
55	80	90	90	8	140	140	220	230	10
60	80	100	100	8	150	140	230	240	10
65	90	105	105	8	160	140	240	260	12
75	90	120	120	8	170	140	260	280	12
80	90	125	130	8	180	140	270	290	12
85	90	130	140	8	190	140	290	310	12
90	110	140	150	8	200	150	300	320	12
95	110	150	160	10	210	150	320	340	16
105	120	165	175	10	220	160	330	350	16
120	130	185	195	10	250	160	370	390	20
130	140	200	210	10					

表 17.1-78　A 型滑轮用内轴套和隔环尺寸（摘自 JB/T 9005.4—1999）　　（mm）

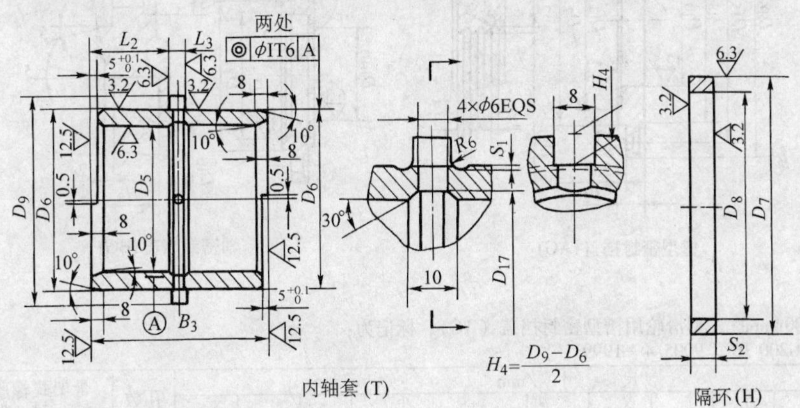

内轴套 (T)　　　　隔环 (H)

标记示例：

直径 D_5 = 90mm 和长度 B_3 = 145mm 的 A 型滑轮用内轴套（T），标记为：

内轴套 T90 × 145 JB/T 9005.4—1999

直径 D_7 = 200mm 的 A 型滑轮用隔环（H），标记为：

隔环 H200 JB/T 9005.4—1999

（续）

内轴套（T）										隔环（H）			
D_5 (E9)	D_3 ($^{0}_{-0.2}$)	D_6 (h6)	D_9	D_{17}	L_2 ($^{+0.1}_{0}$)	L_3 ($^{-0.1}_{-0.2}$)	S_1	R_6	单件重量 /kg	D_7 ($^{-0.2}_{-0.4}$)	D_8	S_2 ($^{0}_{-0.1}$)	单件重量 /kg
45	100	60	72	48	47.5	5	1.00	2.5	0.97	110	100	6	0.08
50	100	60	72	53	47.5	5	1.00	2.5	0.67	110	100	6	0.08
55	105	70	82	58	49.5	6	1.00	2.5	1.10	125	115	7	0.10
60	105	70	82	63	49.5	6	1.00	2.5	0.76	125	115	7	0.10
65	110	80	92	68	51.5	7	0.50	2.5	1.34	140	130	8	0.13
70	110	80	92	73	51.5	7	0.50	2.5	0.92	140	130	8	0.13
75	130	90	104	79	60.5	9	0.50	2.5	1.98	160	150	10	0.18
80	135	100	114	84	64.5	6	0.50	2.5	2.99	180	165	7	0.22
90	145	110	124	94	68.5	8	0.50	2.5	3.57	200	185	9	0.32
100	150	120	134	104	70.5	9	0.50	2.5	4.06	215	200	10	0.38
110	160	130	144	114	75.5	9	1.00	4.0	4.43	230	215	10	0.41
120	160	140	154	124	77.5	5	1.00	4.0	4.80	250	235	6	0.27
130	165	150	164	134	78.0	9	1.00	4.0	5.35	270	255	10	0.49
140	170	160	174	144	81.0	8	1.00	4.0	5.91	290	275	9	0.47
150	180	170	184	154	85.0	10	1.00	4.0	7.08	310	295	11	0.60
160	180	180	194	164	85.0	10	1.00	4.0	7.55	320	305	11	0.62
170	185	190	204	174	88.0	9	1.00	4.0	8.19	340	325	10	0.61
180	190	200	214	184	91.0	8	1.00	4.0	8.88	360	345	9	0.58
190	220	220	234	194	105.5	9	1.00	4.0	16.66	400	380	10	0.96
200	220	220	234	204	105.5	9	1.00	4.0	11.28	400	380	10	0.96

5.1.6 A型滑轮挡盖

A型滑轮挡盖分槽型密封挡盖（AG）和轴密封挡盖（BG），其尺寸见表17.1-79。

表17.1-79 A型挡盖尺寸（摘自JB/T 9005.4—1999）

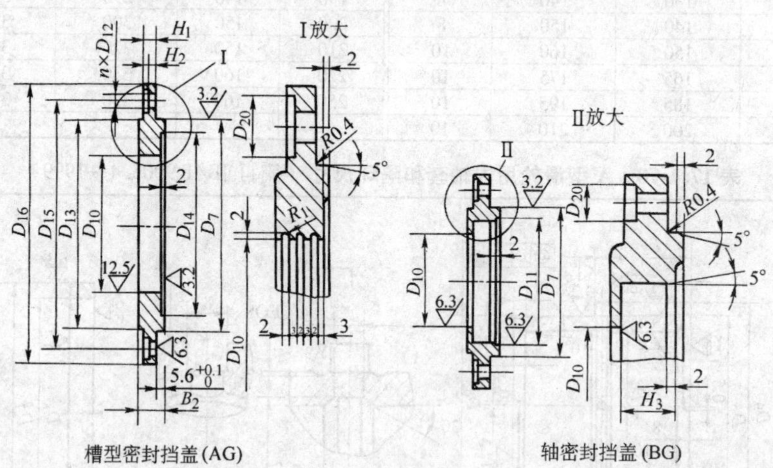

槽型密封挡盖(AG)　　轴密封挡盖(BG)

标记示例：
直径 D_7 =200mm 的A型滑轮用槽型密封挡盖（AG），标记为：
挡盖 AG200 JB/T 9005.4—1999

尺寸 /mm													孔数 n	骨架式橡胶油封按 GB/T9877.1	单件重量 /kg	
D_7 (f7)	D_{10}	B_2	D_{11} (H8)	D_{12}	D_{13}	D_{14}	D_{15}	D_{16}	D_{20}	H_1	H_2	H_3			AG	BG
110	61	18	85	9	105	95	125	145	18	7	3.5	8	4	60×85×8	1.50	1.23
125	71	18	95	11	120	110	145	170	22	7	3.5	10	4	70×95×10	1.93	1.62
140	81	18	105	11	135	125	160	185	22	7	3.5	10	4	80×105×10	2.24	1.90
160	91	18	115	11	155	145	185	210	22	8	4.5	12	4	90×115×12	4.00	3.62

（续）

尺 寸 /mm													孔数 n	骨架式橡胶油封按 GB/T9877.1	单件重量 /kg	
D_7 (f7)	D_{10}	B_2	D_{11} (H8)	D_{12}	D_{13}	D_{14}	D_{15}	D_{16}	D_{20}	H_1	H_2	H_3			AG	BG
180	101	18	125	11	175	165	205	230	22	8	4.5	12	4	100×125×12	4.77	4.09
200	111	20	140	11	195	185	225	250	22	8	4.5	12	6	110×140×12	5.59	4.85
215	121	20	160	11	210	200	240	265	22	8	4.5	12	6	120 ×160×12	6.20	5.17
230	131	20	170	14	230	210	260	290	24	10	5.5	12	6	130×170×12	8.30	7.44
250	141	22	180	14	250	230	280	310	24	10	5.5	15	6	140×180×15	9.76	8.84
270	151	22	190	14	270	250	300	330	24	10	5.5	15	6	150×190×15	10.65	9.67
290	161	22	200	14	290	270	320	350	24	10	5.5	15	6	160×200×15	11.95	9.94
310	171	22	200	14	310	290	340	370	24	12	6.0	15	8	170×200×15	11.94	10.25
320	181	22	210	14	320	300	350	380	24	12	6.0	15	8	180×210×15	12.75	11.10
340	191	22	220	14	340	320	370	400	24	12	6.0	15	8	190×220×15	13.76	11.91
360	201	22	230	14	360	340	390	420	24	12	6.0	15	8	200×230×15	14.65	12.65
400	221	22	250	18	400	380	440	480	30	14	8.0	15	8	220×250×15	23.00	20.30

5.1.7 B型滑轮隔套和隔环（见表17.1-80）

表17.1-80 B型滑轮隔套和隔环（摘自JB/T 9005.5—1999） （mm）

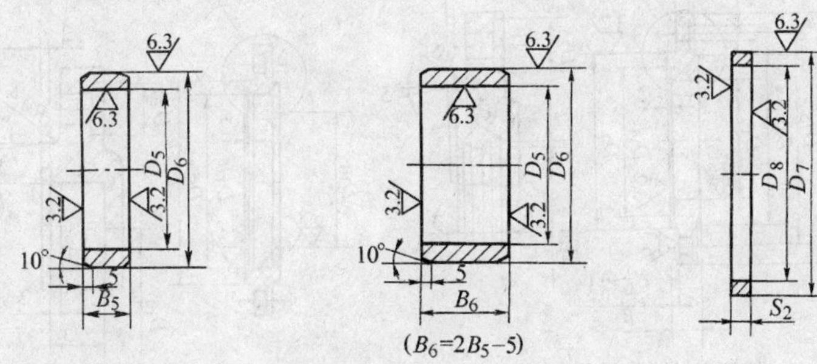

（在滑轮轴上安装一个滑轮时用）（在滑轮轴上并列安装多个滑轮时用）

隔套(AT) 隔套(BT) 隔环(H)

标记示例：
直径 D_5 = 90mm 的B型滑轮用隔套（AT），标记为：
隔套 AT90 JB/T 9005.5
直径 D_5 = 90mm 的B型滑轮用隔套（BT），标记为：
隔套 BT90 JB/T 9005.5
直径 D_7 = 160mm 的B型滑轮用隔环（H），标记为：
隔环 H160 JB/T 9005.5

隔 套 （AT）				隔 套 （BT）				隔 环 （H）			
D_5 (F8)	D_6 (h9)	B_5 ($^{0}_{-0.2}$)	单件重量 /kg	D_5 (F8)	D_6 (h9)	$B_6$①($^{0}_{-0.2}$)	单件重量 /kg	D_7 ($^{-0.2}_{-0.4}$)	D_8	S_2 ($^{0}_{-0.1}$)	单件重量 /kg
45	60	27.5	0.26	45	60	50	0.48	85	75	7	0.07
50	60	25.0	0.16	50	60	45	0.30	90	80	10	0.10
55	70	27.5	0.32	55	70	50	0.58	100	90	8	0.09
60	70	27.5	0.22	60	70	50	0.40	110	100	6	0.08
65	80	27.5	0.36	65	80	50	0.67	120	110	9	0.12
70	80	27.5	0.25	70	80	50	0.47	125	115	7	0.10
75	90	35.0	0.53	75	90	65	0.99	130	120	10	0.15
80	100	37.5	0.83	80	100	70	1.55	140	130	8	0.13
90	110	37.5	0.92	90	110	70	1.72	160	150	10	0.18
100	120	37.5	1.01	100	120	70	1.89	180	165	7	0.22
110	130	37.5	1.11	110	130	70	2.07	200	185	9	0.32
120	140	35.0	1.12	120	140	65	2.08	215	200	10	0.38
130	150	37.5	1.30	130	150	70	2.41	230	215	10	0.41
140	160	40.0	1.47	140	160	75	2.78	250	235	11	0.49
150	170	40.0	1.57	150	170	75	2.96	270	255	10	0.49

（续）

隔套（AT）				隔套（BT）				隔环（H）			
D_5 (F8)	D_6 (h9)	B_5 $\left(\begin{smallmatrix}0\\-0.2\end{smallmatrix}\right)$	单件重量 /kg	D_5 (F8)	D_6 (h9)	$B_6$① $\left(\begin{smallmatrix}0\\-0.2\end{smallmatrix}\right)$	单件重量 /kg	D_7 $\left(\begin{smallmatrix}-0.2\\-0.4\end{smallmatrix}\right)$	D_8	S_2 $\left(\begin{smallmatrix}0\\-0.1\end{smallmatrix}\right)$	单件重量 /kg
160	180	37.5	1.57	160	180	70	2.93	290	275	9	0.47
170	190	35.0	1.55	170	190	65	2.88	310	295	11	0.60
180	200	37.5	1.76	180	200	70	3.28	320	305	11	0.62
190	220	50.0	3.79	190	220	95	7.20	340	325	10	0.61
200	220	47.5	2.46	200	220	90	4.66	360	345	9	0.58
220	240	50.0	2.84	220	240	95	5.39	400	380	10	0.96

① 多个滑轮并列在一根轴上用隔套（BT）的长度 $B_6 = 2B_5 - 5$。

5.1.8　B 型滑轮挡盖

B 型滑轮挡盖分为槽型密封挡盖（AG）和轴密封挡盖（BG），其尺寸见表 17.1-81。

表 17.1-81　B 型滑轮挡盖尺寸（摘自 JB/T 9005.5—1999）　　（mm）

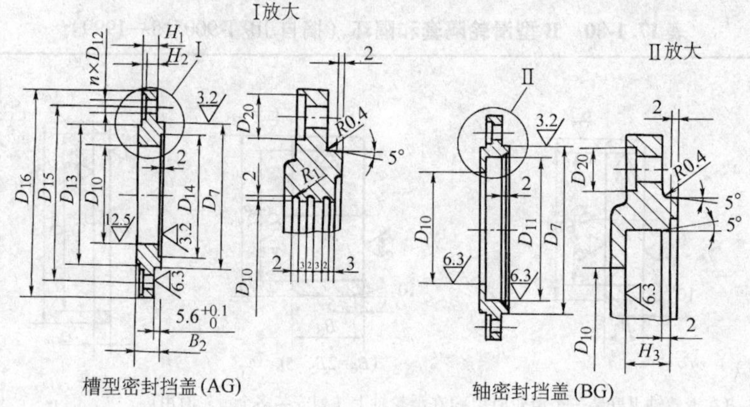

槽型密封挡盖(AG)　　　轴密封挡盖(BG)

标记示例

直径 D_7=160 mm的B型滑轮用轴密封挡盖(BG)，标记为：

挡盖　BG160　JB/T 9005.5—1999

尺寸 /mm													孔数 n	骨架式橡胶油封按 GB/T9877.1	单件重量 /kg	
D_7 (f7)	D_{10}	D_{11} (H8)	D_{12}	D_{13}	D_{14}	D_{15}	D_{16}	D_{20}	B_2	H_1	H_2	H_3			AG	BG
85	61	—	9	80	77	100	120	18	18	7	3.5	—	4	—	0.93	—
90	61	—	9	85	82	105	125	18	18	7	3.5	—	4	—	1.04	—
100	71	—	9	95	92	115	135	18	18	7	3.5	—	4	—	1.15	—
110	71	95	9	105	95	125	145	18	18	7	3.5	10	4	70×95×10	1.39	1.09
120	81	105	11	115	105	140	160	22	18	7	3.5	10	4	80×105×10	1.52	1.18
125	81	105	11	120	110	145	165	22	18	7	3.5	10	4	80×105×10	1.80	1.40
130	91	115	11	125	115	150	170	22	18	7	3.5	12	4	90×115×12	1.80	1.42
140	101	125	11	135	130	160	180	22	18	7	3.5	12	4	100×125×12	2.48	1.80
160	111	140	11	155	145	185	210	22	20	8	4.5	12	4	110×140×12	3.56	2.82
180	121	160	11	175	165	205	230	22	20	8	4.5	12	4	120×160×12	4.48	3.48
200	131	170	11	195	185	225	250	22	20	8	4.5	12	6	130×170×12	5.06	4.20
215	141	180	11	210	200	240	265	22	22	8	4.5	15	6	140×180×15	5.62	4.70
230	151	190	14	230	210	260	290	24	22	10	5.5	15	6	150×190×15	7.61	6.63
250	161	200	14	250	230	280	310	24	22	10	5.5	15	6	160×200×15	8.69	7.66
270	171	200	14	270	250	300	330	24	22	10	5.5	15	6	170×200×15	9.65	8.62
290	181	210	14	290	270	320	350	24	22	10	5.5	15	6	180×210×15	10.85	8.80
310	191	220	14	310	290	340	370	24	22	12	6.0	15	8	190×220×15	10.80	9.20
320	201	230	14	320	300	350	380	24	22	12	6.0	15	8	200×230×15	11.60	10.10
340	221	250	14	340	320	370	400	24	22	12	6.0	15	8	220×250×15	12.65	10.90
360	221	250	14	360	340	390	420	24	22	12	6.0	15	8	220×250×15	13.50	11.60
400	241	270	18	400	380	440	480	30	24	14	8.0	15	8	240×270×15	22.00	19.30

5.1.9　滑轮技术条件

（1）材料

滑轮的有关零件用材料应符合表17.1-82的规定。

（2）外观

滑轮表面应光滑平整，应去除尖棱和冒口，滑轮不得有影响使用性能和有损外观的缺陷（如气孔、裂纹、疏松、夹碴、铸疤等）。

表17.1-82　滑轮有关零件用材料（摘自JB/T 9005.10—1999）

零件名称	材　料
滑　轮	铸钢应不低于GB/T11352中的ZG270-500铸钢
	铸铁应不低于GB/T9439中的HT200灰铸铁
	球墨铸铁应不低于GB/T1348中的QT400-18球铁
内轴套	结构钢应不低于GB/T699中的45钢
隔　环	结构钢应不低于GB/T700中的Q235A钢
	铸铁应不低于GB/T9439中的HT250灰铸铁
挡　盖	铸铁应不低于GB/T9439中的HT150灰铸铁
	结构钢应不低于GB/T700中的Q215A钢
隔　套	结构钢应不低于GB/T700中的Q235B钢；铸铁应不低于GB/T9439中的HT150灰铸铁
涨　圈	结构钢应不低于GB/T699中的45钢
衬　套	铜合金应不低于GB/T1176中的ZCuAl10Fe3铝青铜

注：对于工作级别较高的起重机（如冶金起重机）不许用铸铁滑轮。

（3）热处理

滑轮应进行退火处理，以消除铸造或焊接应力。

（4）尺寸公差和表面粗糙度

加工表面未注公差尺寸的公差等级按GB/T1804中的m级（中等级）；未注加工表面粗糙度R_a值按GB/T1031中的25μm。

（5）形位公差

滑轮的形状和位置公差应符合表17.1-83的规定。

（6）装配

表17.1-83　滑轮形位公差（摘自JB/T 9005.10—1999）

种　类	符　号	项　目	符号说明	允许的形位公差
形状	⌭	圆柱度	轮毂孔（⌭ t_1）	圆柱度公差 $t_1=\frac{轮毂孔的公差带}{2}$
	⌒	线轮廓度	绳槽断面（D；⌒ t_2）	绳槽半径公差带内的线轮廓度公差 $t_2\leqslant$绳槽半径极限偏差
位置	↗	圆跳动	（A；D；↗ t_3 A）	绳槽底圆跳动公差 $t_3=\frac{D}{1000}\leqslant1.0$

装配好的滑轮应能灵活地旋转。

（7）其他

滑轮的加工部位（内孔、绳槽表面等）和隔环的外露部位应涂抗腐蚀的防锈油；不加工部位应涂防锈漆。

5.1.10　滑轮强度计算

小型铸造滑轮的强度，决定于铸造工艺条件。一般不进行强度计算。对于大尺寸的焊接滑轮，则必须进行强度计算。滑轮强度计算方法见表17.1-84。

表 17.1-84　滑轮强度计算

计算简图	项目		公式	符号意义
	计算假定		假定轮缘是多支点梁，绳索拉力 F 使轮缘产生弯曲	F_c—临界载荷（N） F—绳索拉力（N） γ—绳索在滑轮上包角的圆心角 L—两轮辐间的轮缘弧长(mm) W—轮缘抗弯断面模数（mm^3） σ_{wp}—许用弯曲应力，对于Q235A 型钢应小于 100MPa λ—压杆的柔度(长细比)，$\lambda=\frac{0.5l}{i_{min}}$ l—压杆全长（cm） I_{min}—压杆截面的最小惯性矩（cm^4） A—压杆的横截毛面积（cm^2） σ_s—材料的屈服点（N/cm^2） i_{min}—压杆截面的最小惯性半径（cm） A_1—强度校核时用净面积(cm^2) a—椭圆长轴之半（cm） d—圆直径（cm） n—安全系数
	绳索拉力的合力/N		$F_p=2F\sin\frac{\gamma}{2}$	
	轮缘	最大弯矩/N·mm	$M_{max}=\frac{F_pL}{16}$	
		最大弯曲应力/MPa	$\sigma_{max}=\frac{FL}{8W}\sin\frac{\gamma}{2}<\sigma_{wp}$	
	辐条	小柔度压杆 Q235A 钢 $\lambda<60$ 临界应力接近材料的屈服点 σ_s	$F_c=A\sigma_s$ $n=\frac{F_c}{F_p}=1.8\sim3$ $i_{min}=\sqrt{\frac{I_{min}}{A_1}}$ 圆柱辐条 $i_{min}=\frac{d}{4}$ 椭圆辐条 $i_{min}=\frac{a}{2}$	

注：其他断面压杆 i_{min} 见表 1.1-20。

5.2　滑轮组（见表 17.1-85）

表 17.1-85　滑轮组设计计算

名称	简图	挠性件自由端		符号意义
		牵引力	牵引速度	
省力滑轮组	a)	$F=9.8\frac{Q}{m}$	$v_s=mv_h$	F—挠性件自由端牵引力（N） Q—起重量（kg） m—滑轮组倍率， 单联滑轮组：$m=n$ 双联滑轮组：$m=\frac{n}{2}$ n—悬挂物品挠性件分支数 v_s—挠性件自由端牵引速度（m/s） v_h—动滑轮组的速度（m/s）
增速滑轮组	b)	$F=9.8mQ$	$v_s=\frac{v_h}{m}$	

6　起重链和链轮

起重链条有环形焊接链和片式关节链。焊接链与钢绳相比，优点是挠性大，链轮齿数可以很少，因而直径小，结构紧凑，其缺点是对冲击的敏感性大，突然破断的可能性大，磨损也较快。

另外，不能用于高速，通常速度 $v<0.1$m/s（用于星轮）或 $v<1$m/s（用于光卷筒）。

片式关节链的优点：挠性较焊接链更好，比较可靠，运动较平稳，$v\leqslant0.25$m/s（可达 1m/s）。缺点：有方向性，横向无挠性，比钢丝绳重，与焊接链重量差不多。成本高，对灰尘和锈蚀较敏感。

起重链用于起重量小、起升高度小、起升速度低的起重机械。

为了携带和拆卸方便，链条的端部链节用可拆卸链环。

片式关节链是由薄钢片以销轴铰接而成的一种链条。焊接链和片式关节链选择计算方法相同。

6.1　起重链条的选择

根据最大工作载荷及安全系数计算链条的破坏载荷 F_p，以 F_p 来选择链条

$$F_p\geqslant F_{max}S \tag{17.1-6}$$

式中　F_p——破断载荷（N）；

F_{max}——链条最大工作载荷（N）；

S——安全系数，按表 17.1-86 选取。

表 17.1-86　安全系数 *S* 值

链条种类	焊接链						片式链	
用途	光滑卷筒或滑轮		链轮		捆绑物品	吊钩用（带小钩，小环等）	速度 v/m·s^{-1}	
驱动方式	手动	机动	手动	机动			<1	1~1.5
S	3	6	4	8	6	5	6	8

6.2　链条

6.2.1　起重用短环链

起重用短环链经过精确校准用于葫芦和类似设备的承载链。

短环链应采用力学性能不低于 YB/T5211—1993 中的 20Mn2 钢制造。钢材的晶粒度按照 GB/T 6394—2002 进行测定，应达到奥氏体晶粒度 5 级以上。链条制造过程中的试验力检验之前，应进行淬火和回火处理。焊接影响长度 $e \leqslant 0.6d_n$（见表 17.1-87）。

表 17.1-87　起重用短环链（摘自 JB/T8108.2—1999）　　（mm）

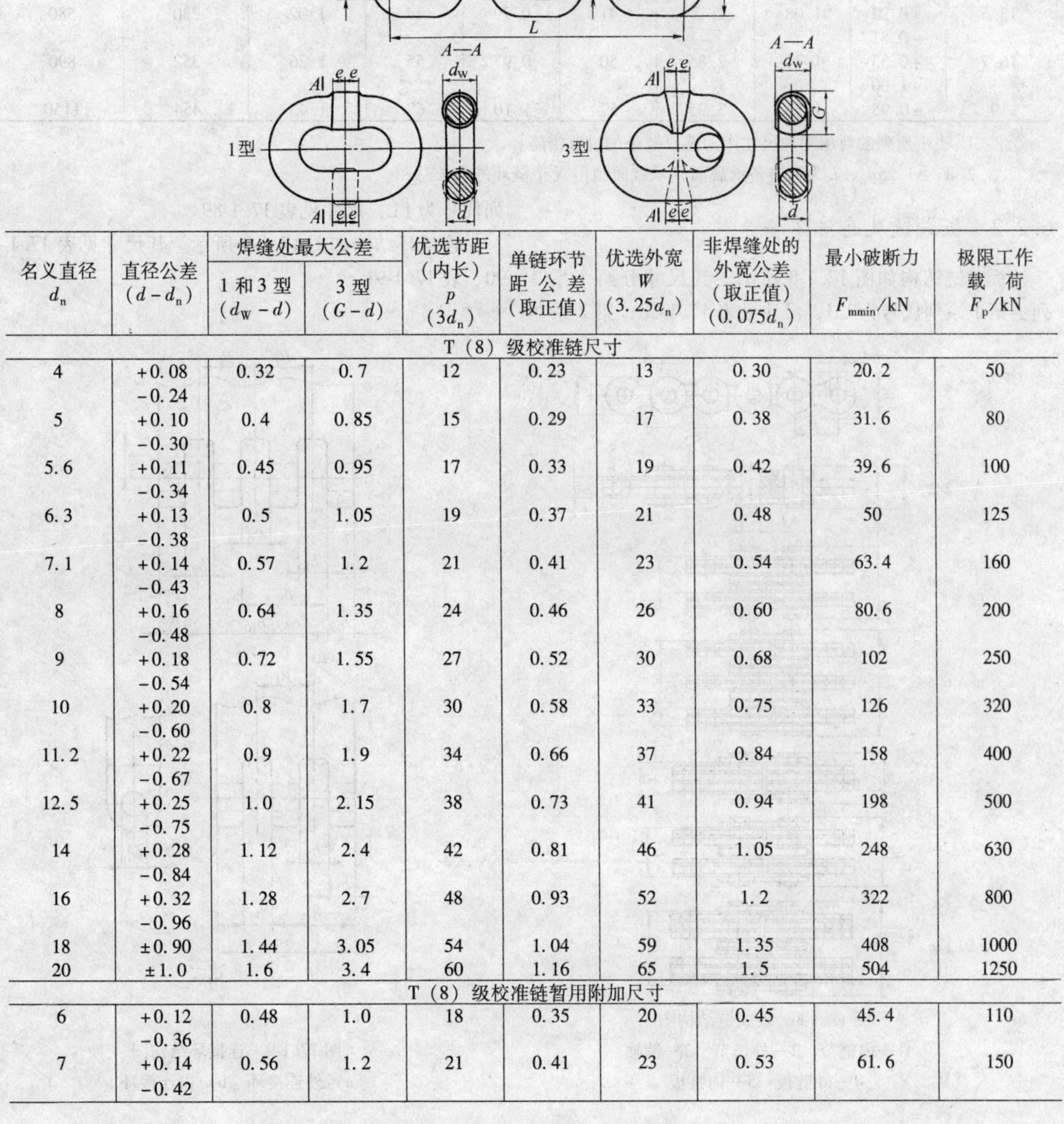

名义直径 d_n	直径公差 $(d-d_n)$	焊缝处最大公差 1 和 3 型 (d_W-d)	焊缝处最大公差 3 型 $(G-d)$	优选节距（内长）p $(3d_n)$	单链环节距公差（取正值）	优选外宽 W $(3.25d_n)$	非焊缝处的外宽公差（取正值）$(0.075d_n)$	最小破断力 F_{mmin}/kN	极限工作载荷 F_p/kN
T（8）级校准链尺寸									
4	+0.08 −0.24	0.32	0.7	12	0.23	13	0.30	20.2	50
5	+0.10 −0.30	0.4	0.85	15	0.29	17	0.38	31.6	80
5.6	+0.11 −0.34	0.45	0.95	17	0.33	19	0.42	39.6	100
6.3	+0.13 −0.38	0.5	1.05	19	0.37	21	0.48	50	125
7.1	+0.14 −0.43	0.57	1.2	21	0.41	23	0.54	63.4	160
8	+0.16 −0.48	0.64	1.35	24	0.46	26	0.60	80.6	200
9	+0.18 −0.54	0.72	1.55	27	0.52	30	0.68	102	250
10	+0.20 −0.60	0.8	1.7	30	0.58	33	0.75	126	320
11.2	+0.22 −0.67	0.9	1.9	34	0.66	37	0.84	158	400
12.5	+0.25 −0.75	1.0	2.15	38	0.73	41	0.94	198	500
14	+0.28 −0.84	1.12	2.4	42	0.81	46	1.05	248	630
16	+0.32 −0.96	1.28	2.7	48	0.93	52	1.2	322	800
18	±0.90	1.44	3.05	54	1.04	59	1.35	408	1000
20	±1.0	1.6	3.4	60	1.16	65	1.5	504	1250
T（8）级校准链暂用附加尺寸									
6	+0.12 −0.36	0.48	1.0	18	0.35	20	0.45	45.4	110
7	+0.14 −0.42	0.56	1.2	21	0.41	23	0.53	61.6	150

（续）

名义直径 d_n	直径公差 $(d-d_n)$	焊缝处最大公差		优选节距（内长）p $(3d_n)$	单链环节距公差（取正值）	优选外宽 W $(3.25d_n)$	非焊缝处的外宽公差（取正值）$(0.075d_n)$	最小破断力 F_{mmin}/kN	极限工作载荷 F_p/kN
		1 和 3 型 (d_W-d)	3 型 $(G-d)$						
T（8）级校准链暂用附加尺寸									
8.7	+0.17 −0.52	0.7	1.5	26	0.50	29	0.66	95.2	240
9.5	+0.19 −0.57	0.76	1.6	29	0.56	31	0.72	114	280
10.3	+0.21 −0.62	0.32	1.75	31	0.60	34	0.78	134	330
11	+0.22 −0.66	0.88	1.85	33	0.64	36	0.83	154	380
12	+0.24 −0.72	0.96	2.05	36	0.69	39	0.90	182	460
13	+0.26 −0.78	1.04	2.2	39	0.75	43	0.98	214	540
13.5	+0.27 −0.81	1.08	2.3	41	0.79	44	1.02	230	580
16.7	+0.33 −1.00	1.34	2.85	50	0.97	55	1.26	352	890
19	±0.95	1.52	3.25	57	1.10	62	1.43	454	1150

注：1. 表中所列的暂用附加尺寸作为选择链条的过渡措施。

2. $W_1 \geqslant 1.25d_n$，L 为从链条承载面到承载面测得 N 个链环的内长总和。

6.2.2　板式链及连接环

板式链结构如图 17.1-8 所示。其尺寸分两个系列：第 1 系列代号为 LH，尺寸见表 17.1-88；第 2 系列代号为 LL，尺寸见表 17.1-89。

连接环结构如图 17.1-9 所示。其尺寸见表 17.1-90、表 17.1-91。

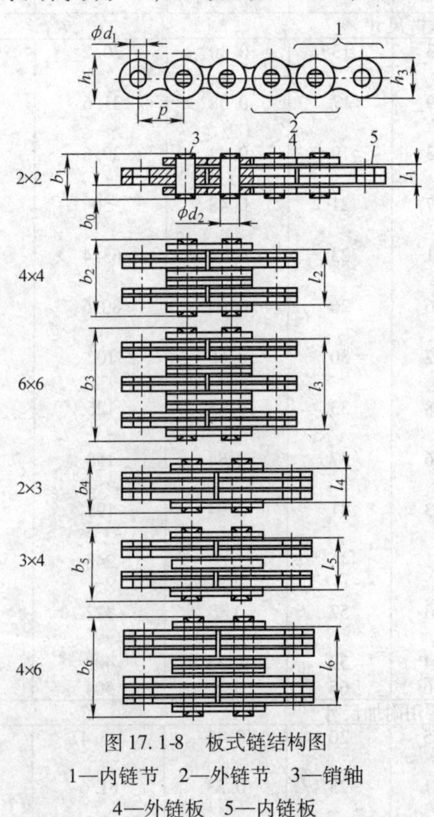

图 17.1-8　板式链结构图

1—内链节　2—外链节　3—销轴

4—外链板　5—内链板

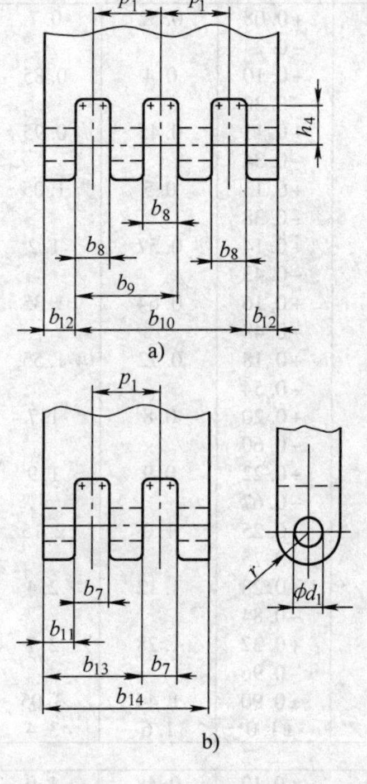

图 17.1-9　连接环结构图

a）外连接环　b）内连接环

表 17.1-88 LH 系列链条主要尺寸、测量力和抗拉强度（摘自 GB/T 6074—2006）

链号	ASME 链号	节距 p nom	板数组合	链板厚度 b_0 max	内链板孔径 d_1 min	销轴直径 d_2 max	链条通道高度 h_1 ① min	链板高度 h_3 max	铆接销轴高度 $b_1 \sim b_6$ max	外链节内宽 $l_1 \sim l_6$ min	测量力	抗拉强度 min
		mm		mm							N	kN
LH0822②	BL422	12.7	2×2	2.08	5.11	5.09	12.32	12.07	11.1	4.2	222	22.2
LH0823	BL423	12.7	2×3	2.08	5.11	5.09	12.32	12.07	13.2	6.3	222	22.2
LH0834	BL434	12.7	3×4	2.08	5.11	5.09	12.32	12.07	17.4	10.4	334	33.4
LH0844②	BL444	12.7	4×4	2.08	5.11	5.09	12.32	12.07	19.6	12.4	445	44.5
LH0846	BL446	12.7	4×6	2.08	5.11	5.09	12.32	12.07	23.8	16.6	445	44.5
LH0866	BL466	12.7	6×6	2.08	5.11	5.09	12.32	12.07	28	21	667	66.7
LH1022②	BL522	15.875	2×2	2.48	5.98	5.96	15.34	15.09	12.9	4.9	334	33.4
LH1023	BL523	15.875	2×3	2.48	5.98	5.96	15.34	15.09	15.4	7.4	334	33.4
LH1034	BL534	15.875	3×4	2.48	5.98	5.96	15.34	15.09	20.4	12.3	489	48.9
LH1044②	BL544	15.875	4×4	2.48	5.98	5.96	15.34	15.09	22.8	14.7	667	66.7
LH1046	BL546	15.875	4×6	2.48	5.98	5.96	15.34	15.09	27.7	19.5	667	66.7
LH1066	BL566	15.875	6×6	2.48	5.98	5.96	15.34	15.09	32.7	24.6	1000	100.1
LH1222②	BL622	19.05	2×2	3.3	7.96	7.94	18.34	18.11	17.4	6.6	489	48.9
LH1223	BL623	19.05	2×3	3.3	7.96	7.94	18.34	18.11	20.8	9.9	489	48.9
LH1234	BL634	19.05	3×4	3.3	7.96	7.94	18.34	18.11	27.5	16.5	756	75.6
LH1244②	BL644	19.05	4×4	3.3	7.96	7.94	18.34	18.11	30.8	19.8	979	97.9
LH1246	BL646	19.05	4×6	3.3	7.96	7.94	18.34	18.11	37.5	26.4	979	97.9
LH1266	BL666	19.05	6×6	3.3	7.96	7.94	18.34	18.11	44.2	33.2	1468	146.8
LH1622②	BL822	25.4	2×2	4.09	9.56	9.54	24.38	24.13	21.4	8.2	845	84.5
LH1623	BL823	25.4	2×3	4.09	9.56	9.54	24.38	24.13	25.5	12.3	845	84.5
LH1634	BL834	25.4	3×4	4.09	9.56	9.54	24.38	24.13	33.8	20.5	1290	129
LH1644②	BL844	25.4	4×4	4.09	9.56	9.54	24.38	24.13	37.9	24.6	1690	169
LH1646	BL846	25.4	4×6	4.09	9.56	9.54	24.38	24.13	46.2	32.7	1690	169
LH1666	BL866	25.4	6×4	4.09	9.56	9.54	24.38	24.13	54.5	41.1	2536	253.6
LH2022②	BL1022	31.75	2×2	4.9	11.14	11.11	30.48	30.18	25.4	9.8	1156	115.6
LH2023	BL1023	31.75	2×3	4.9	11.14	11.11	30.48	30.18	30.4	14.8	1156	115.6
LH2034	BL1034	31.75	3×4	4.9	11.14	11.11	30.48	30.18	40.3	24.5	1824	182.4
LH2044②	BL1044	31.75	4×4	4.9	11.14	11.11	30.48	30.18	45.2	29.5	2313	231.3

（续）

链号	ASME 链号	节距 p nom	板数组合	链板厚度 b_0 max	内链板孔径 d_1 min	销轴直径 d_2 max	链条通道高度 h_1 ① min	链板高度 h_3 max	铆接销轴高度 $b_1 \sim b_6$ max	外链节内宽 $l_1 \sim l_6$ min	测量力	抗拉强度 min
		mm					mm				N	kN
LH2046	BL1046	31.75	4×6	4.9	11.14	11.11	30.48	30.18	55.1	39.4	2313	231.3
LH2066	BL1066	31.75	6×6	4.9	11.14	11.11	30.48	30.18	65	49.2	3470	347
LH2422②	BL1222	38.1	2×2	5.77	12.74	12.71	36.55	36.2	29.7	11.6	1512	151.2
LH2423	BL1223	38.1	2×3	5.77	12.74	12.71	36.55	36.2	35.5	17.4	1512	151.2
LH2434	BL1234	38.1	3×4	5.77	12.74	12.71	36.55	36.2	47.1	28.9	2446	244.6
LH2444②	BL1244	38.1	4×4	5.77	12.74	12.71	36.55	36.2	52.9	34.4	3025	302.5
LH2446	BL1246	38.1	4×6	5.77	12.74	12.71	36.55	36.2	64.6	46.3	3025	302.5
LH2466	BL1266	38.1	6×6	5.77	12.74	12.71	36.55	36.2	76.2	57.9	4537	453.7
LH2822②	BL1422	44.45	2×2	6.6	14.31	14.29	42.67	42.24	33.6	13.2	1913	191.3
LH2823	BL1423	44.45	2×3	6.6	14.31	14.29	42.67	42.24	40.2	19.7	1913	191.3
LH2834	BL1434	44.45	3×4	6.6	14.31	14.29	42.67	42.24	53.4	32.7	3158	315.8
LH2844②	BL1444	44.45	4×4	6.6	14.31	14.29	42.67	42.24	60.0	39.1	3826	382.6
LH2846	BL1446	44.45	4×6	6.6	14.31	14.29	42.67	42.24	73.2	52.3	3826	382.6
LH2866	BL1466	44.45	6×6	6.6	14.31	14.29	42.67	42.24	86.4	65.5	5783	578.3
LH3222②	BL1622	50.8	2×2	7.52	17.49	17.46	48.74	48.26	40.0	15.0	2891	289.1
LH3223	BL1623	50.8	2×3	7.52	17.49	17.46	48.74	48.26	46.6	22.5	2891	289.1
LH3234	BL1634	50.8	3×4	7.52	17.49	17.46	48.74	48.26	61.8	37.5	4404	440.4
LH3244②	BL1644	50.8	4×4	7.52	17.49	17.46	48.74	48.26	69.3	44.8	5783	578.3
LH3246	BL1646	50.8	4×6	7.52	17.49	17.46	48.74	48.26	84.5	59.9	5783	578.3
LH3266	BL1666	50.8	6×6	7.52	17.49	17.46	48.74	48.26	100.0	75.0	8674	867.4
LH4022②	BL2022	63.5	2×2	9.91	23.84	23.81	60.88	60.33	51.8	19.9	4337	433.7
LH4023	BL2023	63.5	2×3	9.91	23.84	23.81	60.88	60.33	61.7	29.8	4337	433.7
LH4034	BL2034	63.5	3×4	9.91	23.84	23.81	60.88	60.33	81.7	49.4	6494	649.4
LH4044②	BL2044	63.5	4×4	9.91	23.84	23.81	60.88	60.33	91.6	59.1	8674	867.4
LH4046	BL2046	63.5	4×6	9.91	23.84	23.81	60.88	60.33	111.5	78.9	8674	867.4
LH4066	BL2066	63.5	6×6	9.91	23.84	23.81	60.88	60.33	131.4	99.0	13011	1301.1

① 链条通道高度是装配好的链条应能通过的最小高度。

② 与具有相同节距和相同最小抗拉强度的非偶数组合的链条相比，这些链条已经降低了疲劳强度和磨损寿命。当选择特殊应用的链条时应引起注意。

表 17.1-89　LL 系列链条主要尺寸、测量力和抗拉强度（摘自 GB/T 6074—2006）

链号	节距 p nom	板数组合	链板厚度 b_0 max	内链板孔径 d_1 min	销轴直径 d_2 max	链条通道高度 $h_1$① min	链板高度 h_3 max	铆接销轴高度 b_1 ~ b_3 max	外链节内宽 l_1 ~ l_3 min	测量力	抗拉强度 min
	mm		mm							N	kN
LL0822	12.7	2×2	1.55	4.46	4.45	11.18	10.92	3.5	3.1	180	18
LL0844		4×4						14.6	9.1	360	36
LL0866		6×6						20.7	15.2	540	54
LL1022	15.875	2×2	1.65	5.09	5.08	13.98	13.72	9.3	3.4	220	22
LL1044		4×4						16.1	10.1	440	44
LL1066		6×6						22.9	16.8	660	66
LL1222	19.05	2×2	1.9	5.73	5.72	16.39	16.13	10.7	3.9	290	29
LL1244		4×4						18.5	11.6	580	58
LL1266		6×6						26.3	19.0	870	87
LL1622	25.4	2×2	3.2	8.3	8.28	21.34	21.08	17.2	6.2	600	60
LL1644		4×4						30.2	19.4	1200	120
LL1666		6×6						43.2	31.0	1800	180
LL2022	31.75	2×2	3.7	10.21	10.19	26.68	26.42	20.1	7.2	950	95
LL2044		4×4						35.1	22.4	1900	190
LL2066		6×6						50.1	36.0	2850	285
LL2422	38.1	2×2	5.2	14.65	14.63	33.73	33.4	28.4	10.2	1700	170
LL2444		4×4						49.4	30.6	3400	340
LL2466		6×6						70.4	51.0	5100	510
LL2822	44.45	2×2	6.45	15.92	15.9	37.46	37.08	34	12.8	2000	200
LL2844		4×4						60	38.4	4000	400
LL2866		6×6						86	64.0	6000	600
LL3222	50.8	2×2	6.45	17.83	17.81	42.72	42.29	35	12.8	2600	260
LL3244		4×4						61	38.4	5200	520
LL3266		6×6						87	64.0	7800	780
LL4022	63.5	2×2	8.25	22.91	22.89	53.49	52.96	44.7	16.2	3600	360
LL4044		4×4						77.9	48.6	7200	720
LL4066		6×6						111.1	81.0	10800	1080
LL4822	76.2	2×2	10.3	29.26	29.24	64.52	63.88	56.1	20.2	5600	560
LL4844		4×4						97.4	60.6	11200	1120
LL4866		6×6						138.9	101.0	16800	1680

① 链条通道高度是装配好的链条应能通过的最小高度。

表 17.1-90　LH 系列连接环尺寸（摘自 GB/T 6074—2006）　（mm）

链号	ASME 链号	b_7	b_8	b_9	b_{10}	b_{12} min	b_{11} max	b_{13} max	b_{14} max	p_1 nom	d_1 min	h_4 min	r max
		H12①											
LH0822	BL422	—	4.41	—	—	3.12	4.03	—	—	—	5.11	6.35	6.35
LH0823	BL423	—	6.53	—	—		6.05	—	—	—			
LH0834	BL434	2.21	4.33	10.68	—		4.03	10.20	—	6.35			
LH0844	BL444	4.41	4.41	12.89	—		4.03	12.25	—	8.47			
LH0846	BL446	4.41	6.53	17.12	—		6.05	16.32	—	10.59			
LH0866	BL466	4.41	4.41	12.89	21.36		4.03	12.25	20.47	8.47			

（续）

链号	ASME 链号	b_7	b_8	b_9	b_{10}	b_{12}	b_{11}	b_{13}	b_{14}	p_1	d_1	h_4	r
		H12①				min	max	max	max	nom	min	min	max
LH1022	BL522	—	5.24	—	—	3.72	4.80	—	—	—	5.98	7.92	7.92
LH1023	BL523	—	7.76	—	—		7.20	—	—	—			
LH1034	BL534	2.62	5.14	12.69	—		4.80	12.12	—	7.55			
LH1044	BL544	5.24	5.24	15.31	—		4.80	14.56	—	10.07			
LH1046	BL546	5.24	7.76	20.35	—		7.20	19.40	—	12.59			
LH1066	BL566	5.24	5.24	15.31	25.38		4.80	14.56	24.31	10.07			
LH1222	BL622	—	6.96	—	—	4.95	6.41	—	—	—	7.96	9.53	9.53
LH1223	BL623	—	10.31	—	—		9.61	—	—	—			
LH1234	BL634	3.48	6.83	16.88	—		6.41	16.18	—	10.05			
LH1244	BL644	6.96	6.96	20.36	—		6.41	19.43	—	13.40			
LH1246	BL646	6.96	10.31	27.06	—		9.61	25.89	—	16.75			
LH1266	BL666	6.96	6.96	20.36	33.76		6.41	19.43	32.45	13.40			
LH1622	BL822	—	8.59	—	—	6.13	7.93	—	—	—	9.56	12.70	12.70
LH1623	BL823	—	12.73	—	—		11.89	—	—	—			
LH1634	BL834	4.29	8.43	20.86	—		7.93	19.97	—	12.42			
LH1644	BL844	8.59	8.59	25.15	—		7.93	23.98	—	16.56			
LH1646	BL846	8.59	12.73	33.43	—		11.89	31.96	—	20.70			
LH1666	BL866	8.59	8.59	25.15	41.71		7.93	23.98	40.04	16.56			
LH2022	BL1022	—	10.26	—	—	7.35	9.48	—	—	—	11.14	15.88	15.88
LH2023	BL1023	—	15.21	—	—		14.22	—	—	—			
LH2034	BL1034	5.13	10.08	24.93	—		9.48	23.86	—	14.85			
LH2044	BL1044	10.26	10.26	30.06	—		9.48	28.65	—	19.80			
LH2046	BL1046	10.26	15.21	39.96	—		14.22	38.18	—	24.75			
LH2066	BL1066	10.26	10.26	30.06	49.86		9.48	28.65	47.82	19.80			
LH2422	BL1222	—	12.05	—	—	8.66	11.16	—	—	—	12.74	19.05	19.05
LH2423	BL1223	—	17.87	—	—		16.74	—	—	—			
LH2434	BL1234	6.02	11.84	29.31	—		11.16	28.05	—	17.46			
LH2444	BL1244	12.05	12.05	35.33	—		11.16	33.68	—	23.28			
LH2446	BL1246	12.05	17.87	46.97	—		16.74	44.89	—	29.10			
LH2466	BL1266	12.05	12.05	35.33	58.61		11.16	34.68	56.20	23.28			
LH2822	BL1422	—	13.76	—	—	9.90	12.76	—	—	—	14.31	22.23	22.23
LH2823	BL1423	—	20.41	—	—		19.13	—	—	—			
LH2834	BL1434	6.88	13.53	33.48	—		12.76	32.04	—	19.95			
LH2844	BL1444	13.76	13.76	40.36	—		12.76	38.47	—	26.60			
LH2846	BL1446	13.76	20.41	53.66	—		19.13	51.28	—	33.25			
LH2866	BL1466	13.76	13.76	40.36	66.97		12.76	38.47	64.18	26.60			
LH3222	BL1622	—	15.65	—	—	11.28	14.53	—	—	—	17.49	25.40	25.40
LH3223	BL1623	—	23.22	—	—		21.80	—	—	—			
LH3234	BL1634	7.82	15.40	38.11	—		14.53	36.48	—	22.71			
LH3244	BL1644	15.65	15.65	45.93	—		14.53	43.80	—	30.28			
LH3246	BL1646	15.65	23.22	61.07	—		21.80	58.38	—	37.85			
LH3266	BL1666	15.65	15.65	45.93	76.22		14.53	43.80	73.07	30.28			

（续）

链号	ASME 链号	b_7	b_8	b_9	b_{10}	b_{12}	b_{11}	b_{13}	b_{14}	p_1	d_1	h_4	r
		H12①				min	max	max	max	nom	min	min	max
LH4022	BL2022	—	20.53	—	—	14.86	19.19	—	—	—	23.84	31.75	31.75
LH4023	BL2023	—	30.49	—	—		28.78	—	—	—			
LH4034	BL2034	10.27	20.23	50.11	—		19.19	48.11	—	29.88			
LH4044	BL2044	20.53	20.53	60.37	—		19.19	57.76	—	39.84			
LH4046	BL2046	20.53	30.49	80.30	—		28.78	76.99	—	49.80			
LH4066	BL2066	20.53	20.53	60.37	100.22		19.19	57.76	96.33	39.84			

①　公差 H12 是根据 GB/T 1801 确定的。

表 17.1-91　LL 系列连接环尺寸（摘自 GB/T 6074—2006）　（mm）

链号	b_7	b_8	b_9	b_{10}	b_{12}	b_{11}	b_{13}	b_{14}	p_1	d_1	h_4	r
	H12①				min	max	max	max	nom	min	min	max
LL0822	—		—	—	2.33	2.97	—	—	6.35	4.46	6	6.35
LL0844	3.35	3.35	—	—			9.07	—				
LL0866	3.35		9.71	16.06			9.07	15.17				
LL1022	—		—	—	2.48	3.14	—	—	6.75	5.09	8	7.92
LL1044	3.58	3.58	—	—			9.58	—				
LL1066	3.58		10.33	17.08			9.58	16.01				
LL1222	—		—	—	2.85	3.61	—	—	7.80	5.73	9	9.52
LL1244	4.16	4.16	—	—			11.03	—				
LL1266	4.16		11.96	19.76			11.03	18.45				
LL1622	—		—	—	4.8	6.15	—	—	13	8.3	12	12.7
LL1644	6.81	6.81	—	—			18.64	—				
LL1666	6.81		19.81	31.81			18.64	31.14				
LL2022	—		—	—	5.55	7.08	—	—	15	10.21	14	15.88
LL2044	7.86	7.86	—	—			21.45	—				
LL2066	7.86		22.86	37.86			22.45	35.82				
LL2422	—		—	—	7.8	10.02	—	—	21	14.65	18	19.05
LL2444	10.91	10.91	—	—			30.26	—				
LL2466	10.91		31.91	52.91			30.26	50.50				
LL2822	—		—	—	9.68	12.46	—	—	26	15.92	20	22.2
LL2844	13.46	13.46	—	—			37.57	—				
LL2866	13.46		39.46	65.47			37.57	62.68				
LL3222	—		—	—	9.68	12.39	—	—	26	17.83	23	25.4
LL3244	13.51	13.51	—	—			37.38	—				
LL3266	13.51		39.51	65.52			37.38	62.37				
LL4022	—		—	—	12.38	15.87	—	—	33.2	22.91	28	31.75
LL4044	17.21	17.21	—	—			47.80	—				
LL4066	17.21		50.41	83.62			47.80	79.73				
LL4822	—		—	—	15.45	19.84	—	—	41.4	29.26	34	38.1
LL4844	21.41	21.41	—	—			59.72	—				
LL4866	21.41		62.82	104.2			59.72	99.60				

①　公差 H12 是根据 GB/T 1801 确定的。

6.3　焊接链轮

焊接链轮的计算与画法见表17.1-92。

表17.1-92　焊接链轮的计算与画法　(mm)

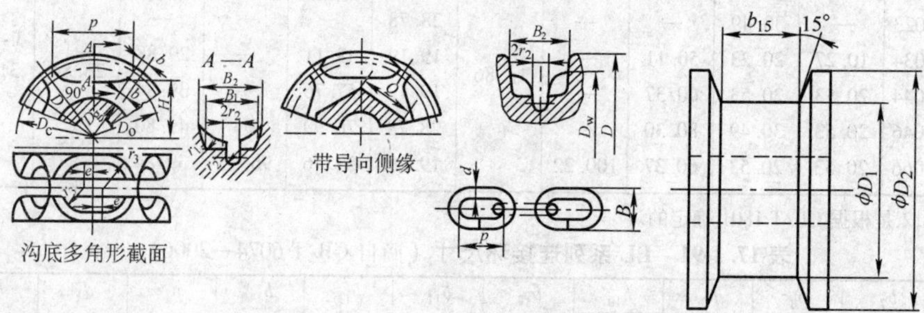

参数名称	代号	计算公式	参数名称	代号	计算公式
链轮上窝眼数	z	最少窝眼数不少于4	导向侧缘直径	D	$D=D_W+1.2B$
中心夹角的半角	α	$\alpha=\dfrac{180°}{z}$	窝眼槽底宽度	B_1	$B_1=1.1B$
链轮节距	p'	$p'=D_0\sin\alpha$	窝眼槽顶宽度	B_2	$B_2=(1.2\sim1.3)B$
链轮节圆直径	D_0	$D_0=\sqrt{\left(\dfrac{p}{\sin\dfrac{\alpha}{2}}\right)^2+\left(\dfrac{d}{\cos\dfrac{\alpha}{2}}\right)^2}$	齿根宽	b_1	$b_1=p-2.2d$
			齿顶宽	b_2	$b_2=p-2.5d$
			齿根半径	r_1	$r_1=0.5d$
		$D_0=\dfrac{p}{\sin\dfrac{\alpha}{2}}$ ($z\geqslant12$时)	沟底半径	r_2	$r_2=0.6d$
			窝眼槽半径	r_3	$r_3=0.5B_1$
沟底圆直径	D_g	$D_g=D_0-(1.2\sim1.25)B$	r_3 圆心位置	e	$e=0.45(p+2d-B)$
沟底多角形边长	Q	$Q=D_g\tan\alpha$	窝眼槽底平面到中心距离	H	$H=0.5\left(p\cot\dfrac{\alpha}{2}-d\tan\dfrac{\alpha}{2}\right)-0.5d$
链轮外径	D_W	$D_W=D_0-(1\sim1.3)d$ $D_W=D_0+0.5d$ (用于滑车组链轮)			$H=0.5\left[\sqrt{D_0^2-(p+d)^2}-d\right]$ ($z\geqslant12$时)
齿顶圆直径	D_C	$D_C=D_0+0.6d$			

注：1. D_0、H及p'计算精确度达0.1mm，其余尺寸可圆整到标准直径或长度尺寸。

2. $z>4$的链轮，窝眼槽半径r_3在距链轮中心H的地方。

3. $z>12$的链轮，窝眼槽底平面可做成圆弧面，圆弧面半径$R=H$。

4. 链轮窝眼数：一般$z=7\sim23$，亦可选用
$z=18$，20，23，26，28，30，32，34，36，38，40，42，44，46，48，50，52。

6.4　板式链用槽轮

板式链用槽轮见表17.1-93。

表17.1-93　槽轮尺寸（摘自GB/T 6074—2006）　(mm)

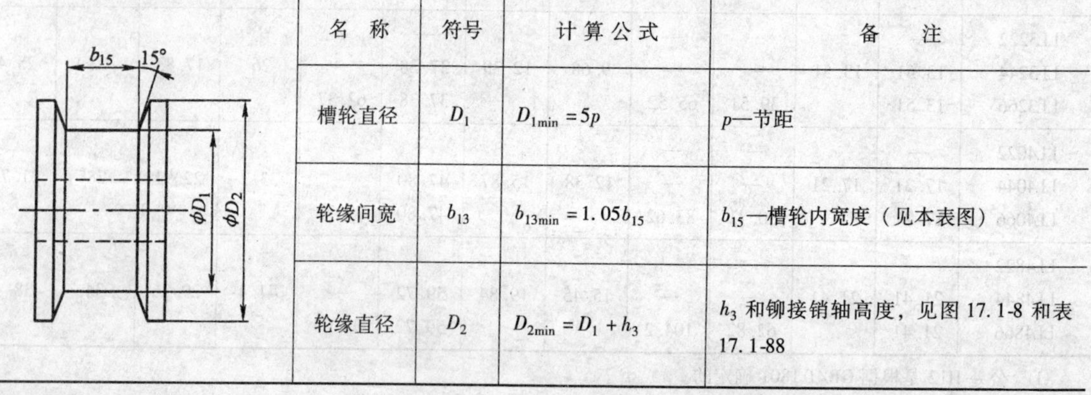

名　称	符号	计算公式	备　注
槽轮直径	D_1	$D_{1\min}=5p$	p—节距
轮缘间宽	b_{13}	$b_{13\min}=1.05b_{15}$	b_{15}—槽轮内宽度（见本表图）
轮缘直径	D_2	$D_{2\min}=D_1+h_3$	h_3和铆接销轴高度，见图17.1-8和表17.1-88

6.5 焊接链的滑轮与卷筒

6.5.1 焊接链的滑轮

焊接链的滑轮一般由铸铁制成，结构与钢丝绳滑轮相仿，为了使链条与滑轮接触良好，滑轮轮缘制成槽形的，槽形两侧有的带边，有的不带边，其结构尺寸见图17.1-10。滑轮直径按驱动情况确定，一般取：手动 $D>20d$；机动 $D>30d$（d 为链环圆钢直径）。

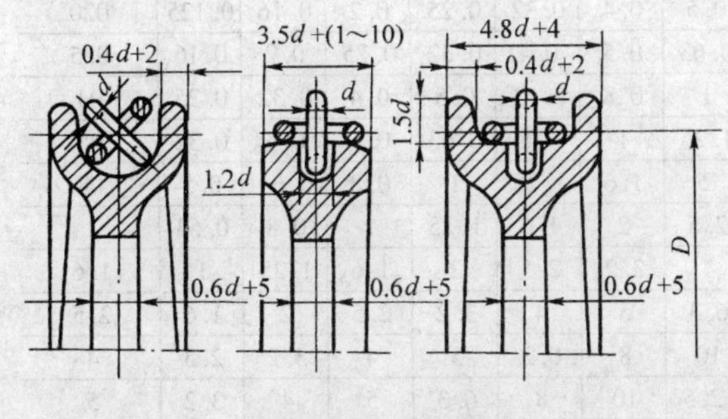

图17.1-10 滑轮

6.5.2 焊接链的卷筒

焊接链的卷筒和链轮用来传递力矩。焊接链卷筒材料和结构与钢丝绳卷筒基本一样。卷筒表面有光面和带槽的两种，卷筒上链环槽的尺寸关系如图17.1-11所示。焊接链在卷筒上的固定方法见图17.1-12。

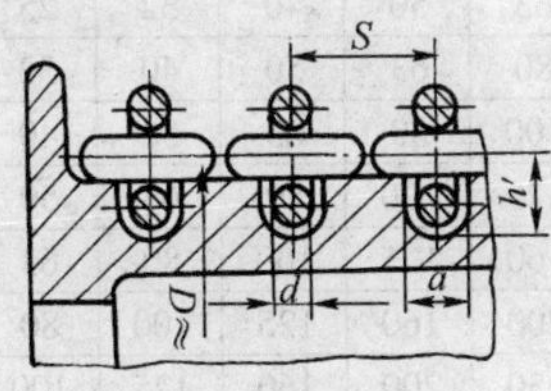

$a=1.2d$

$h'=0.5B-0.4d$

$S=3.5d+(2\sim3)$ mm

图17.1-11 卷筒面上的链环槽

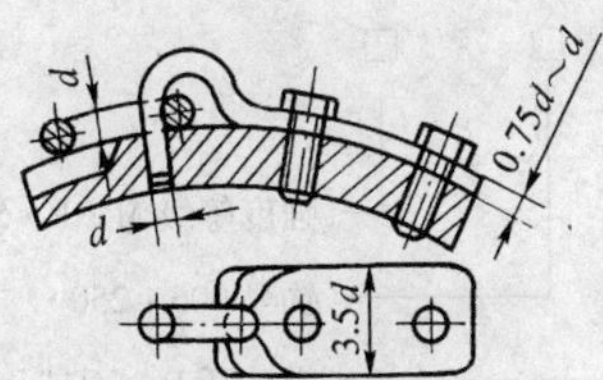

$a=1.2d$

$h'\approx0.5B-0.4d$

$S=3.5d+(2\sim3)$ mm

图17.1-12 链的固定

7 吊钩

7.1 吊钩的分类

直柄单钩的结构型式分为4种：LM型、LMD型、LY型及LYD型。标记方法为：

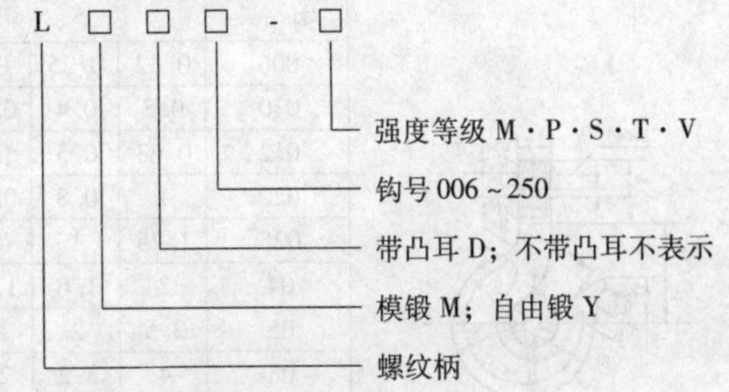

标记示例：

钩号006强度等级为M不带凸耳模锻直柄单钩标记为：

直柄单钩 LM006-M GB/T 10051.5—1988

钩号250强度等级为T的带凸耳自由锻直柄单钩标记为：

直柄单钩 LYD250-T GB/T 10051.5—1988。

7.2 吊钩的力学性能

吊钩按其力学性能分为5个等级，见表17.1-94共5个等级为M、P、(S)、T和(V)。

表17.1-94 吊钩的力学性能

（摘自 GB/T 10051.1—1988）

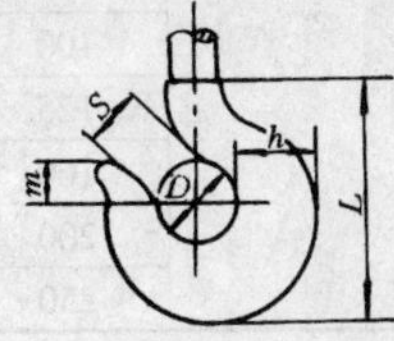

强度等级	M	P	(S)	T	(V)
屈服点 σ_s 或屈服强度 $\sigma_{0.2}$/MPa	235	315	390	490	620
冲击吸收功 A_K/J（应变时效试样）	48	41	41	34	34

7.3 吊钩的起重量（见表17.1-95）

表 17.1-95　吊钩起重量（摘自 GB/T 10051.1—1988）

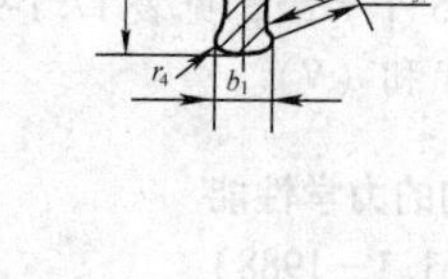

强度等级	机构工作级别（按 GB/T 3811—1983）										强度等级
M	—	—	—	—	M3	M4	M5	M6	M7	M8	M
P	—	—	—	M3	M4	M5	M6	M7	M8	—	P
(S)	—	—	M3	M4	M5	M6	M7	M8	—	—	(S)
T	—	M3	M4	M5	M6	M7	—	—	—	—	T
(V)	M3	M4	M5	M6	M7	—	—	—	—	—	(V)
钩　号	起　重　量　/t										钩　号
006	0.32	0.25	0.2	0.16	0.125	0.1					006
010	0.5	0.4	0.32	0.25	0.2	0.16	0.125	0.1			010
012	0.63	0.5	0.4	0.32	0.25	0.2	0.16	0.125	0.1		012
020	1	0.8	0.63	0.5	0.4	0.32	0.25	0.2	0.16	0.125	020
025	1.25	1	0.8	0.63	0.5	0.4	0.32	0.25	0.2	0.16	025
04	2	1.6	1.25	1	0.8	0.63	0.5	0.4	0.32	0.25	04
05	2.5	2	1.6	1.25	1	0.8	0.63	0.5	0.4	0.32	05
08	4	3.2	2.5	2	1.6	1.25	1	0.8	0.63	0.5	08
1	5	4	3.2	2.5	2	1.6	1.25	1	0.8	0.63	1
1.6	8	6.3	5	4	3.2	2.5	2	1.6	1.25	1	1.6
2.5	12.5	10	8	6.3	5	4	3.2	2.5	2	1.6	2.5
4	20	16	12.5	10	8	6.3	5	4	3.2	2.5	4
5	25	20	16	12.5	10	8	6.3	5	4	3.2	5
6	32	25	20	16	12.5	10	8	6.3	5	4	6
8	40	32	25	20	16	12.5	10	8	6.3	5	8
10	50	40	32	25	20	16	12.5	10	8	6.3	10
12	63	50	40	32	25	20	16	12.5	10	8	12
16	80	63	50	40	32	25	20	16	12.5	10	16
20	100	80	63	50	40	32	25	20	16	12.5	20
25	125	100	80	63	50	40	32	25	20	16	25
32	160	125	100	80	63	50	40	32	25	20	32
40	200	160	125	100	80	63	50	40	32	25	40
50	250	200	160	125	100	80	63	50	40	32	50
63	320	250	200	160	125	100	80	63	50	40	63
80	400	320	250	200	160	125	100	80	63	50	80
100	500	400	320	250	200	160	125	100	80	63	100
125		500	400	320	250	200	160	125	100	80	125
160			500	400	320	250	200	160	125	100	125
200				500	400	320	250	200	160	125	200
250					500	400	320	250	200	160	250

注：机构工作级别低于 M3 的按 M3 考虑。

7.4　吊钩毛坯

（1）直柄单钩毛坯件分类

直柄单钩毛坯件按结构锻造方式分为 4 种：MM 型、MMD 型、MY 型和 MYD 型。标记方法见右图。

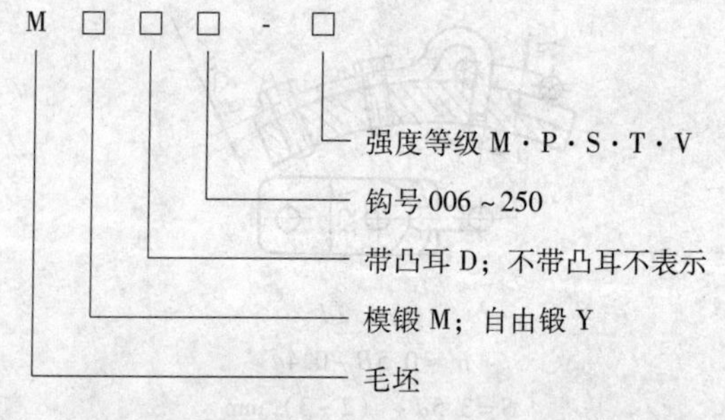

标记示例：

钩号为 10、强度等级为 M 的不带凸耳模锻直柄单钩毛坯件：

直柄单钩毛坯件　MM10-M

（2）直柄单钩的结构型式及尺寸

MM 型和 MMD 型的结构型式见表 17.1-96。MY 型和 MYD 型见表 17.1-97。

表 17.1-96 直柄单钩毛坯件结构型式及尺寸（摘自 GB/T 10051.4—1988） （mm）

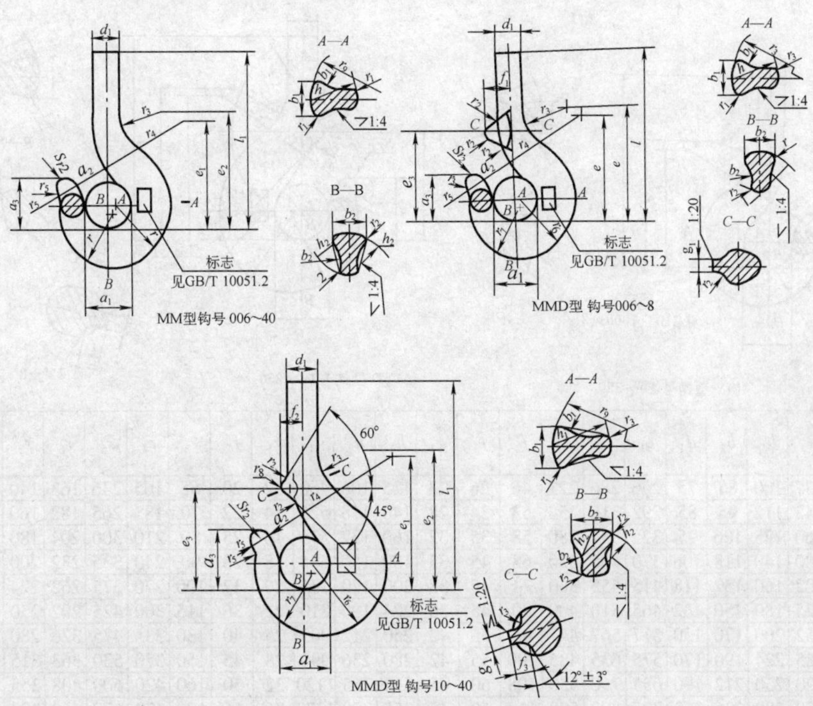

MM型钩号 006~40
MMD型 钩号006~8
MMD型 钩号10~40

钩号	a_1	a_2	a_3	b_1	b_2	d_1	e_1	e_2	e_3	f_1	f_2	f_3	g_1	h_1	h_2	l_1	r_1	r_2	r_3	r_4	r_5	r_6	r_7	r_8	r_9	重量/kg
006	25	20	28	13	11	14	60	60	52	14.5	—	—	6.5	17	14	100	2	3	32	53	53	27	26	—	34	0.2
010	28	22	32	16	13	16	67	68	60	16.5	—	—	7	20	17	109	2	3.5	35	60	60	31	30	—	40	0.3
012	30	24	34	19	15	16	71	73	63	18	—	—	7.5	22	19	115	2.5	4	37	63	63	34	33	—	44	0.4
020	34	27	39	21	18	20	81	82	70	20	—	—	8.5	26	22	138	2.5	4.5	40	71	71	39	37	—	52	0.6
025	36	28	41	22	19	20	85	88	74	22	—	—	9	28	24	144	3	5	43	75	75	42	40	—	56	0.8
04	40	32	45	27	22	24	96	100	83	25	—	—	10	34	29	155	3.5	5.5	46	85	85	49	45	—	68	1.1
05	43	34	49	29	24	24	102	108	89	26	—	—	10.5	37	31	167	4	6	48	90	90	53	48	—	74	1.6
08	48	38	54	35	29	30	115	120	100	29	—	—	12	44	37	186	4.5	7	52	100	100	61	56	—	88	2.3
1	50	40	57	38	32	30	120	128	105	31	—	—	12.5	48	40	197	5	8	55	106	106	65	60	—	96	3.2
1.6	56	45	64	45	38	36	135	146	118	35	—	—	14	56	48	224	6	9	60	118	118	76	68	—	112	4.5
2.5	63	50	72	53	45	42	152	167	132	40	—	—	16	67	58	253	7	10	65	132	132	90	78	—	134	6.3
4	71	56	80	63	53	48	172	190	148	45	—	—	16	80	67	285	8	12	71	150	150	103	90	—	160	8.8
5	80	63	90	71	60	53	194	215	165	51	—	—	18	90	75	318	9	14	80	170	170	114	100	—	180	12.3
6	90	71	101	80	67	60	218	240	185	57	—	—	18	100	85	380	10	16	90	190	190	131	112	—	200	17.1
8	100	80	113	90	75	67	242	258	210	64	—	—	23	112	95	418	11	18	100	212	212	146	125	—	224	24
10	112	90	127	100	85	75	256	286	221	—	46	26	23	125	106	452	12	20	65	165	236	163	140	12	250	34
12	125	100	143	112	95	85	292	316	252	—	53	34	28	140	118	510	14	22	70	185	265	182	160	16	280	47
16	140	112	160	125	106	95	325	357	280	—	58	35	33	160	132	582	16	25	80	210	300	204	180	16	320	66
20	160	125	180	140	118	106	370	405	330	—	68	45	33	180	150	653	18	28	90	240	335	232	200	20	360	95
25	180	140	202	160	132	118	415	455	360	—	74	45	38	200	170	724	20	32	100	270	375	262	224	20	400	136
32	200	160	225	180	150	132	465	510	400	—	80	45	38	224	190	796	22	36	115	300	425	292	250	20	448	187
40	224	180	252	200	170	150	517	567	447	—	93	55	42	250	212	893	25	40	130	335	475	326	280	25	500	264

表 17.1-97　MY、MYD 型结构型式（摘自 GB/T10051.4—1988）　　(mm)

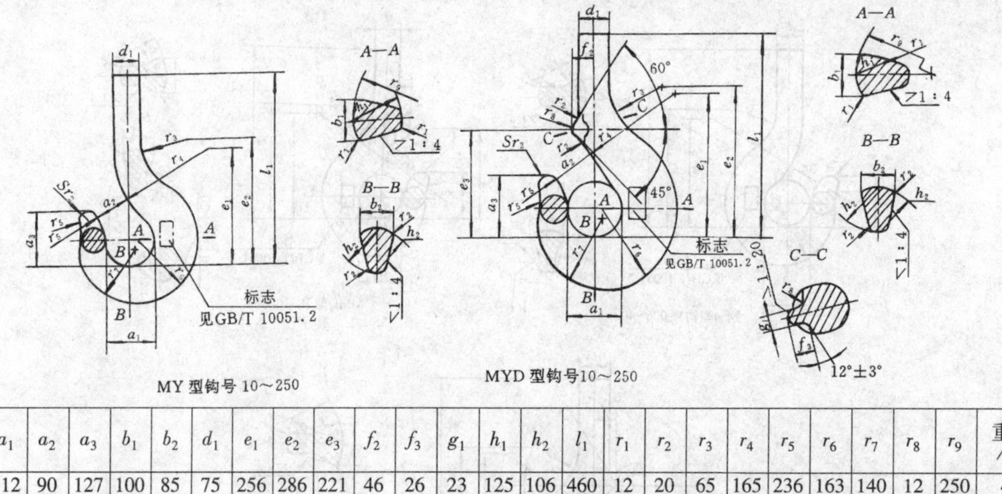

MY 型钩号 10～250　　MYD 型钩号10～250

钩号	a_1	a_2	a_3	b_1	b_2	d_1	e_1	e_2	e_3	f_2	f_3	g_1	h_1	h_2	l_1	r_1	r_2	r_3	r_4	r_5	r_6	r_7	r_8	r_9	重量 /kg
10	112	90	127	100	85	75	256	286	221	46	26	23	125	106	460	12	20	65	165	236	163	140	12	250	40
12	125	100	143	112	95	85	292	316	252	53	34	28	140	118	525	14	22	70	185	265	182	160	16	280	55
16	140	112	160	125	106	95	325	357	280	58	35	33	160	132	595	16	25	80	210	300	204	180	16	320	77
20	160	125	180	140	118	106	370	405	330	68	45	33	180	150	665	18	28	90	240	335	232	200	20	360	112
25	180	140	202	160	132	118	415	455	360	74	45	38	200	170	735	20	32	100	270	375	262	224	20	400	160
32	200	160	225	180	150	132	465	510	400	80	45	38	224	190	810	22	36	115	300	425	292	250	20	448	220
40	224	180	252	200	170	150	517	567	447	93	55	42	250	212	905	25	40	130	335	475	326	280	25	500	310
50	250	200	285	224	190	170	575	635	485	100	55	42	280	236	990	28	45	150	370	530	363	315	25	560	430
63	280	224	320	250	212	190	655	710	550	108	60	45	315	265	1120	32	50	160	420	600	408	355	25	630	600
80	315	250	358	280	236	212	727	802	598	113	60	45	355	300	1270	36	56	180	470	670	460	400	25	710	860
100	355	280	402	315	265	256	827	902	688	130	70	50	400	335	1415	40	63	200	530	750	516	450	30	800	1220
125	400	315	450	355	300	265	920	1020	750	138	70	50	450	375	1590	45	71	230	600	850	579	500	30	900	1740
160	450	355	505	400	335	300	1035	1145	825	147	70	55	500	425	1790	50	80	250	675	950	654	560	30	1000	2480
200	500	400	565	450	375	335	1195	1275	900	154	70	55	560	475	2048	56	90	285	750	1060	729	630	30	1120	3420
250	560	450	635	500	425	375	1280	1430	980	164	70	60	630	530	2305	63	100	320	840	1180	815	710	30	1260	4800

7.5　吊钩毛坯制造允许公差（见表 17.1-98、表 17.1-99）

表 17.1-98　MM 型和 MMD 型允许公差（摘自 GB/T 10051.4—1998）　　(mm)

钩　号	a_1	a_2	a_3	b_1	b_2	l_1	e_3	h_1	h_2	d_1	f_1	f_2	f_3	g_1
006～04					+2 0					+2 −1			+1 0	
05～2.5					+3 0					+3 −1.5			+1 0	
4～5					+4 0					+4 −2			+2 0	
6～8					+5 0					+5 −2.5			+2 0	
10～16					+6 0					+6 −3			+3 0	
20～40					+8 0					+8 −4			+3 0	

表 17.1-99　MY 型和 MYD 型允许公差（摘自 GB/T 10051.4—1998）　　(mm)

钩　号	a_1	a_2	a_3	b_1	b_2	d_1	e_3	f_2	f_3	g_1	h_1	h_2	l_1
10～16	+10 0		±8	+12 0		+10 −5	±8		+4 0			+16 0	
20～32	+12 0		±10	+16 0		+12 −6	±10		+5 0			+20 0	
40～63	+16 0		±12	+20 0		+16 −8	±12		+6 0			+20 0	
80～125	+20 0		±16	+25 0		+80 −10	±16		+8 0			+32 0	
160～250	+25 0		±20	+32 0		+12 −12.5	±20		+10 0			+40 0	

7.6　吊钩的尺寸（见表17.1-100）

7.7　吊钩材料（见表17.1-101）

表17.1-100　吊钩的尺寸（摘自GB/T 10051.5—1988）　（mm）

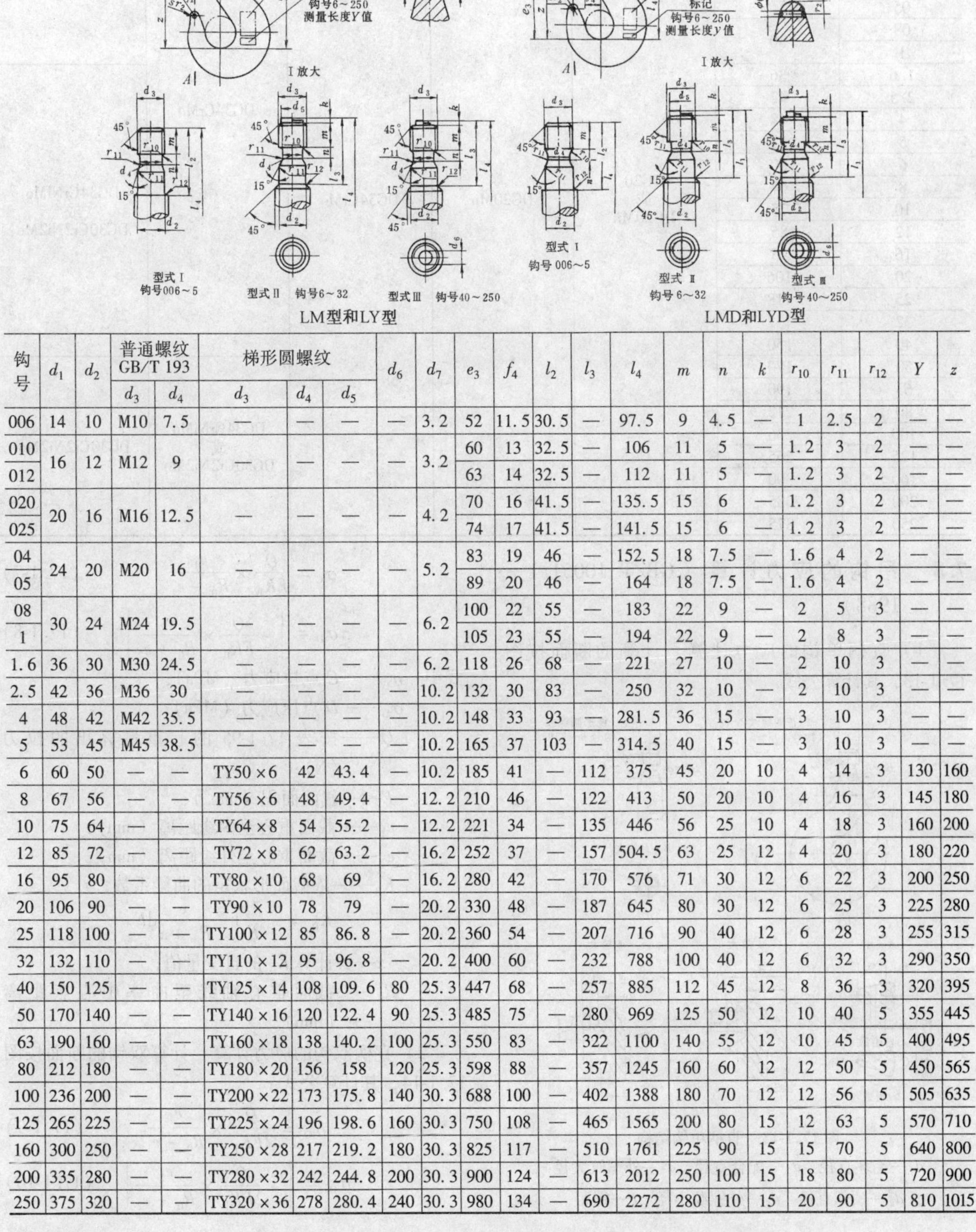

钩号	d_1	d_2	普通螺纹 GB/T 193		梯形圆螺纹			d_6	d_7	e_3	f_4	l_2	l_3	l_4	m	n	k	r_{10}	r_{11}	r_{12}	Y	z
			d_3	d_4	d_3	d_4	d_5															
006	14	10	M10	7.5	—	—	—	—	3.2	52	11.5	30.5	—	97.5	9	4.5	—	1	2.5	2	—	—
010	16	12	M12	9	—	—	—	—	3.2	60	13	32.5	—	106	11	5	—	1.2	3	2	—	—
012										63	14	32.5	—	112	11	5	—	1.2	3	2	—	—
020	20	16	M16	12.5	—	—	—	—	4.2	70	16	41.5	—	135.5	15	6	—	1.2	3	2	—	—
025										74	17	41.5	—	141.5	15	6	—	1.2	3	2	—	—
04	24	20	M20	16	—	—	—	—	5.2	83	19	46	—	152.5	18	7.5	—	1.6	4	2	—	—
05										89	20	46	—	164	18	7.5	—	1.6	4	2	—	—
08	30	24	M24	19.5	—	—	—	—	6.2	100	22	55	—	183	22	9	—	2	5	3	—	—
1										105	23	55	—	194	22	9	—	2	8	3	—	—
1.6	36	30	M30	24.5	—	—	—	—	6.2	118	26	68	—	221	27	10	—	2	10	3	—	—
2.5	42	36	M36	30	—	—	—	—	10.2	132	30	83	—	250	32	10	—	2	10	3	—	—
4	48	42	M42	35.5	—	—	—	—	10.2	148	33	93	—	281.5	36	15	—	3	10	3	—	—
5	53	45	M45	38.5	—	—	—	—	10.2	165	37	103	—	314.5	40	15	—	3	10	3	—	—
6	60	50	—	—	TY50×6	42	43.4	—	10.2	185	41	—	112	375	45	20	10	4	14	3	130	160
8	67	56	—	—	TY56×6	48	49.4	—	12.2	210	46	—	122	413	50	20	10	4	16	3	145	180
10	75	64	—	—	TY64×8	54	55.2	—	12.2	221	34	—	135	446	56	25	10	4	18	3	160	200
12	85	72	—	—	TY72×8	62	63.2	—	16.2	252	37	—	157	504.5	63	25	12	4	20	3	180	220
16	95	80	—	—	TY80×10	68	69	—	16.2	280	42	—	170	576	71	30	12	6	22	3	200	250
20	106	90	—	—	TY90×10	78	79	—	20.2	330	48	—	187	645	80	30	12	6	25	3	225	280
25	118	100	—	—	TY100×12	85	86.8	—	20.2	360	54	—	207	716	90	40	12	6	28	3	255	315
32	132	110	—	—	TY110×12	95	96.8	—	20.2	400	60	—	232	788	100	40	12	6	32	3	290	350
40	150	125	—	—	TY125×14	108	109.6	80	25.3	447	68	—	257	885	112	45	12	8	36	3	320	395
50	170	140	—	—	TY140×16	120	122.4	90	25.3	485	75	—	280	969	125	50	12	10	40	5	355	445
63	190	160	—	—	TY160×18	138	140.2	100	25.3	550	83	—	322	1100	140	55	12	10	45	5	400	495
80	212	180	—	—	TY180×20	156	158	120	25.3	598	88	—	357	1245	160	60	12	12	50	5	450	565
100	236	200	—	—	TY200×22	173	175.8	140	30.3	688	100	—	402	1388	180	70	12	12	56	5	505	635
125	265	225	—	—	TY225×24	196	198.6	160	30.3	750	108	—	465	1565	200	80	15	12	63	5	570	710
160	300	250	—	—	TY250×28	217	219.2	180	30.3	825	117	—	510	1761	225	90	15	15	70	5	640	800
200	335	280	—	—	TY280×32	242	244.8	200	30.3	900	124	—	613	2012	250	100	15	18	80	5	720	900
250	375	320	—	—	TY320×36	278	280.4	240	30.3	980	134	—	690	2272	280	110	15	20	90	5	810	1015

表 17.1-101　吊钩材料（摘自 GB/T 10051.1—1988）

钩号	柄部直径 d_1/mm	强度等级 M	P	(S)	T	(V)
006	14	DG20 或 DG20Mn	DG20Mn	DG34CrMo	DG34CrMo	DG34CrMo
010	16					
012						
020	20					
025						
04	24					
05						
08	30					
1						
1.6	36					DG34CrNiMo 或 DG30Cr2Ni2Mo
2.5	42					
4	48					
5	53					
6	60					
8	67					
10	75					
12	85					
16	95					
20	106					
25	118					
32	132					
40	150					
50	170				DG34CrNiMo 或 DG30Cr2Ni2Mo	DG30Cr2Ni2Mo
63	190					
80	212					
100	236					
125	265					
160	300					
200	335					
250	375					

7.8　吊钩的应力计算（GB/T 10051.1—1988）

1）直柄单钩的应力计算　计算的断面按图 17.1-13，其计算公式

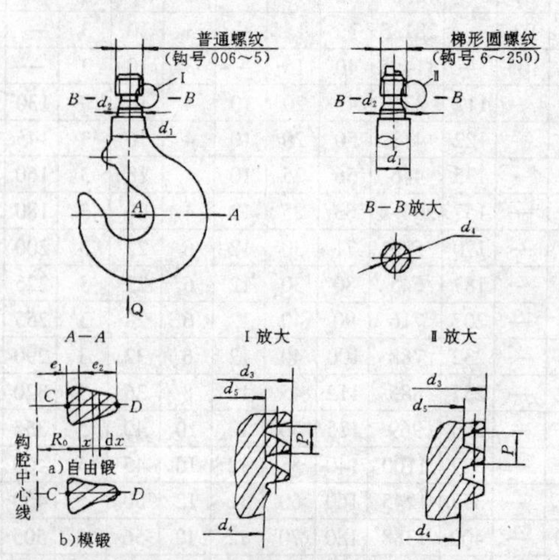

图 17.1-13　直柄单钩结构

d_1—毛坯直径　d_2—配合直径　d_3—外螺纹大径

d_4—颈部直径　d_5—外螺纹小径　P—螺距

$$\sigma_C = \frac{Q}{FK_B} \times \frac{e_1}{R_0 - e_1} \tag{17.1-7}$$

$$\sigma_D = \left| -\frac{Q}{FK_B} \times \frac{e_2}{R_0 + e_2} \right| \tag{17.1-8}$$

式中　σ_C——C点拉应力（MPa）；

σ_D——D点压应力（MPa）；

Q——按表 17.1-95 的起重量算出的拉力（N）；

F——截面面积（mm^2）；

e_1——截面重心至内缘距离（mm）；

e_2——截面重心至外缘距离（mm）；

K_B——依截面形状定的曲梁系数；

$$K_B = -\frac{1}{F}\int_{-e_2}^{d} \frac{x}{R_0 + x} dF$$

x——计算 K_B 的自变量值；

R_0——截面重心轴线至曲率中心点距离（mm）。

2）直柄双钩的应力计算　计算双钩的断面按图 17.1-14，其计算公式

$$\sigma_C = \frac{Q}{2FK_B} \times \frac{e_1}{R_0 - e_1} \tag{17.1-9}$$

$$\sigma_D = \left| -\frac{Q}{2FK_B} \times \frac{e_2}{R_0 + e_2} \right| \tag{17.1-10}$$

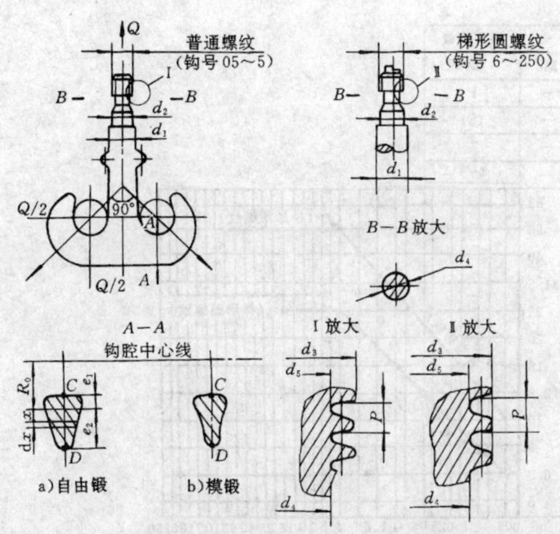

图 17.1-14 直柄双钩结构

d_1—毛坯直径 d_2—配合直径 d_3—外螺纹大径 d_4—颈部直径 d_5—外螺纹小径 P—螺距

式中符号同前。

3）单、双钩柄部应力计算

最小截面 *B-B* 的拉应力

$$\sigma_E = \frac{4Q}{\pi d_4^2} \tag{17.1-11}$$

式中 σ_E——拉应力（MPa）；

其余符号同前。

4）螺纹切应力

$$\tau = \frac{Q}{\pi d_5 p} \tag{17.1-12}$$

式中 τ——切应力（MPa）。

按式（17.1-7）和式（17.1-8）计算的单钩应力值如图 17.1-15 所示。

双钩应力按式（17.1-9）、式（17.1-10）计算值如图 17.1-16 所示。柄部应力按式（17.1-11）、式（17.1-12）计算值如图 17.1-17 所示。

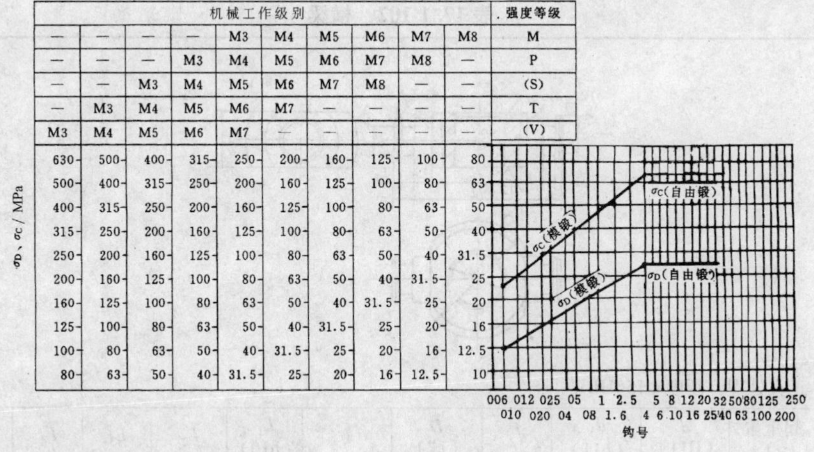

机械工作级别										强度等级
—	—	—	—	M3	M4	M5	M6	M7	M8	M
—	—	—	M3	M4	M5	M6	M7	M8	—	P
—	—	M3	M4	M5	M6	M7	M8	—	—	(S)
—	M3	M4	M5	M6	M7	—	—	—	—	T
M3	M4	M5	M6	M7	—	—	—	—	—	(V)
630	500	400	315	250	200	160	125	100	80	
500	400	315	250	200	160	125	100	80	63	
400	315	250	200	160	125	100	80	63	50	
315	250	200	160	125	100	80	63	50	40	
250	200	160	125	100	80	63	50	40	31.5	
200	160	125	100	80	63	50	40	31.5	25	
160	125	100	80	63	50	40	31.5	25	20	
125	100	80	63	50	40	31.5	25	20	16	
100	80	63	50	40	31.5	25	20	16	12.5	
80	63	50	40	31.5	25	20	16	12.5	10	

图 17.1-15 单钩应力 σ_C 和 σ_D

机构工作级别										强度等级
—	—	—	—	M3	M4	M5	M6	M7	M8	M
—	—	—	M3	M4	M5	M6	M7	M8	—	P
—	—	M3	M4	M5	M6	M7	M8	—	—	(S)
—	M3	M4	M5	M6	M7	—	—	—	—	T
M3	M4	M5	M6	M7	—	—	—	—	—	(V)
630	500	400	315	250	200	160	125	100	80	
500	400	315	250	200	160	125	100	80	63	
400	315	250	200	160	125	100	80	63	50	
315	250	200	160	125	100	80	63	50	40	
250	200	160	125	100	80	63	50	40	31.5	
200	160	125	100	80	63	50	40	31.5	25	
160	125	100	80	63	50	40	31.5	25	20	
125	100	80	63	50	40	31.5	25	20	16	

σ_D、σ_C / MPa

σ_C(自由锻) σ_C(模锻) σ_D(自由锻) σ_D(模锻)

0.5 1 2.5 5 8 12 20 32 50 80 125 200
0.8 1.6 4 6 10 16 25 40 63 100 160 250
钩号

图 17.1-16 双钩应力 σ_C 和 σ_D

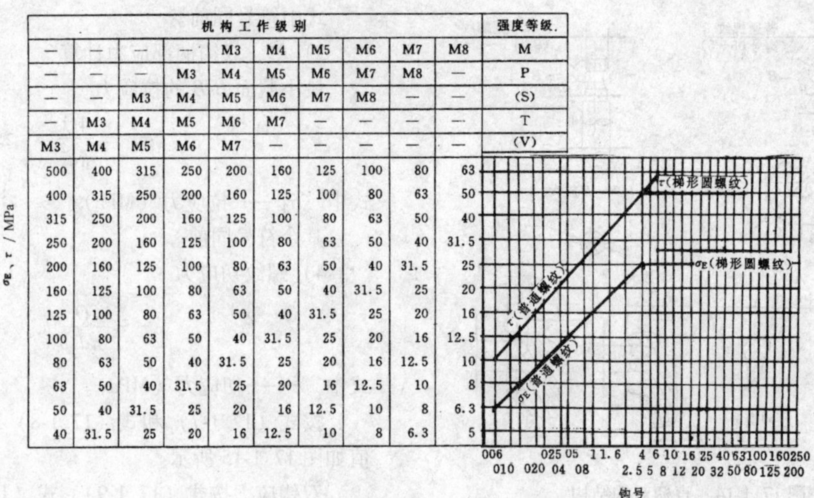

机构工作级别										强度等级
—	—	—	—	M3	M4	M5	M6	M7	M8	M
—	—	—	M3	M4	M5	M6	M7	M8	—	P
—	—	M3	M4	M5	M6	M7	M8	—	—	(S)
—	M3	M4	M5	M6	M7	—	—	—	—	T
M3	M4	M5	M6	M7	—	—	—	—	—	(V)
500	400	315	250	200	160	125	100	80	63	
400	315	250	200	160	125	100	80	63	50	
315	250	200	160	125	100	80	63	50	40	
250	200	160	125	100	80	63	50	40	31.5	
200	160	125	100	80	63	50	40	31.5	25	
160	125	100	80	63	50	40	31.5	25	20	
125	100	80	63	50	40	31.5	25	20	16	
100	80	63	50	40	31.5	25	20	16	12.5	
80	63	50	40	31.5	25	20	16	12.5	10	
63	50	40	31.5	25	20	16	12.5	10	8	
50	40	31.5	25	20	16	12.5	10	8	6.3	
40	31.5	25	20	16	12.5	10	8	6.3	5	

图 17.1-17　柄部应力 σ_E 和 τ

7.9　吊钩附件（见表 17.1-102、表 17.1-103）

表 17.1-102　横梁　　（mm）

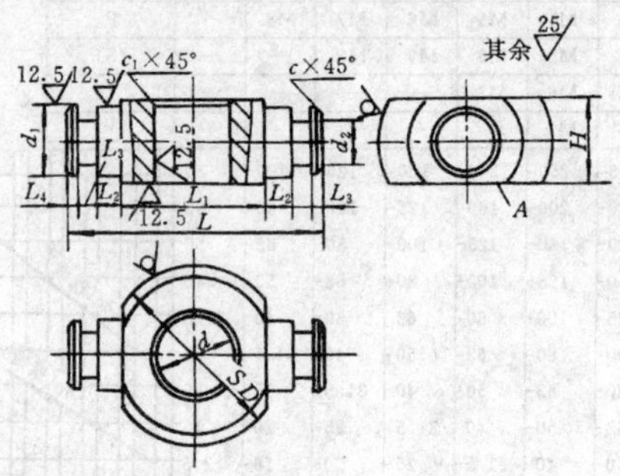

材料 20 钢　正火处理，硬度≤156HBW

代　号	起重量/t	d (H11)	d_1 (h11)	d_2	D (球)	L	L_1 (h10)	L_2	L_3	L_4	H	c	c_1
H0.5×1G-1	0.5	13	12	8	30	46.7	24.5	4.6	3.5	3	15	0.5	0.5
H1×1G-1	1	17	16	11	41	58.7	30.5	6.1	4	4	20	1	1
H2×1G-1	2	23	20	15	50	65.5	36.5	6.5			25		1.5
H3×1G-1	3	28	26	19	60	81.5	42.5	8.5	5	6	30		
H5×1G-1	5	34	30	23	75	88.5	50.5	8.5	5	5.5	36	1.5	1.5
H8×1G-1	8	43	40	31	90	108	60	10.4	6	8	44		2
H10×1G-1	10	46	44	35	100	116	66	11.4		7.4	50	2	
H16×1G-1	16	53	52	41	116	144	79.5	15.3	7	10	58		
H20×1G-1	20	61	56	45	130	151.5	87.5	15.2	7.1	9.7	66		

表 17.1-103　吊钩螺母　　（mm）

代　号	起重量/t	D	d_0	d	H	L	c	c_1	重量/kg
H6-0.5	0.5	22	M12×1.25	3	13	9	1.5	0.8	0.059
H6-1	1	28	M16×1.5	4	17	12	2	1.0	0.117
H6-2	2	34	M22×1.5	5	23	17	2.5	1.0	0.214
H6-3	3	40	M27×2	6	28	20	3	1.2	0.337
H6-5	5	48	M33×2	8	35	25	3.5	1.2	0.606
H6-8	8	58	M42×2	10	45	32	4.5	2.0	1.019
H6-10	10	64	M45×3	12	47	34	4.5	2.0	1.418
H6-16	16	76	M52×3	13	56	40	5	2.0	2.290
H6-20	20	85	M60×4	14	61	42	5.5	2.5	3.270

全部 25　D　$c\times45°$　d　H　L　d_0　$c_1\times45°$

材料 20 钢

8　车轮和轨道

8.1　车轮

车轮代号与尺寸见表 17.1-104。

表 17.1-104　车轮代号与尺寸（摘自 JB/T 6392—2008）　　（mm）

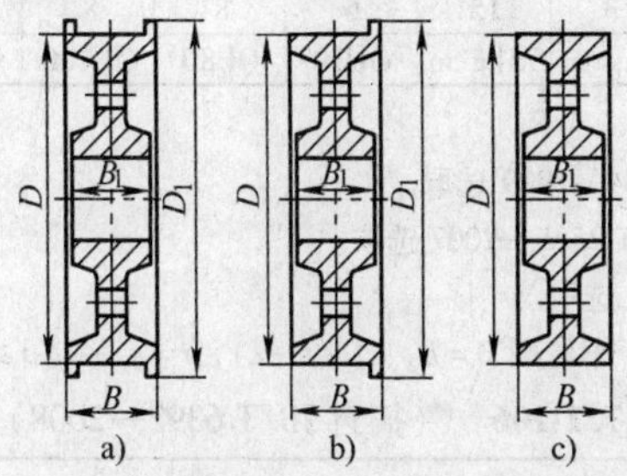

车轮型号表示方法

车轮型号表示如下：

□-□×□　JB/T 6392

车轮宽度，B

车轮直径，D

车轮代号

示例：

——直径 $D=710$mm，轮宽 $B=155$mm 的双轮缘车轮，标记为：车轮 SL—710×155　JB/T 6392

——直径 $D=315$mm，轮宽 $B=110$mm 的单轮缘车轮，标记为：车轮 DL—315×110　JB/T 6392

——直径 $D=630$mm，轮宽 $B=145$mm 的无轮缘车轮，标记为：车轮 WL—630×145　JB/T 6392

基本尺寸			
D	D_1	B	B_1
100	130	80~100	95~100
125	140	80~100	95~100
160	190	90~100	95~100
200	230	95~100	95~100
250	280	95~140	95~140
315	350	95~210	95~210
400	440	105~210	105~210
500	540	105~210	105~210
630	680	120~210	120~210
710	760	140~210	140~210
800	850	140~210	140~210
900	950	145~220	140~220
1000	1060	145~220	140~220
(1250)	1310	145~220	140~220

注：本表中的基本参数（除括号内）宜优先使用。

8.2　踏面形状和尺寸与钢轨的匹配（见表 17.1-105）

表 17.1-105　踏面形状和尺寸与钢轨的匹配（摘自 JB/T 6392—2008）　　（mm）

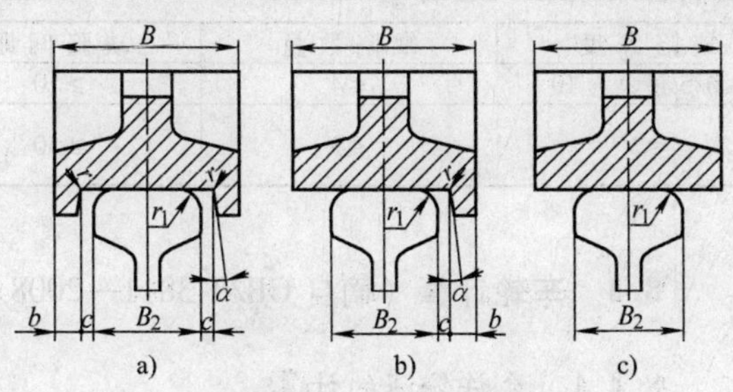

双轮缘车轮的踏面形状和尺寸与钢轨的匹配见图 a

单轮缘车轮的踏面形状和尺寸与钢轨的匹配见图 b

无轮缘车轮的踏面形状和尺寸与钢轨的匹配见图 c

a）双轮缘车轮：代号为 SL

b）单轮缘车轮：代号为 DL

c）无轮缘车轮：代号为 WL

（续）

$B\geqslant$	90/95	95/100	100/105	110/110	120/120	135/145	135/145	135/145	140/150	140/150	135/145	155/160	185/190	205/210
B_2	32.1	38.1	42.86	50.8	60.33	68	70	70	73	75	70	80	100	120
$c\geqslant$	7.5/9.5	7.5/9.5	7.5/9.5	7.5/9.5	7.5/9.5	7.5/12.5	7.5/12.5	7.5/12.5	7.5/12.5	7.5/12.5	7.5/12.5	7.5/15	12.5/15	12.5/15
$b\geqslant$	20	20	20	20	20	25	25	25	25	25	25	25/30	25/30	25/30
α	6°	6°	6°	6°	6°	6°	6°	6°	6°	6°	10°	10°	10°	10°
$r\leqslant$	5	5	5	5	5	10	10	10	10	10	5	5	5	5
r_1	6.35	6.35	7.94	7.94	7.94	13	13	13	13	15	6	8	8	8
轨道	9kg/m	12kg/m	15kg/m	22kg/m	30kg/m	38kg/m	43kg/m	50kg/m	60kg/m	75kg/m	QU70	QU80	QU100	QU120

注：1. 表中 B 值和 c 值分子用于小车车轮，分母用于大车车轮。

2. 9kg/m、12kg/m、15kg/m、22kg/m、30kg/m 轻轨按照 GB/T 11264—1989 选取。

3. 38kg/m、43kg/m、50kg/m、60kg/m、75kg/m 热轧钢轨按照 GB/T 2585—2007 选取。

4. QU70、QU80、QU100、QU120 起重机钢轨按照 YB/T 5055—1993 选取。

5. 钢轨可以采用方钢，方钢顶部宽度为 B_2，边缘圆角为 r_1 时，对于车轮则 $B=B_2+2(b+c)$，$r=r_1-2$，$r\geqslant2$。

8.3　技术要求（JB/T 6392—2008）

8.3.1　材料的力学性能

1）轧制车轮应选用力学性能不低于 GB/T 699—1999 中规定的 60 钢的材料。

2）踏面直径不大于 400mm 的锻造车轮应选用力学性能不低于 GB/T 699—1999 中规定的 55 钢的材料；直径大于 400mm 的锻造车轮应选用力学性能不低于 60 钢的材料。

3）铸钢车轮应选用力学性能不低于 GB/T 11352—2009 中规定的 ZG340-640 钢的材料。

8.3.2　热处理

1）任何加工方法制造的车轮都应进行消除内应力（譬如，影响使用性能的热应力）处理。铸钢车轮在机加工之前应进行退火以消除内应力，并要清砂、切割浇、冒口，检查质量缺陷。

2）轮辋应进行表面淬火，淬火前进行细化组织处理。热处理后，车轮表面状态宜符合表 17.1-106 的规定。

表 17.1-106　（摘自 JB/T 6392—2008）

车轮踏面直径 /mm	踏面和轮缘内侧面硬度 HBW	淬硬层 260HBW 处深度/mm
100～200	300～380	≥5
>200～400		≥15
>400		≥20

注：根据起重机具体使用工况，允许选用硬度更高或更低的车轮。

8.3.3　精度

1）车轮踏面直径的尺寸偏差不应低于 GB/T 1801—1999 中规定的 h9。轴孔直径的尺寸偏差不应低于 H7。

2）车轮踏面和基准端面（其上加工出深 1.5mm 的 V 形沟槽作标记）相对于孔轴线的径向及端面圆跳动不应低于 GB/T 1184—1996 中规定的 8 级。

8.3.4　成品车轮的表面质量

1）车轮的表面不应有目测可见的裂纹。

2）铸造车轮表面的砂眼、气孔、夹渣等缺陷应符合表 17.1-107 的规定。

表 17.1-107　（摘自 JB/T 6392—2008）　（mm）

缺陷位置	缺陷当量直径	缺陷深度	缺陷数量	缺陷间距
端面及非切削加工面	≤5	≤δ/5 最大为 10	≤4	≥10
踏面及轮缘内侧面	$D\leqslant500$: ≤1	≤3	≤3	≥50
	$D>500$: ≤1.5			

注：δ 为缺陷处壁厚，D 为车轮踏面直径。

3）车轮踏面和轮缘内侧面的表面粗糙度按 GB/T 1031—1995 的规定为 R_a6.3，轴孔表面粗糙度为 R_a3.2μm。

4）车轮踏面和轮缘内侧面上的缺陷不允许焊补。

5）车轮的切削加工表面应涂防锈油，其他表面均应涂防锈漆。

8.4　车轮计算（摘自 GB/T 3811—2008）

8.4.1　允许轮压的计算

$$P_L = kDlC \tag{17.1-13}$$

式中　P_L——正常工作起重机车轮或滚轮的允许轮压（N）；

k——车轮或滚轮的许用比压（N/mm^2），钢质车轮或滚轮按表17.1-108选取；

注：对于具有凸起承压面的轨道或车轮（滚轮），许用比压k可增加10%。因为这能改善轮轨的接触。

D——车轮或滚轮的踏面直径（mm）；

l——车轮或滚轮与轨道承压面的有效接触宽度，$l=b-2r$

b——轨顶宽度（mm）；

r——轨顶倒角圆半径（mm）；

C——计算系数：

进行车轮或滚轮踏面疲劳校验时，$C=C_1C_2$；

进行车轮或滚轮强度校验时，$C=C_{max}$；

C_1——转速系数，按表17.1-109或表17.1-110选取；

C_2——车轮所在机构的工作级别系数，按表17.1-111选取

$C_{max}=C_{1max}C_{2max}$，取$C_{max}=1.9$。

表17.1-108　车轮与滚轮的许用比压k
（摘自GB/T 3811—2008）

车轮与滚轮材料的抗拉强度σ_b/N·mm^{-2}	轨道材料最小抗拉强度/N·mm^{-2}	许用比压k/N·mm^{-2}
$\sigma_b>500$	350	5.0
$\sigma_b>600$	350	5.6
$\sigma_b>700$	510	6.5
$\sigma_b>800$	510	7.2
$\sigma_b>900$	600	7.8
$\sigma_b>1000$	700	8.5

注：σ_b为车轮或滚轮材料未热处理时的抗拉强度。

表17.1-109　车轮转速系数C_1（摘自GB/T 3811—2008）

车轮转速n/r·min^{-1}	C_1	车轮转速n/r·min^{-1}	C_1	车轮转速n/r·min^{-1}	C_1
200	0.66	50	0.94	16	1.09
160	0.72	45	0.96	14	1.10
125	0.77	40	0.97	12.5	1.11
112	0.79	35.5	0.99	11.2	1.12
100	0.82	31.5	1.00	10	1.13
90	0.84	28	1.02	8	1.14
80	0.87	25	1.03	6.3	1.15
71	0.89	22.4	1.04	5.6	1.16
63	0.91	20	1.06	5	1.17
56	0.92	18	1.07		

表17.1-110　车轮直径、运行速度与转速系数C_1（摘自GB/T 3811—2008）

车轮直径/mm	运行速度/m·min^{-1}														
	10	12.5	16	20	25	31.5	40	50	63	80	100	125	160	200	250
200	1.09	1.06	1.03	1.00	0.97	0.94	0.91	0.87	0.82	0.77	0.72	0.66	—	—	—
250	1.11	1.09	1.06	1.03	1.00	0.97	0.94	0.91	0.87	0.82	0.77	0.72	0.66	—	—
315	1.13	1.11	1.09	1.06	1.03	1.00	0.97	0.94	0.91	0.87	0.82	0.77	0.72	0.66	—
400	1.14	1.13	1.11	1.09	1.06	1.03	1.00	0.97	0.94	0.91	0.87	0.82	0.77	0.72	0.66
500	1.15	1.14	1.13	1.11	1.09	1.06	1.03	1.00	0.97	0.94	0.91	0.87	0.82	0.77	0.72
630	1.17	1.15	1.14	1.13	1.11	1.09	1.06	1.03	1.00	0.97	0.94	0.91	0.87	0.82	0.77
710	—	1.16	1.14	1.13	1.12	1.1	1.07	1.04	1.02	0.99	0.96	0.92	0.89	0.84	0.79
800	—	1.17	1.15	1.14	1.13	1.11	1.09	1.06	1.03	1.00	0.97	0.94	0.91	0.87	0.82
900	—	—	1.16	1.14	1.13	1.12	1.1	1.07	1.04	1.02	0.99	0.96	0.92	0.89	0.84
1000	—	—	1.17	1.15	1.14	1.13	1.11	1.09	1.06	1.03	1.00	0.97	0.94	0.91	0.87

表17.1-111　工作级别系数C_2
（摘自GB/T 3811—2008）

车轮所在机构工作级别	C_2
M1、M2	1.25
M3、M4	1.12
M5	1.00
M6	0.90
M7、M8	0.80

8.4.2　等效工作轮压计算

$$P_{mean\,Ⅰ、Ⅱ}=\frac{P_{min\,Ⅰ、Ⅱ}+2P_{max\,Ⅰ、Ⅱ}}{3} \quad (17.1\text{-}14)$$

式中　$P_{mean\,Ⅰ}$——无风正常工作起重机的等效工作轮压（N）；

$P_{mean\,Ⅱ}$——有风正常工作起重机的等效工作轮压（N）；

$P_{\min Ⅰ、Ⅱ}$——载荷情况Ⅰ（无风正常工作情况）的载荷组合，或按载荷情况Ⅱ（有风正常工作情况）起重机空载确定的所验算车轮的最小轮压（N）；

$P_{\max Ⅰ、Ⅱ}$——载荷情况Ⅰ（无风正常工作情况）的载荷组合，或按载荷情况Ⅱ（有风正常工作情况）起重机满载确定的所验算车轮的最大轮压（N）。

按车轮的疲劳强度要求

$$P_{mean} \leqslant P_L \quad (17.1\text{-}15)$$

按车轮静强度要求

$$P_{max} \leqslant 1.9kDlC \quad (17.1\text{-}16)$$

P_{max}——最大轮压是指载荷情况Ⅰ、Ⅱ、Ⅲ（特殊载荷作用情况）中取最大值（N）。

表 17.1-112　CD、MD 电动葫芦用钢轮　（mm）

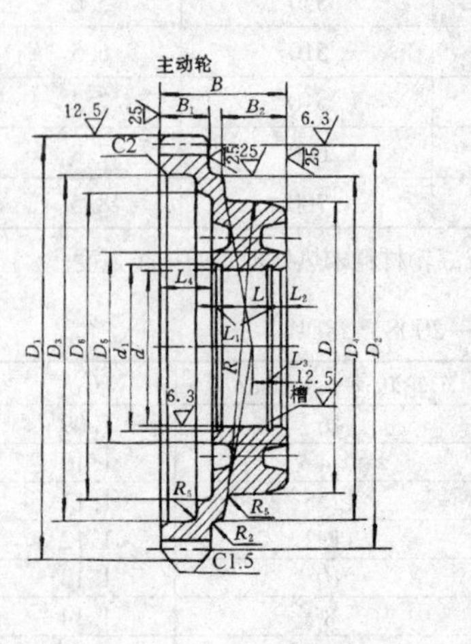

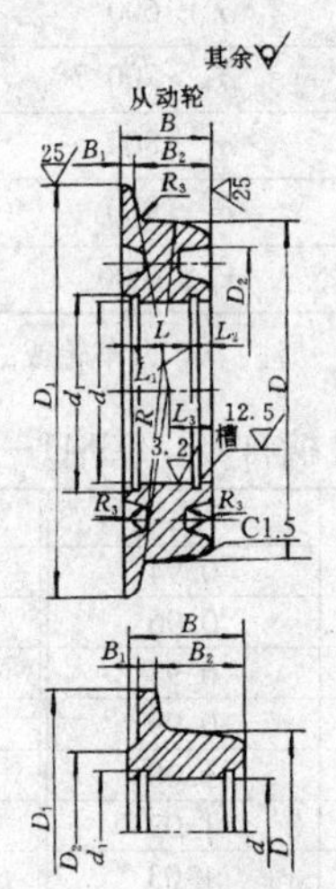

材料：45

调质硬度 235 ~ 260HBW

齿 的 参 数

电动葫芦吨位系列	m	z	α	ξ	刀具移位量 x
0.1 ~ 1	3	53		—	—
2 ~ 3	3	59	20°	-0.4	-1.2
5 ~ 10	4	49		-0.4	-1.6

主　动　轮

电动葫芦吨位系列	D	D_1 (h10)	D_2	D_3	D_4	D_5	D_6	d (K7)	d_1	B	B_1	B_2	L	L_1	L_2	L_3	L_4	R	重量 /kg
0.5 ~ 1	113.5	162.6	159	137	130	75	115	62	65	50	20	26	19 + 0.28	2.2 + 0.25	3.8	15	20	125	2.1
2 ~ 3	134	180.6	177	155	155	117	140	100	103.5	57	22	30	27 + 0.28	3.2 + 0.25	3	18	17	144	2.95
5 ~ 10	154	200.8	196	165	180	—	—	110	114	70	28	37	29 + 0.28	4.2 + 0.3	3.8	23	25	167	4.5

从　动　轮

电动葫芦吨位系列	D	D_1	D_2	d (K7)	d_1	B	B_1	B_2	L	L_1	L_2	L_3	R	重量 /kg
0.1 ~ 0.25	83	100	76	62	37	25	4	20	12 + 0.43	1.6 + 0.2	2	12.5	91.5	0.55
0.5 ~ 1	113.5	130	—	62	65	30	4	26	19 + 0.28	2.2 + 0.25	3.8	15	125	1.0
2 ~ 3	134	155	117	100	103.5	40	7	30	27 + 0.28	3.2 + 0.25	3	18	144	2.2
5 ~ 10	154	180	—	110	114	45	8	37	29 + 0.28	4.2 + 0.25	3.8	23	167	3.45

8.5　轨道

中小型起重机的小车常采用轻型铁路钢轨，详见表 17.1-113。大型起重机常采用起重机钢轨，详见表 17.1-114。

表 17.1-113　轻轨的尺寸规格（摘自 GB/T 11264—1989）

项目 型号	截面尺寸/mm						
	轨高 A	底宽 B	头宽 C	头高 D	腰高 E	底高 F	腰厚 t
9	63.50	63.50	32.10	17.48	35.72	10.30	5.90
12	69.85	69.85	38.10	19.85	37.70	12.30	7.54
15	79.37	79.37	42.86	22.22	43.65	13.50	8.33
22	93.66	93.66	50.80	26.99	50.00	16.67	10.72
30	107.95	107.95	60.33	30.95	57.55	19.45	12.30

项目 型号	截面面积 A/cm^2	理论重量 $W/\mathrm{kg\cdot m^{-1}}$	截面特性参数					
			重心位置		惯性矩	截面系数	惯性半径
			c/cm	e/cm	I/cm^4	Z/cm^3	i/cm
9	11.39	8.94	3.09	3.26	62.41	19.10	2.33
12	15.54	12.20	3.40	3.59	98.82	27.60	2.51
15	19.33	15.20	3.89	4.05	156.10	38.60	2.83
22	28.39	22.30	4.52	4.85	339.00	69.60	3.45
30	38.32	30.10	5.21	5.59	606.00	108.00	3.98

注：表中理论重量按密度为 $7.85\mathrm{g/cm^3}$ 计算。

表 17.1-114　起重机钢轨的尺寸规格（摘自 YB/T 5055—1993）　　（mm）

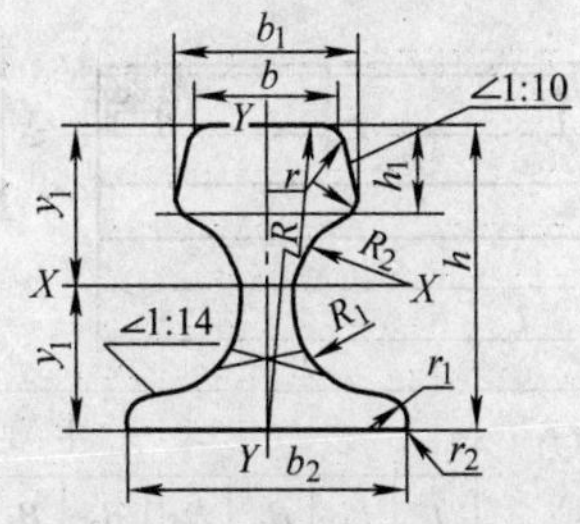

型　号	b	b_1	b_2	s	h	h_1	h_2	R	R_1	R_2	r	r_1	r_2
QU70	70	76.5	120	28	120	32.5	24	400	23	38	6	6	1.5
QU80	80	87	130	32	130	35	26	400	26	44	8	6	1.5
QU100	100	108	150	38	150	40	30	450	30	50	8	8	2
QU120	120	129	170	44	170	45	35	500	34	56	8	8	2

型号	截面积 /cm²	理论质量 /kg · m⁻¹	参考数值						
			重心距离		惯性矩		截面系数		
			y_1	y_2	I_x	I_y	$w_1=\frac{I_x}{y_2}$	$w_2=\frac{I_x}{y_2}$	$w_3=\frac{I_y}{b_2/2}$
			cm		cm^4		cm^3		
QU70	67.30	52.80	5.93	6.07	1081.99	327.16	182.46	178.12	54.53
QU80	81.13	63.69	6.43	6.57	1547.40	482.39	240.65	235.52	74.21
QU100	113.32	88.96	7.60	7.40	2864.73	940.98	376.94	387.12	125.45
QU120	150.44	118.10	8.43	8.57	4923.79	1694.83	584.08	574.54	199.39

注：1. 钢轨的牌号为 U71Mn，抗拉强度不小于 900MPa。

2. 钢轨标准长度为 9m，9.5m，10m，10.5m，11m，11.5m，12m，12.5m。

9　缓冲器

缓冲器的作用是为了减轻起重机行走机构相碰时的动载荷。因此，在桥式起重机中大车和小车以及门式起重机中都应装有缓冲器。当运行速度 $v \leqslant 0.67\text{m/s}$，并有终点行程开关时，可不设缓冲器，但要安设挡止铁。

9.1　弹簧缓冲器

弹簧缓冲器具有结构简单、维修方便、对环境无污染的特点。有关各种缓冲器见表 17.1-115 ~ 表 17.1-119。

表 17.1-115　HT1 型焊接式弹簧缓冲器（摘自 JB/T 8110.1—1999）

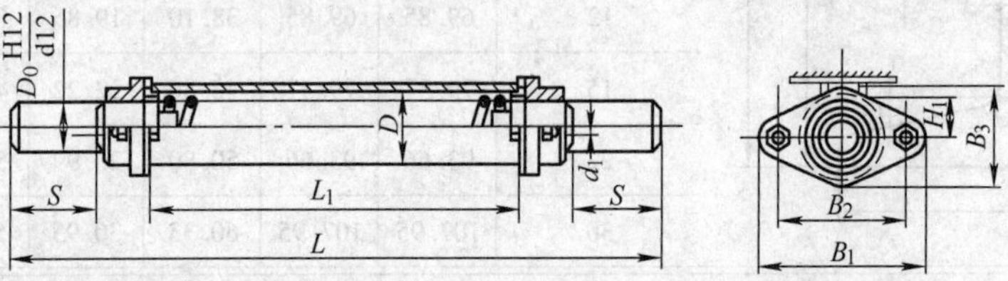

参数 型号	缓冲容量 W/kN·m	缓冲行程 S/mm	缓冲力 F/kN	主要尺寸/mm L	L_1	B_1	B_2	B_3	H_1	D_0	D	$d_1 \times l$	重量 /kg
HT1-16	0.16	80	5	435	220	160	120	85	35	40	70	M20×50	≈12.6
HT1-40	0.40	95	8	720	370	170	130	90	38	45	76	M20×50	≈17
HT1-63	0.63	115	11	850	420	190	145	100	45	45	89	M20×60	≈26
HT1-100	1.00	115	18	880	450	220	170	125	57	55	114	M24×60	≈34

表 17.1-116　HT2 型底座焊接式弹簧缓冲器（摘自 JB/T 8110.1—1999）

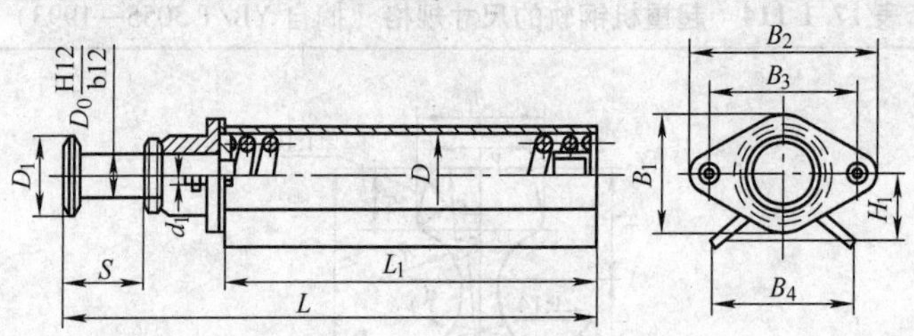

参数 型号	缓冲容量 W/kN·m	缓冲行程 S/mm	缓冲力 F/kN	主要尺寸/mm L	L_1	B_1	B_2	B_3	B_4	D_0	D	D_1	H_1	$d_1 \times l$	重量 /kg
HT2-100	1.00	135	15	630	400	165	265	215	200	70	146	100	90	M20×60	≈31.5
HT2-160	1.60	145	20	750	520	160	265	215	200	70	140	100	90	M20×60	≈41.3
HT2-250	2.50	125	37	800	575	165	265	215	200	80	146	110	90	M20×60	≈53.1
HT2-315	3.15	150	45	820	575	215	320	265	230	80	194	110	115	M20×60	≈78.6
HT2-400	4.00	135	57	710	475	265	375	320	280	100	245	130	140	M24×70	≈92.2
HT2-500	5.00	145	66	860	610	245	345	290	255	100	219	130	135	M24×70	≈97.7
HT2-630	6.30	150	88	870	610	270	375	320	280	100	245	130	140	M24×70	≈122.7

表 17.1-117　HT3 型端部安装式弹簧缓冲器（摘自 JB/T 8110.1—1999）

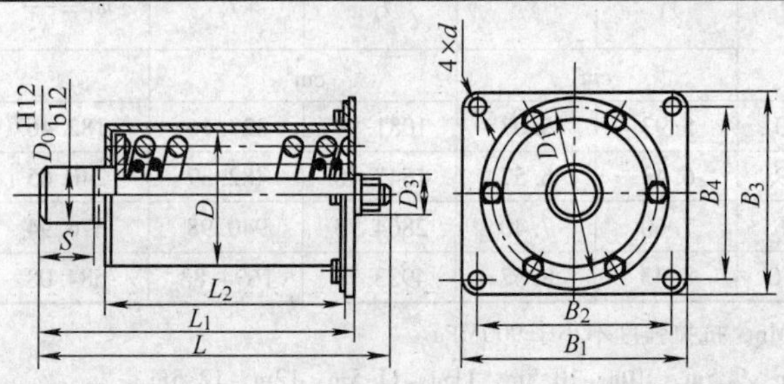

（续）

型号 \ 参数	缓冲容量 W/kN·m	缓冲行程 S/mm	缓冲力 F/kN	主要尺寸/mm L	L_1	L_2	B_1	B_2	B_3	B_4	D_0	D	D_1	D_3	d	重量 /kg
HT3-630	6.3	150	88	885	810	615	420	350	375	305	90	245	305	105	35	≈145.8
HT3-800	8.0	143	108	900	820	620	520	450	380	310	110	273	345	135	35	≈176.9
HT3-1000	10.0	135	131	830	750	560	520	450	450	390	120	325	395	135	35	≈204.6
HT3-1250①	12.5	135	165	830	750	560	520	450	450	390	120	325	395	135	42	≈231.3
HT3-1600②	16.0	120	273	980	900	730	780	700	480	400	120	325	395	135	42	≈338.0
HT3-2000②	20.0	150	293	1140	1050	820	780	700	480	400	120	325	395	135	42	≈393.8

① 由内外弹簧组成。

② 内外弹簧由两段串联而成。

表 17.1-118 HT4型中部安装式弹簧缓冲器（摘自 JB/T 8110.1—1999）

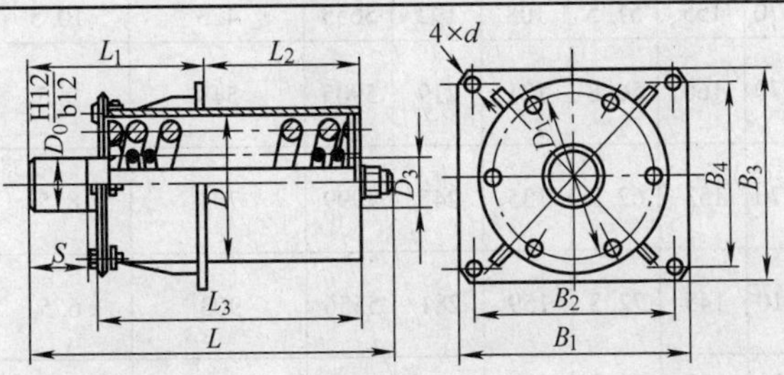

型号意义

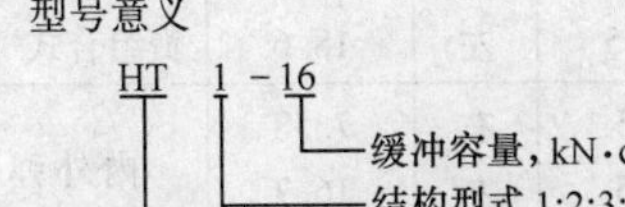

标记示例

缓冲容量 W=8.0kN·m，结构型式为4型的弹簧缓冲器，标记为：

缓冲器 HT4-800JB/T 8110.1—1999

型号 \ 参数	缓冲容量 W/kN·m	缓冲行程 S/mm	缓冲力 F/kN	主要尺寸/mm L	L_1	L_2	L_3	B_1	B_2	B_3	B_4	D_0	D	D_1	D_3	d	重量 /kg
HT4-800	8.0	143	108	910	400	430	640	520	450	380	310	110	273	313	135	35	≈180.9
HT4-1000	10.0	135	131	840	400	360	580	520	450	450	390	120	325	365	135	35	≈208.6
HT4-1250①	12.5	135	165	840	400	360	580	520	450	450	390	120	325	365	135	42	≈235.3
HT4-1600②	16.0	120	273	1010	400	530	750	780	700	480	400	120	325	365	135	42	≈342.0
HT4-2000②	20.0	150	293	1140	450	600	840	780	700	480	400	120	325	365	135	42	≈397.8

① 由内外弹簧组成。

② 内外弹簧由两段串联而成。

表 17.1-119 缓冲器弹簧性能与尺寸

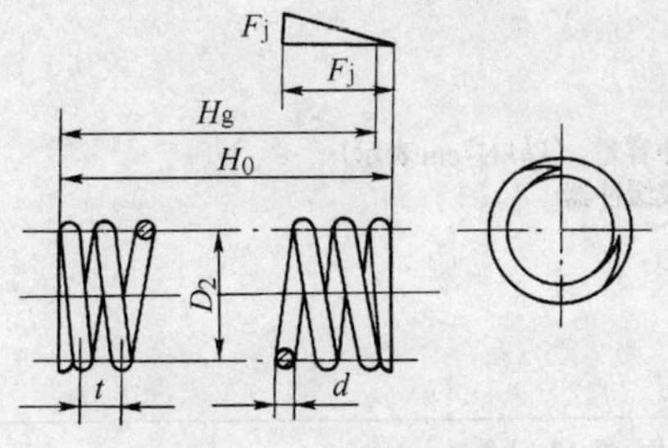

注：1. H_g—预紧后的弹簧高度（弹簧工作高度）；L—弹簧展开长度；D_{Xmax}—最大允许心轴直径；D_{Tmin}—最小允许套筒直径。

2. 弹簧的技术要求应符合 GB/T 1239.2—2009 中规定的3级精度

3. 弹簧的材料应采用不低于 GB/T 1222—2007 中规定的60Si2Mn钢

缓冲器型号	主要尺寸/mm d	D_2	H_0	H_g	F_j	t≈	D_{Xmax}	D_{Tmin}	L	弹簧刚度 k/N·mm⁻¹	有效圈数 n	旋向	单件重量 /kg	备注
HT1-16	10	45	220	215	65	14.5	31	59	2273	75	14.5	右	1.4	

（续）

缓冲器型号	主要尺寸/mm									弹簧刚度	有效圈数	旋向	单件重量	备注
	d	D_2	H_0	H_g	F_j	$t\approx$	D_{Xmax}	D_{Tmin}	L	k/N·mm^{-1}	n		/kg	
HT1-40	12	50	370	360	105	17	34	66	3553	79	21	右	3.2	
HT1-63	14	60	420	410	126	20.3	41	79	4081	89	20	右	5.4	
HT1-100	18	75	450	440	126	25.4	52	98	4382	146	17	右	8.6	
HT2-100	18	100	380	370	144	33.3	76	124	3770	100	10.5	右	7.5	
HT2-160	20	95	500	490	154	31.9	69	121	4775	129	14.5	右	11.7	
HT2-250	25	100	550	540	135	35	69	131	5027	269	14.5	右	19.7	
HT2-315	30	140	550	540	161	47.2	103	177	5278	281	10.5	右	29.3	
HT2-400	35	180	450	440	145	60	136	224	4524	396	6.5	右	34.2	
HT2-500	35	150	580	570	155	51.5	108	192	5655	423	10.5	右	42.7	
HT2-630 HT3-630	40	170	580	570	160	56.8	121	219	5905	548	9.5	右	58.0	
HT3-800 HT4-800	45	190	580	570	153	62.9	135	245	5999	703	8.5	右	74.5	
HT3-1000 HT4-1000	50	220	520	510	145	72.3	159	281	5556	903	6.5	右	85.2	
HT3-1250	50	220	520	510	145	72.3	159	281	5556	903	6.5	右	85.2	内外弹簧组合式
HT4-1250	25	110	500	490	163	38	79	141	4864	235	12.5	左	18.6	
HT3-1600	60	220	335	330	65	78.5	150	305	3479	3477	3.5	右	7.58	内外弹簧组合串联式
HT4-1600	30	120	320	315	69.8	42	84	156	3016	721	6.5	左	16.7	
HT3-2000	60	220	380	375	80	80	150	305	3839	3042	4	右	83.5	
HT4-2000	30	120	360	355	80.1	42	84	156	3393	625	7.5	左	18.8	

9.2 起重机橡胶缓冲器（见表17.1-120、表17.1-121）

表17.1-120　橡胶缓冲器（摘自JB/T 8110.2—1999）

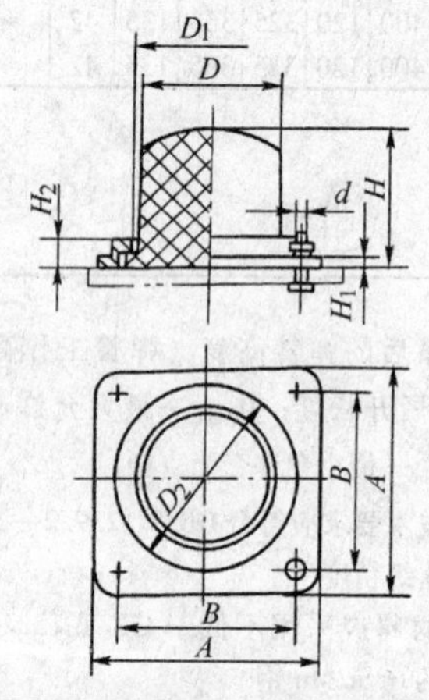

标记示例：

缓冲容量 $W=0.40$kN·m的橡胶缓冲器：

缓冲器HX-40　JB/T 8110.2—1999

型号意义：

HX－40：HX——橡胶缓冲器；40——缓冲容量，（以kN·cm表示）

型　号	缓冲容量 W/kN·m	缓冲行程 S/mm	缓冲力 F/kN	主要尺寸/mm								螺栓规格 $d\times L$	重量/kg ≈
				D	D_1	D_2	H	H_1	H_2	A	B		
HX-10	0.10	22	16	50	56	71	50	5	8	80	63	M6×20	0.36
HX-16	0.16	25	19	56	62	80	56	5	10	90	71	M6×20	0.48

（续）

型号	缓冲容量 W/kN·m	缓冲行程 S/mm	缓冲力 F/kN	主要尺寸/mm								螺栓规格 $d\times L$	重量/kg ≈
				D	D_1	D_2	H	H_1	H_2	A	B		
HX-25	0.25	28	28	67	73	90	67	6	12	100	80	M6×20	0.70
HX-40	0.40	32	40	80	87	112	80	6	14	125	100	M10×30	1.34
HX-63	0.63	40	50	90	99	125	90	6	16	140	112	M10×30	2.13
HX-80	0.80	45	63	100	109	140	100	8	18	160	125	M12×35	2.70
HX-100	1.00	50	75	112	122	160	112	8	20	180	140	M12×35	3.68
HX-160	1.60	56	95	125	136	180	125	8	22	200	160	M16×40	5.00
HX-250	2.50	63	118	140	153	200	140	8	25	224	180	M16×40	6.50
HX-315	3.15	71	160	160	174	224	160	10	28	250	200	M16×45	9.18
HX-400	4.00	80	200	180	194	250	180	10	32	280	224	M16×45	12.00
HX-630	6.30	90	250	200	215	280	200	10	36	315	250	M20×50	16.18
HX-1000	10.00	100	300	224	242	315	224	12	40	355	280	M20×50	25.00
HX-1600	16.00	112	425	250	269	355	250	12	45	400	315	M20×50	34.00
HX-2000	20.00	125	500	280	300	400	280	12	50	450	355	M20×50	48.20
HX-2500	25.00	140	630	315	335	450	315	12	56	500	400	M20×50	64.80

表 17.1-121 橡胶弹性体结构型式、尺寸及技术要求

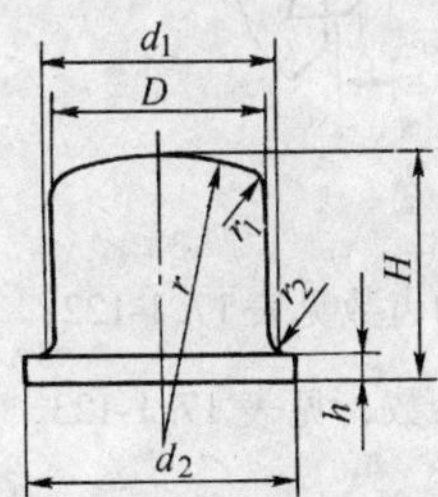

技术条件：

1. 在环境温度为 -30～55°C 时，缓冲器应能正常工作
2. 橡胶弹性体不应与油、酸、碱及其他有害化学物品接触
3. 橡胶弹性体选用的胶料，其物理力学性能应符合下列指标：
   扯断强度≥1800MPa　　扯断伸长率≥450%
   邵尔 A 型硬度 67±3　　扯断永久变形≤20%
   热空气老化系数 70°C×72h≥0.80
4. 橡胶弹性体不得有离层、裂纹、海绵状、缺胶、欠硫等现象，其表面不应有气泡、明疤、凹痕等影响使用性能和美观的缺陷

型号	尺寸/mm								重量/kg ≈
	D	d_1	d_2	H	h	r	r_1	r_2	
HX-10	50	52	63	50	5	63	3	2	0.14
HX-16	56	58	71	56	6	71	4	2	0.20
HX-25	67	69	80	67	7	80	5	2	0.33
HX-40	80	83	100	80	8	100	6	2	0.56
HX-63	90	93	112	90	10	112	7	3	0.80
HX-80	100	103	125	100	12	125	8	3	1.12
HX-100	112	116	140	112	14	140	9	3	1.59
HX-160	125	130	160	125	16	160	10	3	2.23
HX-250	140	145	180	140	18	180	12	4	3.20
HX-315	160	166	200	160	20	200	14	4	4.60
HX-400	180	186	224	180	22	224	16	4	6.56
HX-630	200	207	250	200	25	250	18	4	7.74
HX-1000	224	232	280	224	28	280	20	5	12.19
HX-1600	250	259	315	250	32	315	22	5	17.72
HX-2000	280	290	355	280	36	355	25	5	24.70
HX-2500	315	325	400	315	40	400	28	5	34.96

（续）

型　号	尺　寸　/mm								重量/kg ≈	
	D	d_1	d_2	H	h	r	r_1	r_2		
橡胶弹性体允许偏差/mm	尺寸偏差	≤10 ±0.50	>10 ~20 ±0.60	>20 ~30 ±0.80	>30 ~50 ±1.00	>50 ~80 ±1.20	>80 ~120 ±1.40	>120 ~180 ±1.80	>180 ~250 ±2.40	>250 尺寸的 ±1%

10　棘轮逆止器

棘轮逆止器一般用来作为机械中防止逆转的制逆装置或供间歇传动用，在某些低速、手动操纵的卷扬机上使用。

棘轮的齿形已经标准化。周节 p 根据齿顶圆来考虑。棘轮的齿数通常在6~30的范围内选取，但有特殊用途时，可以更少或更多些，齿数愈多，冲击愈小，但尺寸较大。为了减少冲击，可以装设两个或多个棘爪。

设计齿形时，要保证棘爪啮合性能可靠，通常将棘轮工作齿面做成与棘轮半径成 φ 的夹角，$\varphi=15°\sim20°$，见图17.1-18。图中：F 为棘轮圆周力（N），$F=\dfrac{2M_n}{D}$。D 为棘轮直径（mm），$D=zm$。

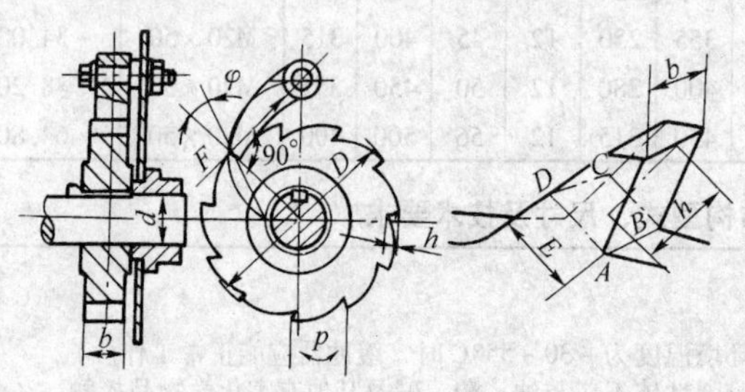

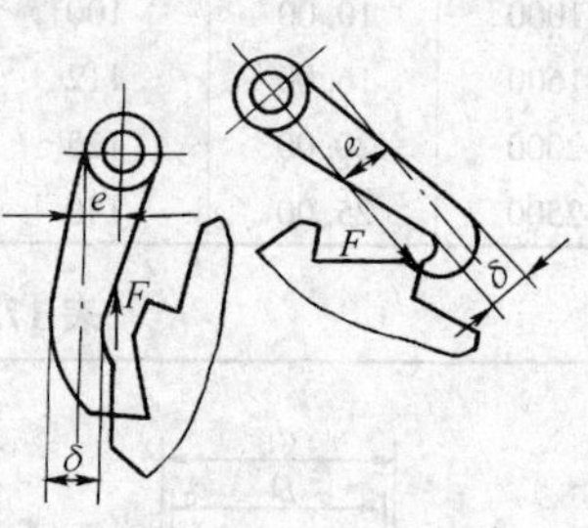

图17.1-18　棘轮

10.1　棘轮齿的强度计算

棘轮模数按齿受弯曲计算来确定

$$m=1.75\sqrt[3]{\frac{M_n}{z\psi_m\sigma_{bb}}}\qquad(17.1\text{-}17)$$

式中　$m=\dfrac{p}{\pi}$——棘轮模数（mm），m 应取6、8、10、14、16、18、20、22、24、26、30；

p——周节（mm）；

M_n——棘轮轴所受的扭矩（N·mm）；

z——棘轮的齿数见表17.1-122；

$\psi_m=\dfrac{b}{m}$——齿宽系数，见表17.1-123，其中 b 为齿宽（mm）；

σ_{bb}——棘轮齿材料的许用弯曲应力（MPa），见表17.1-123。

棘轮模数按齿受挤压进行验算

$$m\geqslant\sqrt{\frac{2M_n}{z\psi_m w_p}}\qquad(17.1\text{-}18)$$

式中　w_p——许用单位线压力（N/mm），见表17.1-123。

表17.1-122　棘轮齿数表

机械类型	齿条式顶重机	蜗轮蜗杆滑车	棘轮停止器	带棘轮的制动器
齿数 z	6~8	6~8	12~20	16~25

表17.1-123　许用弯曲应力、许用单位线压力及齿宽系数

棘轮材料	HT150	ZG270—500 ZG310—570	Q235	45
齿宽系数 $\psi_m=\dfrac{b}{m}$	1.5~6.0	1.5~4.0	1.0~2.0	1.0~2.0
许用单位线压力 w_p/N·mm^{-1}	15	30	35	40
许用弯曲应力 σ_{bb}/MPa	30	80	100	120

10.2　棘爪的强度计算

棘爪的回转中心，一般选在圆周力 F 的作用线方向，棘爪长度通常取等于 $2p$。

棘爪可制成直头形的或钩头形的（图 17.1-18），对直头形的棘爪应按受偏心压缩来进行强度计算；对钩头形的棘爪则应按受偏心拉伸来计算。基本计算公式

$$\sigma_w = \frac{M_w}{W} + \frac{F}{A} \leqslant \sigma_{bb} \quad (17.1\text{-}19)$$

式中　$M_w = Pe$——弯矩（N · mm）；

$W = \frac{b_1\delta_2}{6}$——棘爪危险断面的截面系数（$mm^3$）；

b_1——棘爪宽度（mm），一般比棘轮齿宽 2 ~ 3mm；

δ_2——棘爪危险断面的厚度（mm）；

A——棘爪危险断面的面积（mm^2）；

σ_{bb}——棘爪材料的许用弯曲应力（MPa），见表 17.1-123。

10.3　棘爪轴的强度计算

棘爪轴（图 17.1-19），为悬臂梁受弯曲作用。

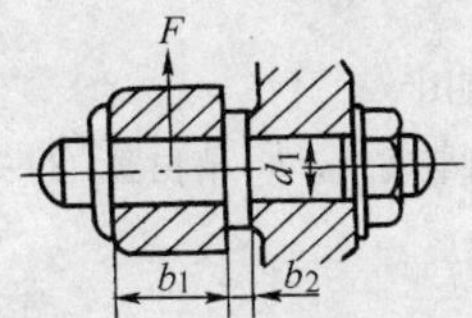

图 17.1-19　棘爪轴

由下式计算

$$d_1 = 2.2\sqrt[3]{\frac{F}{\sigma_{bb}}\left(\frac{1}{2}b_1 + b_2\right)} \quad (17.1\text{-}20)$$

或

$$d_1 = 2.71\sqrt[3]{\frac{M_n}{Zm\sigma_{bb}}\left(\frac{b_1}{2} + b_2\right)} \quad (17.1\text{-}21)$$

式中　d_1——棘爪轴为实心轴时的直径（mm）；

σ_{bb}——棘爪轴材料的许用弯曲应力（MPa），见表 17.1-123。

10.4　棘轮齿形与棘爪端的外形尺寸及画法

棘轮齿形与棘爪端的外形尺寸如表 17.1-124 所示。

图 17.1-20 所示为棘轮齿形的画法，其步骤如下：由轮中心以 $R = \frac{mZ}{2}$ 为半径画顶圆 NN，再以 $R—h$（齿高 $h = 0.75m$）为半径画根圆 SS。用周节 p 将圆周 NN 分成 Z 等分。自任一等分点 A 作弦 $AB = a = m$ 并连接弦 BC。过 BC 之中点作垂线 LM，再由 C 点作直线 CK，与 BC 弦成 30°角并交 LM 线于 O 点。以 O 点为圆心，以 OC 为半径作圆，与根圆 SS 交于 E 点。连接 CE，此即为棘轮齿工作面之方向。再连接 EB 后，便得到全部齿形。角 CEB 为 60°。

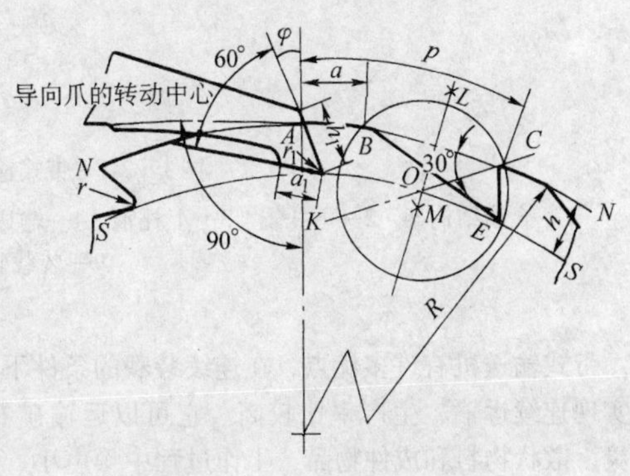

图 17.1-20　棘轮齿形的画法

表 17.1-124　棘轮齿形棘爪端的外形尺寸　（mm）

m	棘轮 p	棘轮 h	棘轮 a	棘轮 r
6	18.85	4.5	6	1.5
8	25.13	6	8	
10	31.42	7.5	10	
12	37.70	9	12	
14	43.98	10.5	14	
16	50.27	12	16	
18	56.55	13.5	18	
20	62.83	15	20	
22	69.12	16.5	22	
24	75.40	18	24	
26	81.68	19.5	26	
30	94.25	22.5	30	

棘爪 h_1	棘爪 a_1	棘爪 r_1
6	4	2
8		
10	6	
12		
14	8	
16	12	
18		
20	14	
22		
25	16	

第2章 运输机械零部件

1 普通带式输送机及其主要组成部分

本机的主要部件均采用DTⅡ型固定式带式输送机新标准。它是将原TD75型和DX型两大系列统一更新为DTⅡ型通用固定式带式输送机，简称“DTⅡ型固定式带式输送机”。

为了达到新旧产品有互换性，部件的设计必须采用“五统一”原则，即主要技术参数、性能指标、外形尺寸、安装尺寸和技术条件必须统一。

关于带式输送机的主要参数和计算方法均采用ISO5048标准。

普通带式输送机由输送带、滚筒、托辊张紧装置、清扫器、驱动装置和金属结构架等组成，带式输送机组成部分及工作原理见图17.2-1。

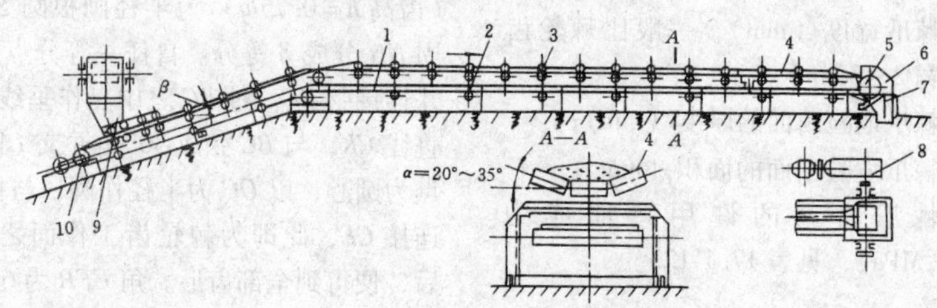

图17.2-1 带式输送机组成部分及工作原理图

1—金属结构架 2—下托辊 3—上托辊 4—输送带 5—驱动滚筒 6—卸载装置 7—清扫器 8—驱动装置 9—装载装置 10—张紧装置

带式输送机有许多优点，在连续装载的条件下可以实现连续运输，生产率比较高。它可以运输矿石、煤炭、散状物料和成件物品，工作过程中噪声小、结构简单。所以，带式输送机在各工业部门获得了广泛的应用。

带式输送机也有缺点，普通带式输送机倾斜运送物料时受到倾角的限制，当物料自重分力大于摩擦力时，则物料产生下滑。所以，运输各种物料的倾角是不一样的。各种物料所允许的最大倾角见表17.2-1。

表17.2-1 运输机最大倾角

物料名称	最大倾角
块　煤	18°
原　煤	20°
谷　物	18°
0～25mm焦炭	18°
0～30mm焦炭	20°
0～35mm焦炭	16°
0～120mm矿石	18°
0～60mm矿石	20°
40～80mm油母页岩	18°
干松泥土	20°
湿精矿	20°
干精矿	18°
筛分后石灰石	12°
干　砂	15°
湿　砂	23°
盐	20°
水　泥	20°
块状干粘土	15°～18°
粉状干粘土	22°

注：表中给出的最大倾角是物料向上运输。向下运输时最大倾角要减少。

1.1 输送带

本系列采用的普通型输送带有棉帆布层输送带、尼龙层输送带、聚酯帆布输送带和钢丝绳芯输送带。DTⅡ型系列设计中选用的输送带见表17.2-2、表17.2-3。

各种帆布输送带最小、最大许用层数见表17.2-4，帆布传送带的重量见表17.2-5，带速、带宽与输送能力的匹配关系见表17.2-6。

表 17.2-2　帆布输送带规格及技术参数(参考值)

抗拉体材料	输送带型号	每层扯断强度 σ / N·mm^{-1}	每层厚度 δ/mm	每层重量 m / kg·m^{-2}	伸长率(定载荷)(%)	带宽范围 b/mm	层数范围	覆盖胶厚度 δ_1/mm 上	覆盖胶厚度 δ_1/mm 下
棉帆布	CC-56	56	1.5	1.36	1.5 ~ 2	500 ~ 1400	3 ~ 8	1.5/1.70	
尼龙帆布	NN-100	100	1.0	1.02	1.5 ~ 2	500 ~ 1200	2 ~ 4		
	NN-150	150	1.1	1.12	1.5 ~ 2	650 ~ 1600	3 ~ 6	3.0/3.40	1.5/1.70
	NN-200	200	1.2	1.22	1.5 ~ 2	650 ~ 1800	3 ~ 6		
	NN-250	250	1.3	1.32	1.5 ~ 2	650 ~ 2200	3 ~ 6	4.5/5.10	
	NN-300	300	1.4	1.42	1.5 ~ 2	650 ~ 2200	3 ~ 6	6.0/6.80	3.0/3.40
聚酯帆布	EP-100	100	1.2	1.22	~1.5	500 ~ 1000	2 ~ 4		
	EP-200	200	1.3	1.32	~1.5	650 ~ 2200	3 ~ 6	8.0/9.50	
	EP-300	300	1.5	1.52	~1.5	650 ~ 2200	3 ~ 6		

表 17.2-3　钢丝绳芯输送带规格及技术参数(参考值)

项目 \ 规格,st	630	800	1000	1250	1600	2000	2500	3150	4000	4500	5000
纵向抗拉强度 σ_b/N·mm^{-1}	630	800	1000	1250	1600	2000	2500	3150	4000	4500	5000
钢丝绳最大直径 d/mm	3.0	3.5	4.0	4.5	5.0	6.0	7.5	8.1	8.6	9.1	10
钢丝绳间距 l/mm	10	10	12	12	12	12	15	15	17	17	18
带厚 δ/mm	13	14	16	17	17	20	22	25	25	30	30
上覆盖胶厚度 δ_1/mm	5	5	6	6	6	8	8	8	8	10	10
下覆盖胶厚度 /mm	5	5	6	6	6	6	6	8	8	10	10
带宽 b/mm	钢丝绳根数										
800	75	75	63	63	63	63	50	50			
1000	95	95	79	79	79	79	64	64	56	57	53
1200	113	113	94	94	94	94	76	76	68	68	64
1400	113	113	111	111	111	111	89	89	79	80	75
1600	151	151	126	126	126	126	101	101	91	91	85
1800		171	143	143	143	143	114	114	103	102	96
2000			159	159	159	159	128	128	114	114	107
2200			176	176	176	176	141	141	125	125	118
2400			192	192	192	192	153	153	136	136	129
输送带重量/kg·m^{-2}	19	20.5	23.1	24.7	27	34	36.8	42	49	53	58

表 17.2-4　各种帆布输送带的最小、最大许用层数

输送带型号	层数极限	物料密度 ρ/kg·m^{-3}	带宽 b/mm 500	650	800	1000	1200	1400	1600	1800	2000	2200
CC-56 NN-100	最小	500 ~ 1000	3	4	4	5	5	6				
		1000 ~ 1600	3	4	4	5	6	6				
		1600 ~ 2500	3	5	5	6	7	8				
	最大		4	5	6	8	8	8				
NN-150 EP-100	最小	500 ~ 1000	3	3	3	4	5	5	6			
		1000 ~ 1600	3	3	4	5	5	6				
		1600 ~ 2500	3	4	5	6	6					
	最大		3	4	5	6	6	6	6			

（续）

输送带型号	层数极限	物料密度 ρ/kg · m^{-3}	带宽 b/mm 500	650	800	1000	1200	1400	1600	1800	2000	2200
NN-200	最小	500～1000		3	3	3	4	4	5	5		
		1000～1600		3	4	4	5	5	6			
		1600～2500		4	5	5	6					
	最大			4	5	6	6	6	6	6		
NN-250 EP-200	最小	500～1000		3	3	3	4	4	5	5	6	6
		1000～1600		3	3	4	5	5	6	6	6	6
		1600～2500		3	4	5	6	6				
	最大			3	4	6	6	6	6	6	6	6
NN-300 EP-300	最小	500～1000		3	3	3	4	4	5	5	6	6
		1000～1600		3	3	4	5	5	6	6	6	6
		1600～2500		3	4	5	6	6				
	最大			3	4	6	6	6	6	6	6	6

表 17.2-5　帆布传送带重量 q_0（参考值）　　（kg/m）

帆布层数 Z	上胶＋下胶厚度 /mm	带宽 b/mm 500	650	800	1000	1200	1400
3	3.0＋1.5	5.02					
	4.5＋1.5	5.88					
	6.0＋1.5	6.74					
4	3.0＋1.5	5.82	7.57	9.31			
	4.5＋1.5	6.68	8.70	10.70			
	6.0＋1.5	7.55	9.82	12.10			
5	3.0＋1.5		8.62	10.60	13.25	15.90	
	4.5＋1.5		9.73	11.98	14.98	17.95	
	6.0＋1.5		10.87	13.38	16.71	20.05	
6	3.0＋1.5			11.80	14.86	17.82	20.80
	4.5＋1.5			13.28	16.59	19.90	23.20
	6.0＋1.5			14.65	18.32	22.00	25.65
7	3.0＋1.5				16.47	19.80	23.10
	4.5＋1.5				18.20	21.85	25.50
	6.0＋1.5				19.93	23.95	27.95
8	3.0＋1.5				18.08	21.65	25.30
	4.5＋1.5				19.81	23.80	27.75
	6.0＋1.5				21.54	25.82	30.10

表 17.2-6　带速 v、带宽 b 与输送能力 Q 的匹配关系

b/mm \ v/m · s^{-1} \ Q/m^3 · h^{-1}	0.8	1.0	1.25	1.6	2.0	2.5	3.15	4	(4.5)	5.0	(5.6)	6.5
500	69	87	108	139	174	217						
650	127	159	198	254	318	397						
800	198	248	310	397	496	620	781					
1000	324	405	507	649	811	1014	1278	1622				
1200		593	742	951	1188	1486	1872	2377	2674	2971		
1400		825	1032	1321	1652	2065	2602	3304	3718	4130		
1600					2186	2733	3444	4373	4920	5466	6122	
1800					2795	3494	4403	5591	6291	6989	7829	9083
2000					3470	4338	5466	6941	7808	8676	9717	11277
2200							6843	8690	9776	10863	12166	14120
2400							8289	10526	11842	13158	14737	17104

注：1. 输送能力 Q 值系按水平运输，动堆积角 θ 为 20°，托辊槽角 λ 为 35°时计算的。

2. 表中带速(4.5)m · s^{-1}、(5.6)m · s^{-1}为非标准值，一般不推荐选用。

3. 黑框内已有相应的部件系列图。

1.2　滚筒

关于各种滚筒技术规格及尺寸见表 17.2-7～表 17.2-10。

表 17.2-7　传动滚筒

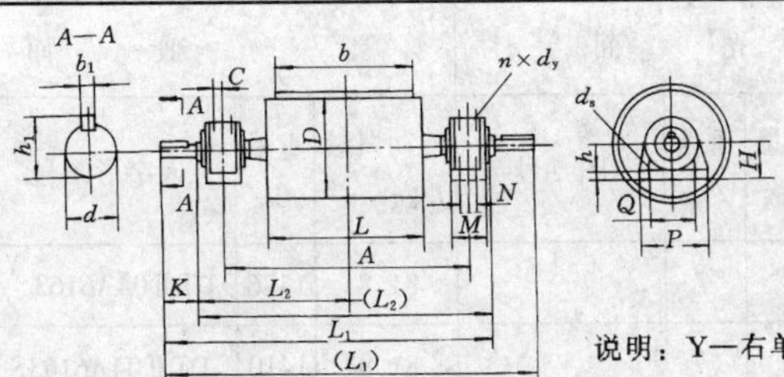

说明：Y—右单出轴；Z—左单出轴；S—双出轴

b /mm	许用转矩 M /kN·m	许用合力 F /kN	D /mm	轴承型号	轴承座图号	光面 转动惯量 J/kg·m²	光面 重量 /kg	光面 图号	胶面 转动惯量 J/kg·m²	胶面 重量 /kg	胶面 人字形图号	胶面 菱形图号
500	2.7	49	500	1316	DTⅡZ1208 DTⅡZ1308	5	250	DTⅡ01A4081	6	264	DTⅡ01A4083 Y/Z	DTⅡ01A4084
650	3.5	40				6.5	280	DTⅡ02A4081	7.8	298	DTⅡ02A4083 Y/Z	DTⅡ02A4084
	4.1		630			16.3	324	DTⅡ02A5081	18.5	347	DTⅡ02A5083 Y/Z	DTⅡ02A5084
	6.2	59	500	22220	DTⅡZ1210 DTⅡZ1310	6.5	376	DTⅡ02A4101	7.8	393	DTⅡ02A4103 Y/Z	DTⅡ02A4104
	7.3	80	630			16.3	429	DTⅡ02A5101	18.5	451	DTⅡ02A5103 Y/Z	DTⅡ02A5104
800	4.1	40	500			7.8	432	DTⅡ03A4101	9.8	453	DTⅡ03A4103 Y/Z	DTⅡ03A4104
	6.0	50	630			19.5	492	DTⅡ03A5101	23.5	521	DTⅡ03A5103 Y/Z	DTⅡ03A5104
	7.0		800						25	782	DTⅡ03A6103 Y/Z	DTⅡ03A6104
	12	80	630	22224	DTⅡZ1212 DTⅢZ1312	23.8	752	DTⅡ03A5121	29.5	776	DTⅡ03A5123 Y/Z	DTⅡ03A5124
			800						58	887	DTⅡ03A6123 Y/Z	DTⅡ03A6124
	20	100	630	22228	DTⅡZ1114 DTⅡZ1214 DTⅡZ1314	28.5	844	DTⅡ03A5141	32	920	DTⅡ03A5143 Y/Z	DTⅡ03A5144
	2×16								32	967	DTⅡ03A5143S	DTⅡ03A5144S
	20	110	800						66.3	1095	DTⅡ03A6143 Y/Z	DTⅡ03A6144
	2×16								66.3	1143	DTⅡ03A6143S	DTⅡ03A6144S
	32	160		22232	DTⅡZ1116 DTⅡZ1216 DTⅡZ1316				67.5	1253	DTⅡ03A6183 Y/Z	DTⅡ03A6164
	2×23								67.5	1287	DTⅡ03A6163S	DTⅡ03A6164S
1000	6.0	40	630	22220	DTⅡZ1210 DTⅡZ1310				26.5	585	DTⅡ04A5103 Y/Z	DTⅡ04A5104
	12	73	630	22224	DTⅡZ1212 DTⅡZ1312				38.3	857	DTⅡ04A5123 Y/Z	DTⅡ04A5124
			800						78.8	964	DTⅡ04A6123 Y/Z	DTⅡ04A6124
		80	1000						164.8	1162	DTⅡ04A7123 Y/Z	DTⅡ04A7124
	20	110	800	22228	DTⅡZ1114 DTⅡZ1214 DTⅡZ1314				80.3	1168	DTⅡ04A6143 Y/Z	DTⅡ04A6144
	2×16								80.3	1216	DTⅡ04A6143S	DTⅡ04A6144S
	20	110	1000	22228					166.5	1408	DTⅡ04A7143 Y/Z	DTⅡ04A7144
	2×16								166.5	1456	DTⅡ04A7143S	DTⅡ04A7144S

（续）

b /mm	许用转矩 M /kN·m	许用合力 F /kN	D /mm	轴承型号	轴承座图号	光面 转动惯量 J/kg·m²	光面 重量 /kg	光面 图号	胶面 转动惯量 J/kg·m²	胶面 重量 /kg	胶面 人字形图号	胶面 菱形图号
1000	27	160	800	22232	DTⅡZ1116 DTⅡZ1216 DTⅡZ1316				81.8	1376	DTⅡ04A6163$^{Y}_{Z}$	DTⅡ04A6164
	2×22								81.8	1410	DTⅡ04A6163S	DTⅡ04A6164S
	27	170	1000						168.3	1617	DTⅡ04A7163$^{Y}_{Z}$	DTⅡ04A7164
	2×22								168.3	1651	DTⅡ04A7163S	DTⅡ04A7164S
	40	190	800	22236	DTⅡZ1118 DTⅡZ1218 DTⅡZ1318				83.3	1691	DTⅡ04A6183$^{Y}_{Z}$	DTⅡ04A6184M
	2×35								83.3	1744	DTⅡ04A6183S	DTⅡ04A6184S
	40	210	1000						170	1928	DTⅡ04A7183$^{Y}_{Z}$	DTⅡ04A7184
	2×35								170	1981	DTⅡ04A7183S	DTⅡ04A7184S
	52	330		22240	DTⅡZ1120 DTⅡZ1220 DTⅡZ1320				215.3	2585	DTⅡ04A7203$^{Y}_{Z}$	DTⅡ04A7204
	2×42								215.3	2677	DTⅡ04A7203S	DTⅡ04A7284S
1200	12	52	630	22224	DTⅡZ1212 DTⅡZ1312				46.5	967	DTⅡ05A5123$^{Y}_{Z}$	DTⅡ05A5124
		80	800						06	1059	DTⅡ05A6123$^{Y}_{Z}$	DTⅡ05A6124
			1000						200	1307	DTⅡ05A7123$^{Y}_{Z}$	DTⅡ05A7124
	20	85	630	22228	DTⅡZ1114 DTⅡZ1214 DTⅡZ1314				47.3	1156	DTⅡ05A5143$^{Y}_{Z}$	DTⅡ05A5144
	2×16								47.3	1204	DTⅡ05A5143S	DTⅡ05A5144S
	20	110	800						97.8	1297	DTⅡ05A6143$^{Y}_{Z}$	DTⅡ05A6144
	2×16								97.8	1345	DTⅡ05A6143S	DTⅡ05A6144S
	20	110	1000	22228	DTⅡZ1114 DTⅡZ1214 DTⅡZ1314				202.5	1567	DTⅡ05A7143$^{Y}_{Z}$	DTⅡ05A7144
	2×16								202.5	1615	DTⅡ05A7143S	DTⅡ05A7144S
	27	140	800	22232	DTⅡZ1116 DTⅡZ1216 DTⅡZ1316				99.5	1520	DTⅡ05A6163$^{Y}_{Z}$	DTⅡ05A6164
	2×22								99.5	1554	DTⅡ05A6163S	DTⅡ05A6164S
	27	160	1000						204.8	1780	DTⅡ05A7163$^{Y}_{Z}$	DTⅡ05A7164
	2×22								204.8	1818	DTⅡ05A7163S	DTⅡ05A7164S
	40	180	800	22236	DTⅡZ1118 DTⅡZ1218 DTⅡZ1318				101.3	1928	DTⅡ05A6183$^{Y}_{Z}$	DTⅡ05A6184
	2×32								101.3	1981	DTⅡ05A6183S	DTⅡ05A6184S
	40	210	1000						207	2173	DTⅡ05A7183$^{Y}_{Z}$	DTⅡ05A7184
	2×32								207	2226	DTⅡ05A7183S	DTⅡ05A7184S

（续）

b /mm	许用转矩 M /kN·m	许用合力 F /kN	D /mm	轴承型号	轴承座图号	光面 转动惯量 J/kg·m²	光面 重量 /kg	光面 图号	胶面 转动惯量 J/kg·m²	胶面 重量 /kg	胶面 人字形图号	胶面 菱形图号
1200	52	230	800	22240	DTⅡZ1120 DTⅡZ1220 DTⅡZ1320				118.3	2393	DTⅡ05A6203 $\frac{Y}{Z}$	DTⅡ05A6204
	2×42								118.3	2484	DTⅡ05A6203S	DTⅡ05A6204S
	52	290	1000						262	2813	DTⅡ05A7203 $\frac{Y}{Z}$	DTⅡ05A7204
	2×42								262	2903	DTⅡ05A7203S	DTⅡ05A7204S
	66	330		22244	DTⅡZ1122 DTⅡZ1222 DTⅡZ1322				283	3234	DTⅡ05A7223 $\frac{Y}{Z}$	DTⅡ05A7224
	2×50								283	3329	DTⅡ05A7223S	DTⅡ05A7224S
1400	20	100	800	22228	DTⅡZ1114 DTⅡZ1214 DTⅡZ1314				111.8	1417	DTⅡ06A6143 $\frac{Y}{Z}$	DTⅡ06A6144
	2×16								111.8	1465	DTⅡ06A6143S	DTⅡ06A6144S
	20		1000						202.5	1720	DTⅡ06A7143 $\frac{Y}{Z}$	DTⅡ06A7144
	2×16								202.5	1768	DTⅡ06A7143S	DTⅡ06A7144S
	27	130	800	22232	DTⅡZ1116 DTⅡZ1216 DTⅡZ1316				113.8	1530	DTⅡ06A6163 $\frac{Y}{Z}$	DTⅡ06A6164
	2×22								113.8	1564	DTⅡ06A6163S	DTⅡ06A6164S
	27	160	1000	22234	DTⅡZ1116 DTⅡZ1216 DTⅡZ1316				204.8	1919	DTⅡ06A7163 $\frac{Y}{Z}$	DTⅡ06A7164
	2×22								204.8	1953	DTⅡ06A7163S	DTⅡ06A7164S
	40	170	800	22236	DTⅡZ1118 DTⅡZ1218 DTⅡZ1318				115.8	2004	DTⅡ06A6183 $\frac{Y}{Z}$	DTⅡ06A6184
	2×32								115.8	2057	DTⅡ06A6183S	DTⅡ06A6184S
	40	210	1000		DTⅡZ1120 DTⅡZ1220 DTⅡZ1320				236.5	2287	DTⅡ06A7183 $\frac{Y}{Z}$	DTⅡ06A7184
	2×32								236.5	2339	DTⅡ06A7183S	DTⅡ06A7184S
	52	210	800	22240	DTⅡZ1122 DTⅡZ1222 DTⅡZ1322				135.3	2553	DTⅡ06A6203 $\frac{Y}{Z}$	DTⅡ06A6204
	2×42								135.3	2632	DTⅡ06A6203S	DTⅡ06A6204S
	52	260	1000						299.5	2994	DTⅡ06A7203 $\frac{Y}{Z}$	DTⅡ06A7204
	2×42								299.5	3082	DTⅡ06A7203S	DTⅡ06A7204S
	66	300		22244					300	3456	DTⅡ06A7223 $\frac{Y}{Z}$	DTⅡ06A7224
	2×50								300	3551	DTⅡ06A7223S	DTⅡ06A7224S

（续）

b	D	图号	A	L	L_1	L_2	K	M	N	Q	P	H	h	h_1	d	b_1	d_s	C	$n \times d_y$
			尺寸/mm																
500	500	DTⅡ01A4081	850	600	1114	495													
		DTⅡ01A4083 Y Z																	
		DTⅡ01A4084																	
650	500	DTⅡ02A4081	1000	750	1264	570	140	70	—	350	410	120	33	74.5	70	20	M20	22	2×M8×1
		DTⅡ02A4083 Y Z																	
		DTⅡ02A4084																	
	630	DTⅡ02A5081																	
		DTⅡ02A5083 Y Z																	
		DTⅡ02A5084																	
	500	DTⅡ02A4101			1324	590	170	80	—	380	460	135	46	95	90	25	M24	26	4×M8×1
		DTⅡ02A4103 Y Z																	
		DTⅡ02A4104																	
	630	DTⅡ02A5101																	
		DTⅡ02A5103 Y Z																	
		DTⅡ02A5104																	
	500	DTⅡ02A4121	1050		1419	615	210	110	—	440	530	155		116	110	28		32	
		DTⅡ02A4123 Y Z																	
		DTⅡ02A4124																	
	630	DTⅡ02A5121																	
		DTⅡ02A5123 Y Z																	
		DTⅡ02A5124																	
800	500	DTⅡ03A4101	1300	950	1624	740	170	80	—	380	460	135		95	90	25		26	
		DTⅡ03A4103 Y Z																	
		DTⅡ03A4104																	
	630	DTⅡ03A5101																	
		DTⅡ03A5103 Y Z																	
		DTⅡ03A5104																	
	800	DTⅡ03A6103 Y Z																	
		DTⅡ03A6104																	

（续）

b	D	图　号	尺寸/mm																
			A	L	L_1	L_2	K	M	N	Q	P	H	h	h_1	d	b_1	d_s	C	$c \times d_y$
		DTⅡ03A5121																	
	630	DTⅡ03A5123 Y Z																	
		DTⅡ03A5124			1669	740	210	110	—	440	530	155	46	116	110	28		32	
	800	DTⅡ03A6123 Y Z																	
		DTⅡ03A6124																	
		DTⅡ03A5141																	
		DTⅡ03A5143 Y Z	1300		1724	1750													4×M8×1
	630	DTⅡ03A5144																	
800		DTⅡ03A5143S		950	2000	1500											M30		
		DTⅡ03A5144S						120	—	480	570	170	63	137	130	32		37	
		DTⅡ03A6143 Y Z			1724	750													
		DTⅡ03A6144					250												
		DTⅡ03A6143S			2000	1500													
	800	DTⅡ03A6144S																	
		DTⅡ03A6163 Y Z			1839	800													
		DTⅡ03A6164																	
		DTⅡ03A6163S	1400					200	105	520	640	200	60	158	150	36		43	4×M10×1
		DTⅡ03A6164S			2100	1600													
		DTⅡ04A5103 Y Z			1824		170	80	—	380	460	135		95	90	25		26	
	630	DTⅡ04A5104																	
		DTⅡ04A5123 Y Z																	
1000		DTⅡ04A5124	1500	1150		840							46				M24		4×M8×1
	800	DTⅡ04A6123 Y Z			1869		210	110	—	440	680	155		116	110	28		32	
		DTⅡ04A6124																	
	1000	DTⅡ04A7123 Y Z																	
		DTⅡ04A7124																	

（续）

尺寸/mm																			
b	D	图　　号	A	L	L_1	L_2	K	M	N	Q	P	H	h	h_1	d	b_1	d_s	C	$c \times d_y$
1000	630	DTⅡ04A5143 $^{Y}_{Z}$	1500	1150	1924	850	250	120	—	480	570	170	63	137	130	32	M30	37	4×M8×1
		DTⅡ04A5144																	
		DTⅡ04A5143S			2300	1700													
		DTⅡ04A5144S																	
	800	DTⅡ04A6143 $^{Y}_{Z}$			1924	850													
		DTⅡ04A6144																	
		DTⅡ04A6143S			2300	1700													
		DTⅡ04A6144S																	
	1000	DTⅡ04A7143 $^{Y}_{Z}$			1924	850													
		DTⅡ04A7144																	
		DTⅡ04A7143			2300	1700													
		DTⅡ04A7144S																	
	800	DTⅡ04A6163 $^{Y}_{Z}$	1600		2039	900		200	105	520	640	200	60	158	150	36		43	4×M10×1
		DTⅡ04A6164																	
		DTⅡ04A6163S			2300	1800													
		DTⅡ04A6164S																	
	1000	DTⅡ04A7163 $^{Y}_{Z}$			2039	900													
		DTⅡ04A7164																	
		DTⅡ04A7163S			2300	1800													
		DTⅡ04A7164S																	
	800	DTⅡ04A6183 $^{Y}_{Z}$			2110	910	300	220	120	570	700	220	70	179	170	40		46	
		DTⅡ04A6184																	
		DTⅡ04A6183S			2420	1820													
		DTⅡ04A6184S																	
	1000	DTⅡ04A7183 $^{Y}_{Z}$			2110	910													
		DTⅡ04A7184																	
		DTⅡ04A7183S			2420	1820													
		DTⅡ04A7184S																	

（续）

b	D	图　号	尺寸/mm A	L	L_1	L_2	K	M	N	Q	P	H	h	h_1	d	b_1	d_s	C	$c \times d_y$
1000	800	DTⅡ04A6203 $\frac{Y}{Z}$	1650	1150	2278	975	350	240	140	640	780	240	75	200	190	45	M30	60	4 × M10 × 1
		DTⅡ04A6204																	
		DTⅡ04A6203S			2650	1950													
		DTⅡ04A6204S																	
	1000	DTⅡ04A7203 $\frac{Y}{Z}$			2278	975													
		DTⅡ04A7204																	
		DTⅡ04A7203S			2650	1950													
		DTⅡ04A7204S																	
1200	630	DTⅡ05A5123 $\frac{Y}{Z}$	1750	1400	2129	975	210	110	—	440	530	155	46	116	110	28	M24	32	4 × M8 × 1
		DTⅡ05A5124																	
	800	DTⅡ05A6123 $\frac{Y}{Z}$																	
		DTⅡ05A6124																	
	1000	DTⅡ05A7123 $\frac{Y}{Z}$																	
		DTⅡ05A7124																	
	630	DTⅡ05A5143 $\frac{Y}{Z}$			2174		250	120	—	480	570	170	63	137	130	32	M30	27	
		DTⅡ05A5144																	
		DTⅡ05A5143S			2450	1950													
		DTⅡ05A5144S																	
	800	DTⅡ05A6143 $\frac{Y}{Z}$			2174	975													
		DTⅡ05A6144																	
		DTⅡ05A6143S			2450	1950													
		DTⅡ05A6144S																	
	1000	DTⅡ05A7143 $\frac{Y}{Z}$			2174	975													
		DTⅡ05A7144																	
		DTⅡ05A7143S			2450	1950													
		DTⅡ05A7144S																	

（续）

尺寸/mm																			
b	D	图　号	A	L	L_1	L_2	K	M	N	Q	P	H	h	h_1	d	b_1	d_s	C	$c\times d_y$
1200	800	DTⅡ05A6163 Y Z	1850	1400	2289	1025	250	200	105	520	640	200	60	158	150	36	M30	43	4×M10×1
		DTⅡ05A6164																	
		DTⅡ05A6163S			2550	2050													
		DTⅡ05A6164S																	
	1000	DTⅡ05A7163 Y Z			2289	1025													
		DTⅡ05A7164																	
		DTⅡ05A7163S			2550	2050													
		DTⅡ05A7164S																	
	800	DTⅡ05A6183 Y Z			2360	1035	300	220	120	570	700	220	70	179	170	40		46	
		DTⅡ05A6184																	
		DTⅡ05A6183S			2670	2050													
		DTⅡ05A6184S																	
	1000	DTⅡ05A7183 Y Z			2360	1035													
		DTⅡ05A7184																	
		DTⅡ05A7183S			2670	2070													
		DTⅡ05A7184S																	
	800	DTⅡ05A6203 Y Z	1900		2528	1100	350	240	140	640	780	240	75	200	190	45		60	
		DTⅡ05A6204																	
		DTⅡ05A6203S			2900	2200													
		DTⅡ05A6204S																	
	1000	DTⅡ05A7203 Y Z			2528	1100													
		DTⅡ05A7204																	
		DTⅡ05A7203S			2900	2200													
		DTⅡ05A7204S																	
		DTⅡ05A7223 Y Z			2533	1100		250		720	880	270	80	210	200	45	M36	65	
		DTⅡ05A7224																	
		DTⅡ05A7223S			2900	2200													
		DTⅡ05A7224S																	

（续）

尺寸/mm																			
b	D	图　号	A	L	L_1	L_2	K	M	N	Q	P	H	h	h_1	d	b_1	d_s	C	$c \times d_y$
1400	800	DTⅡ06A6143 Y/Z	2050	1600	2474	1125	250	120	—	480	570	170	63	137	130	32	M30	37	4×M8×1
		DTⅡ06A6144																	
		DTⅡ06A6143S			2750	2250													
		DTⅡ06A6144S																	
	1000	DTⅡ06A7143 Y/Z			2474	1125													
		DTⅡ06A7144																	
		DTⅡ06A7143S			2750	2250													
		DTⅡ06A7144S																	
	800	DTⅡ06A6163 Y/Z			2489	1125		200	105	520	640	200	60	158	150	36		43	4×M10×1
		DTⅡ06A6164																	
		DTⅡ06A6163S			2750	2250													
		DTⅡ06A6164S																	
	1000	DTⅡ06A7163 Y/Z			2489	1125													
		DTⅡ06A7164																	
		DTⅡ06A7163S			2750	2250													
		DTⅡ06A7164S																	
	800	DTⅡ06A6183 Y/Z			2560	1135	300	220	120	570	700	220	70	179	170	40		46	
		DTⅡ06A6184																	
		DTⅡ06A6183S			2870	2270													
		DTⅡ06A6184S																	
	1000	DTⅡ06A7183 Y/Z			2560	1135													
		DTⅡ06A7184																	
		DTⅡ06A7183S			2870	2270													
		DTⅡ06A7184S																	

（续）

尺寸/mm																			
b	D	图　号	A	L	L_1	L_2	K	M	N	Q	P	H	h	h_1	d	b_1	d_s	C	$c\times d_y$
1400	800	DTⅡ06A6203 Y/Z	2100	1600	2728	1200	350	240	140	640	780	240	75	200	190	45	M30	60	4×M10×1
		DTⅡ06A6204																	
		DTⅡ06A6203S			3100	2400													
		DTⅡ06A6204S																	
	1000	DTⅡ06A7203 Y/Z			2728	1200													
		DTⅡ06A7204																	
		DTⅡ06A7203S			3100	2400													
		DTⅡ06A7204S																	
		DTⅡ06A7223 Y/Z			2733	1200		250		720	880	270	80	210	200		M36	65	
		DTⅡ06A7224																	
		DTⅡ06A7223S			3100	2400													
		DTⅡ06A7224S																	

表 17.2-8　改向滚筒

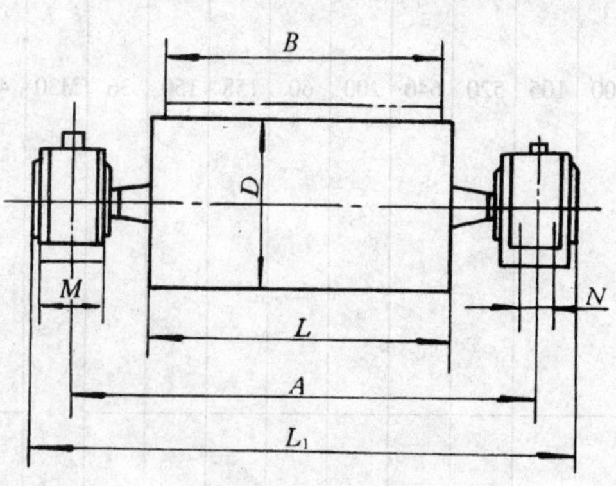

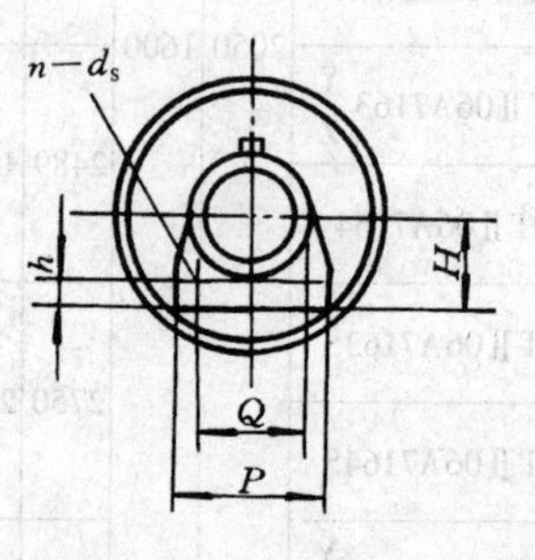

B /mm	D /mm	许用合力 /kN	轴承型号	基本尺寸/mm											光面		胶面		图　号
				A	L	L_1	Q	P	H	h	M	N	d_s	n	转动惯量 /kg·m²	重量 /kg	转动惯量 /kg·m²	重量 /kg	
500	250	9	22210	850	600	945	260	320	90	33	70	—	M16	2	0.5	102	3.5		50B102(G)
	315	10													1.3	116			50B103(G)
	400														3	135		147	50B104(G)
		23	22212			953	280	340	100							166		177	50B204(G)
	500	28													5	187	6	201	50B105(G)
		49	22216			959	350	410	120				M20			245		260	50B205(G)
650	250	8	22210	1000	750	1095	260	320	90				M16		0.8	117			65B102(G)
	315														1.5	133			65B103(G)
		16	22212			1103	280	340	100						1.8	166			65B203(G)
		26	22216			1109	350	410	120				M20		2	227			65B303(G)

（续）

B /mm	D /mm	许用合力 /kN	轴承型号	基本尺寸/mm											光面		胶面		图号
				A	L	L_1	Q	P	H	h	M	N	d_s	n	转动惯量 /kg·m²	重量 /kg	转动惯量 /kg·m²	重量 /kg	
650	400	20	22212	1000	750	1103	280	340	100	33	70	—	M16	2	3	189	3.5	203	65B104(G)
650	400	32	22216	1000	750	1109	350	410	120	33	70	—	M20	2	3.3	251	3.8	265	65B204(G)
650	400	46	22220	1000	750	1129	380	460	135	46	80	—	M24	2	3.5	332	4	346	65B304(G)
650	500	40	22216	1000	750	1109	350	410	120	33	70	—	M20	2	6.5	278	7.8	296	65B105(G)
650	500	59	22220	1000	750	1129	380	460	135	46	80	—	M24	2	6.5	368	7.8	386	65B205(G)
650	630	59	22220	1000	750	1129	380	460	135	46	80	—	M24	2	16.3	422	18.5	440	65B106(G)
650	630	70	2224	1050	750	1189	440	530	155	46	110	—	M24	2	20.3	613	21.3	640	65B206(G)
800	250	6	22210	1250	950	1345	260	320	90	33	70	—	M16	2	0.8	136			80B102(G)
800	315	12	22212	1250	950	1353	280	340	100	33	70	—	M16	2	1.5	200			80B103(G)
800	315	20	22216	1250	950	1359	350	410	120	33	70	—	M20	2	1.8	260			80B203(G)
800	400	20	22216	1250	950	1359	350	410	120	33	70	—	M20	2	4.5	288	4.8	306	80B104(G)
800	400	29	22220	1300	950	1429	380	460	135	46	80	—	M24	2	4.8	360	5	487	80B204(G)
800	400	45	22224	1300	950	1439	440	530	155	46	110	—	M24	2	5.5	509	6.3	527	80B304(G)
800	500	40	22220	1300	950	1429	380	460	135	46	80	—	M24	2	7.8	412	9.8	434	80B105(G)
800	500	56	22224	1300	950	1439	440	530	155	46	110	—	M24	2	7.8	560	9.3	582	80B205(G)
800	630	50	22220	1300	950	1429	380	460	135	46	80	—	M24	2	19.5	472	23.5	560	80B106(G)
800	630	73	22224	1300	950	1439	440	530	155	46	110	—	M24	2	24.3	690	49.5	719	80B205(G)
800	630	100	22228	1300	950	1449	480	570	170	63	120	—	M30	2	27.8	855	30.8	883	80B306(G)
800	630	170	22232	1400	950	1600	520	640	200	60	200	105	M30	4	30	1080	33	1108	80B406(G)
800	800	90	22224	1300	950	1439	440	530	155	46	110	—	M24	2	49.8	780	57.3	823	80B107(G)
800	800	126	22228	1300	950	1449	480	570	170	63	120	—	M30	2	54.8	942	61.8	976	80B207(G)
800	800	170	22232	1400	950	1600	520	640	200	65	200	105	M30	4	60.5	1200	67.5	1243	80B307(G)
800	800	250	22236	1400	950	1620	570	700	220	70	220	120	M30	4	61.8	1469	68.8	1533	80B407(G)
800	1000	240	22232	1400	950	1600	520	640	200	65	200	105	M30	4	125.3	1413	140	1487	80B108(G)
800	1000	330	22236	1400	950	1620	570	700	220	70	220	120	M30	4	126.5	1675	140.3	1755	80B208(G)
800	1000	400	23240	1400	950	1655	640	780	240	75	255	140	M30	4	285.8	2397	290.4	2463	80B308(G)
800	1250	400	23244	1400	950	1720	720	880	270	80	270	140	M36	4	365.4	3104	370.8	3174	80B109(G)
1000	250	6	22210	1450	1150	1545	260	320	90	33	70	—	M16	2	1	156			100B102(G)
1000	315	11	22212	1450	1150	1553	280	340	100	33	70	—	M16	2	1.8	221			100B103(G)
1000	315	18	22216	1450	1150	1559	350	410	120	33	70	—	M20	2	2	296			100B203(G)
1000	400	18	22216	1450	1150	1559	350	410	120	33	70	—	M20	2	5	328	6	350	100B104(G)
1000	400	29	22220	1500	1150	1629	380	460	135	46	80	—	M24	2	5	427	6	445	100B204(G)
1000	400	45	22224	1500	1150	1639	440	530	155	46	110	—	M24	2	7.3	567	8.3	589	100B304(G)
1000	500	35	22220	1500	1150	1629	380	460	135	46	80	—	M24	2	8.5	472	9.8	500	100B105(G)
1000	500	45	22224	1500	1150	1639	440	530	155	46	110	—	M24	2	9.5	624	11.3	652	100B205(G)
1000	500	75	22228	1500	1150	1649	480	570	170	63	120	—	M30	2	11.5	804	13.3	831	100B305(G)
1000	630	43	22220	1500	1150	1629	380	460	135	46	80	—	M24	2	23	546	26.5	567	100B106(G)
1000	630	64	22224	1500	1150	1639	440	530	155	46	110	—	M24	2	29.8	753	33.3	797	100B206(G)
1000	630	87	22228	1500	1150	1649	480	570	170	63	120	—	M30	2	32.5	940	36	975	100B306(G)
1000	630	168	22232	1600	1150	1800	520	640	200	65	200	105	M30	4	34	1180	38.5	1214	100B406(G)
1000	800	79	22224	1500	1150	1639	440	530	155	46	110	—	M24	2	58.3	864	67	916	100B107(G)
1000	800	110	22228	1500	1150	1649	480	570	170	63	120	—	M30	2	64.3	1042	73	1094	100B207(G)
1000	800	168	22232	1600	1150	1800	520	640	200	65	200	105	M30	4	73.3	1313	81.8	1365	100B307(G)
1000	800	220	22236	1600	1150	1820	570	700	220	70	220	120	M30	4	74.8	1606	83.3	1659	100B407(G)

（续）

B /mm	D /mm	许用合力 /kN	轴承型号	基本尺寸/mm											光面		胶面		图号
				A	L	L_1	Q	P	H	h	M	N	d_s	n	转动惯量 /kg·m²	重量 /kg	转动惯量 /kg·m²	重量 /kg	
1000	1000	130	22228	1500	1150	1649	480	570	170	63	120	—	M30	4	131.5	1214	150.8	1280	100B108(G)
		200	22232	1600		1800	520	640	200	65	200	105			151.5	1542	168.3	1607	100B208(G)
		290	22236			1822	570	700	220	70	220	120			153.3	1830	170	1885	100B308(G)
		387	23240	1650		1930	640	780	240	75	255	140			198.5	2440	215.3	2510	100B408(G)
		429	23244			1952	720	880	270	80	270		M36		215.8	2818	232.5	2884	100B508(G)
	1250	400													410.5	3340	419.8	3425	100B109(G)
	1400	600	23248			1976	750	900	290	90	300	150			556.3	3972	232.5	5684	100B110(G)
1200	250	6	22210	1700	1400	1795	260	320	90	33	70	—	M16	2	1.3	181			120B102(G)
	315	11	22212			1803	280	340	100						1.8	255			120B103(G)
		17	22216			1809	350	410	120				M20		2	341			120B203(G)
	400														6	378	7	405	120B104(G)
		26	22220	1750		1879	380	460	135	46	80		M24					556	120B204(G)
		38	22224			1889	440	530	155		110						10	659	120B304(G)
	500	30	22220			1879	380	460	135		80						16.3	572	120B105(G)
		41	22224			1889	440	530	155		110						13.8	731	120B205(G)
		70	22228			1899	480	570	170	63	120		M30				21	925	120B305(G)
	630	37	22220			1879	380	460	135	46	80		M24				32.3	659	120B106(G)
		53	22224			1889	440	530	155	46	110						38	893	120B206(G)
		90	22228			1899	480	570	170	63	120		M30				42.5	1090	120B306(G)
		150	22232	1850		2050	520	640	200	65	200	105		4			46.8	1334	120B406(G)
	800	64	22224	1750		1889	440	530	155	46	110	—	M24	2			79.5	1032	120B107(G)
		100	22228			1899	480	570	170	63	120		M30				87	1229	120B207(G)
		150	22232	1850		2050	520	640	200	65	200	105		4			99.5	1507	120B307(G)
		200	22236			2070	570	700	220	70	220	120					101.3	1824	120B407(G)
		230	23240	1850		2180	640	780	240	75	255	140					118.3	2309	120B507(G)
	1000	134	22228	1900		1899	480	570	170	63	120	—		2			175.8	1438	120B108(G)
		150	22232	1750		2050	520	640	200	65	200	105		4			204.8	1770	120B208(G)
		200	22236	1850		2070	570	700	220	70	220	120					207	2086	120B308(G)
		351	23240			2180	640	780	240	75	255	140					262	2711	120B408(G)
		391	23244			2202	720	880	270	80	270		M36				283	3068	120B508(G)
		437	23248	1900		2226	750	900	290	90	300	150					291	3622	120B608(G)
	1250	400															528	4173	120B109(G)
		550	24152			2230					320	170					564	4324	120B209(G)
	1400	900	24060				940	1150	330	100							906	5983	120B110(G)
1400	315	17	22216		1600	2009	350	410	120	33	70	—	M20	2	2.3	356			140B103(G)
	400														6.8	398	8	429	140B104(G)
		25	22220	1950		2079	380	460	135	46	80							560	140B204(G)
		40	22224			2089	440	530	155		110		M24				11.5	729	140B304(G)
	500	25	22220			2079	380	460	135		80						18.5	629	140B105(G)
		40	22224			2089	440	530	155		110						15.8	809	140B205(G)

（续）

B /mm	D /mm	许用合力 /kN	轴承型号	基本尺寸/mm A	L	L_1	Q	P	H	h	M	N	d_s	n	光面 转动惯量 /kg·m²	光面 重量 /kg	胶面 转动惯量 /kg·m²	胶面 重量 /kg	图号
1400	500	66	22228	2050	1600	2199	480	570	170	63	120	—	M30	2			24	1009	140B305(G)
	630	50	22224	1950		2089	440	530	155	46	110		M24				42.8	971	140B106(G)
		90	22228	2050		2199	480	570	170	63	120		M30				48	1197	140B206(G)
		120	22232			2250	520	640	200	65	200	105		4			53.5	1439	140B306(G)
	800	50	22224	1950		2089	440	530	155	46	110	—	M24	2			89.3	1124	140B107(G)
		94	22228			2199	480	570	170	63	120						98.3	1350	140B207(G)
		150	22232	2050		2250	520	640	200	65	200	105		4			113.8	1628	140B307(G)
		186	22236			2270	570	700	220	70	220	120					115.8	1970	140B407(G)
		214	23240	2100		2380	640	780	240	75	240	140	M30				135.3	2253	140B507(G)
	1000	100	22228			2199	480	570	170	63	120	—		2			198	1580	140B108(G)
		150	22232	2050		2250	520	640	200	65	200	105					234	1910	140B208(G)
		236	22236			2270	570	700	220	70	220	120					236.5	2253	140B308(G)
		331	23240			2380	640	780	240	75	255	140					299.5	2820	140B408(G)
		361	23244			2402	720	880	270	80	270						300	3831	140B508(G)
		400	23248			2426	750	900	290	90	300	150		4			323.8	3748	140B608(G)
		427	24152	2100													375.5	4118	140B708(G)
	1250	600	24156			2444	840	1000	310	100	320	170	M36				592	4519	140B109(G)
		900	24060				940	1150	330								713	5828	140B209(G)
	1400																990	6329	140B110(G)

注：1. 表中轴承型号均省略了尾标。其省略的尾标为：尾数小于或等于32的为C/W33，尾数大于或等于36的为CA/W33。如轴承22232全称为22232C/W33，轴承22236全称为22236CA/W33。

2. 图号后加G为光面滚筒，无G为胶面滚筒。

表17.2-9　电动滚筒系列表

滚筒规格 b、D	电动机功率 P/kW	带速 $v/m \cdot s^{-1}$	输出转矩 $M/N \cdot m$	最大张力 F_1/N	滚筒规格 b、D	电动机功率 P/kW	带速 $v/m \cdot s^{-1}$	输出转矩 $M/N \cdot m$	最大张力 F_1/N
5050 6550 8050	2.2	0.80	640	2585	5050 6550 8050	5.5	1.60	808	3231
		1.00	517	2068			2.00	646	2585
		1.25	413	1654			2.50	517	2068
		1.60	323	1293			3.15	410	1616
		2.00	258	1034	6550 8050	7.5	0.80	2203	8695
	3.0	0.80	881	3525			1.00	1762	6956
		1.00	705	2820			1.25	1410	5565
		1.25	564	2256			1.60	1101	4348
		1.60	440	1763			2.00	881	3478
		2.00	352	1410			2.50	705	2782
		2.50	282	1128			3.15	559	2174
	4.0	0.80	1175	4700			4.00	440	1739
		1.00	940	3760		11	0.80	3232	12926
		1.25	752	3008			1.00	2585	10340
		1.60	587	2350			1.25	2068	8272
		2.00	470	1880			1.60	1616	6463
		2.50	376	1504			2.00	1292	5170
	5.5	0.80	1616	6463			2.50	1034	4136
		1.00	1292	5170			3.15	820	3231
		1.25	1034	4136			4.00	646	2585

（续）

滚筒规格 b、D	电动机功率 P/kW	带速 v/m·s^{-1}	输出转矩 M/N·m	最大张力 F_1/N
8050	15	0.80	4407	17625
		1.00	3525	14100
		1.25	2821	11280
		1.60	2203	8813
		2.00	1762	7050
		2.50	1410	5640
		3.15	1119	4406
6563 8063 10063	3.0	0.80	1110	3525
		1.00	888	2820
		1.25	710	2256
		1.60	555	1763
		2.00	444	1410
		2.50	355	1128
		3.15	282	895
6563 8069 10063 12063	4.0	0.80	1480	4700
		1.00	1184	3760
		1.25	947	3008
		1.60	740	2350
		2.00	592	1880
		2.50	473	1504
		3.15	376	1194
	5.5	0.80	2036	6463
		1.00	1628	5170
		1.25	1303	4136
		1.60	1018	3231
		2.00	814	2585
		2.50	651	2068
		3.15	517	1616
	7.5	0.80	2776	8695
		1.00	2221	6956
		1.25	1776	5565
		1.60	1388	4348
		2.00	1110	3478
		2.50	888	2782
		3.15	705	2174
	11	0.80	4072	12925
		1.00	3256	10340
		1.25	2605	8272
		1.60	2036	6463
		2.00	1628	5170
		2.50	1302	4136
		3.15	1034	3231
		4.00	814	2585
8063 10063 12063	15	1.00	4442	14100
		1.25	3553	11280
		1.60	2775	8813

滚筒规格 b、D	电动机功率 P/kW	带速 v/m·s^{-1}	输出转矩 M/N·m	最大张力 F_1/N
8063 10063 12063	15	2.00	2221	7050
		2.50	1776	5640
		3.15	1410	4406
		4.00	1110	3525
	18.5	1.00	5479	17390
		1.25	4383	13912
		1.60	3424	10869
		2.00	2739	8695
		2.50	2191	6956
		3.15	1739	5434
8063 10063 12063 14063	22	1.00	6515	20680
		1.25	5212	16544
		1.60	4072	12925
		2.00	3257	10340
		2.50	2606	8272
		3.15	2068	6463
	30	1.25	7107	22560
		1.60	5551	17625
		2.00	4442	14100
		2.50	3553	11280
		3.15	2820	8813
10063 12063 14063	37	1.60	6849	21738
		2.00	5479	17390
		2.50	4383	13912
		3.15	3479	10869
14063	45	1.60	8859	26438
		2.00	7087	21250
		2.50	5670	16920
		3.15	4500	13429
8080 10080 12080 14080	5.5	1.00	2068	5170
		1.25	1654	4136
		1.60	1292	3231
		2.00	1034	2585
		2.50	827	2068
		3.15	656	1616
	7.5	1.00	2820	6956
		1.25	2256	5565
		1.60	1762	4348
		2.00	1410	3478
		2.50	1128	2782
		3.15	895	2174
	11	1.00	4136	10340
		1.25	3309	8272
		1.60	2585	6463
		2.00	2067	5170
		2.50	1654	4136
		3.15	1313	3231

（续）

滚筒规格 b、D	电动机功率 P/kW	带速 v/m·s^{-1}	输出转矩 M/N·m	最大张力 F_1/N	滚筒规格 b、D	电动机功率 P/kW	带速 v/m·s^{-1}	输出转矩 M/N·m	最大张力 F_1/N
8080 10080 12080 14080	15	1.00	5640	14100	10080 12080 14080	37	3.15	4416	10869
		1.25	4512	11280			4.00	3478	8695
		1.60	3525	8813		45	1.60	10575	26438
		2.00	2820	7050			2.00	8468	21250
		2.50	2256	5640			2.50	6768	16920
		3.15	1790	4406			3.15	5371	13429
	18.5	1.00	6956	17390			4.00	4230	10575
		1.25	5565	13912		55	1.60	12925	32313
		1.60	4347	10869			2.00	10340	25850
		2.00	3478	8695			2.50	8272	20680
		2.50	2782	6956	100100 120100 140100	37	1.25	13911	27824
		3.15	2268	5434			1.60	10868	21738
		4.00	1739	4348			2.00	8694	17390
	22	1.25	6618	16544			2.50	6955	13912
		1.60	5170	12925			3.15	5520	10869
		2.00	4136	10340			4.00	4347	8695
		2.50	3309	8272		45	1.25	16919	33840
		3.45	2628	6463			1.60	13218	26438
		4.00	2068	5170			2.00	10574	21250
10080 12080 14080	30	1.60	7050	17625			2.50	8459	16920
		2.00	5640	14100			3.15	6714	13429
		2.50	4512	11280			4.00	5625	10575
		3.15	3581	8813		55	1.25	20681	41360
		4.00	2820	7050			1.60	16157	32313
	37	1.25	11130	27824			2.00	12925	25850
		1.60	8695	21738			2.50	10340	20680
		2.00	6956	17390			3.15	8206	16413
		2.50	5565	13912			4.00	6875	12925

注：1. 表中"滚筒规格 b、D"一栏，表示带宽、直径，单位均为 cm。

2. 选用电动滚筒时，请尽量考虑表中的输出转矩及最大张力。

表 17.2-10　电动滚筒安装尺寸　（mm）

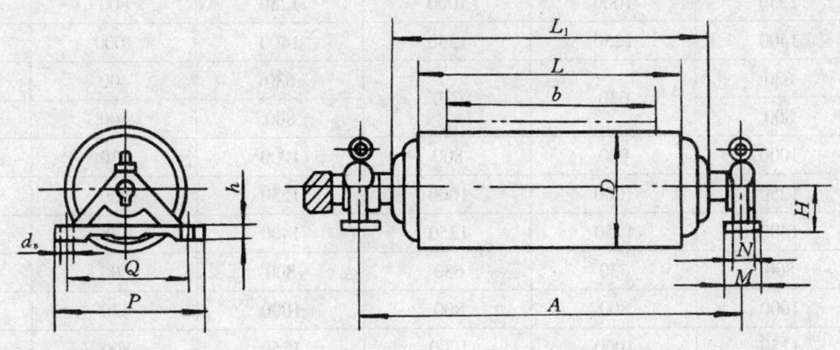

（续）

D	B	A	L	H	M	N	P	Q	h	L_1	d_s
500	500	850	620	100	70	—	340	280	35	748	$\phi27$
	650	1000	750	120	90	—	340	280	35	900	$\phi27$
	800	1300	950	120	90	—	340	280	35	1100	$\phi27$
630	650	1000	750	120	90	—	340	280	35	868	$\phi27$
	800	1300	950	140	130	80	400	330	35	1068	$\phi27$
	1000	1500	1150	140	130	80	400	330	35	1268	$\phi27$
	1200	1750	1400	160	160	90	440	360	50	1514	$\phi34$
	1400	2000	1600	160	160	90	440	360	50	1720	$\phi34$
800	800	1300	950	140	130	80	400	330	35	1068	$\phi27$
	1000	1500	1150	140	145	80	400	330	35	1268	$\phi27$
	1200	1750	1400	160	160	90	440	360	50	1514	$\phi34$
	1400	2000	1600	160	160	90	440	360	50	1720	$\phi34$
1000	1000	1500	1150	140	145	80	400	330	35	1268	$\phi27$
	1200	1750	1400	160	160	90	440	360	50	1514	$\phi34$
	1400	2000	1600	160	160	90	440	360	50	1720	$\phi34$

改向滚筒与传动滚筒直径匹配见表 17. 2-11。按稳定工况确定的最小滚筒直径见表 17. 2-12。

带宽和滚筒直径、长度之间的关系见表 17. 2-13。各种帆布带允许的最小传动滚筒直径见表 17. 2-14。

表 17. 2-11　改向滚筒与传动滚筒直径匹配　（mm）

带宽	传动滚筒直径	≈180°尾部改向滚筒直径	≈180°中部改向滚筒直径	≈180°头部探头滚筒直径	≈90°改向滚筒直径	<45°改向滚筒直径
500	500	400	400	500	315	250
650	630		500	630	400	315
	500	500	400	500	315	250
	630		500	630	400	315
800	800	630	630	800	500	400
	1000	800	800	1000	630	500
	1250	1000	1000	1250	800	630
1000	630	630	500	630	400	315
	800		630	800	500	400
	1000	800	800	1000	630	500
	1250	1000	1000	1250	800	630
	1400	1250	1250	1400	1000	800
1200	630	630	630	630	400	315
	800			800	500	400
	1000	800	800	1000	630	500
	1250	1000	1000	1250	800	630
	1400	1250	1250	1400	1000	800
1400	800	630	630	800	500	400
	1000	800	800	1000	630	500
	1250	1000	1000	1250	800	630
	1400	1250	1250	1400	1000	800

表 17.2-12　按稳定工况确定的最小滚筒直径　　（mm）

传动滚筒直径 D	最小直径（无摩擦面层）允许的最高输送带张力利用率								
	>60% ~100%			>30% ~60%			≤30%		
	传动滚筒	改向滚筒（180°）	改向滚筒（<180°）	传动滚筒	改向滚筒（180°）	改向滚筒（<180°）	传动滚筒	改向滚筒（180°）	改向滚筒（<180°）
500	500	400	315	400	315	250	315	315	250
630	630	500	400	500	400	315	400	400	315
800	800	630	500	630	500	400	500	500	400
1000	1000	800	630	800	630	500	630	630	500
1250	1250	1000	800	1000	800	630	800	800	630
1400	1400	1250	1000	1250	1000	800	1000	1000	800

表 17.2-13　带宽和滚筒直径、长度之间的关系（摘自 GB/T 988—1991）　　（mm）

带宽 B	滚筒长度 L	滚筒直径 D
300	400	200,250,315,400
400	500	200,250,315,400,500
500	600	
650	750	200,250,315,400,500,630
800	950	200,250,315,400,500,630,800,1000,1250,1400
1000	1150	200,250,315,400,500,630,800,1000,1250,1400
1200	1400	
1400	1600	200,250,315,400,500,630,800,1000,1250,1400
1600	1800	200,250,315,400,500,630,800,1000,1250,1400,1600
1800	2000	
2000	2200	500,630,800,1000,1250,1400,1600,1800
2200	2500	
2400	2800	
2600	3000	800,1000,1250,1400,1600,1800
2800	3200	

注：滚筒直径 D 不包括包层厚度在内。

表 17.2-14　各种帆布带最小传动滚筒直径　　（mm）

型　号	层　数					
	3	4	5	6	7	8
CC-56、NN-100	500	500	630	800	1000	1000
NN-150、EP-100	500	500	630	800		
NN-200 ~ NN-300 EP-200 ~ EP-300	500	630	800	1000		

1.3　托辊

托辊的参数有：

1）托辊直径与带宽，见表 17.2-15。

2）托辊间距，承载分支托辊间距见表 17.2-16，回程分支托辊间距一般采用 2.4 ~3m。

3）头部滚筒中心线至第一组槽形托辊最小距离 A，见图 17.2-2 和表 17.2-17。

4）托辊种类见表 17.2-18。关于各种类型托辊见表 17.2-19 ~ 表 17.2-24。

表 17.2-15　托辊直径与带宽　　（mm）

辊径 \ 带宽	500	650	800	1000	1200	1400	1600	1800	2000	2200	2400
89	✓	✓	✓								
108		✓	✓	✓	✓	✓					
133			✓	✓	✓	✓	✓	✓	✓		
159			✓	✓	✓	✓	✓	✓	✓	✓	✓
194							✓	✓	✓	✓	✓
219										✓	✓

表 17.2-16　承载分支托辊间距

松散密度 ρ/kg · m^{-3}	带宽 b/mm		
	500、650	800、1000	1200、1400
	托辊间距 l_1/mm		
≤1600	1200	1200	1200
>1600	1000	1000	1000

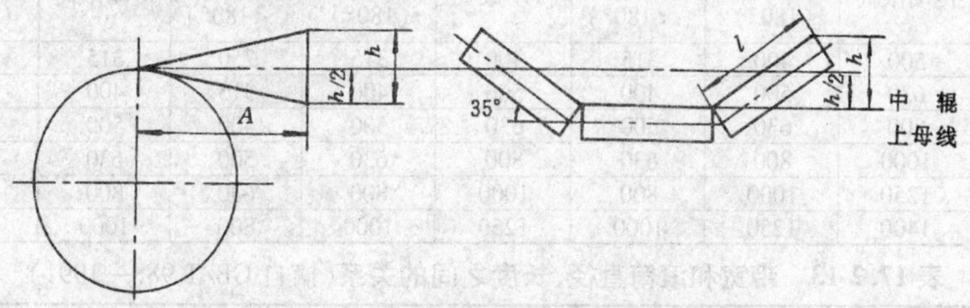

图 17.2-2　头部滚筒与第一组托辊示意图

表 17.2-17　推荐的最小距离 A

额定张力(%) \ 带型	各种帆布输送带	钢绳芯输送带
>90	1.6 b	3.4 b
60～90	1.3 b	2.6 b
<60	1.0 b	1.8 b

注：b 为带宽。

表 17.2-18　托辊种类

承载托辊	槽形托辊		槽形前倾托辊	过渡托辊			缓冲托辊 固定式		调心托辊		平行托辊	
	35°	45°	35°	10°	20°	30°	35°	45°	摩擦上调心辊	锥形上调心辊	摩擦上平调心辊	平行上托辊
代码	01	02	03	04	05	06	07	08	11	12	13	14

回程托辊	平行下托辊		平行梳形托辊		V形托辊	V形前倾托辊	V形梳形托辊	摩擦下调心辊	反V形托辊	锥形下调心辊	螺旋托辊	
	一节	二节	一节	二节	10°	10°	10°	二节		10°	一节	二节
代码	21	—	23	—	25	26	27	28	29	30	31	—

表 17.2-19　槽形托辊及缓冲托辊(35°)　　(mm)

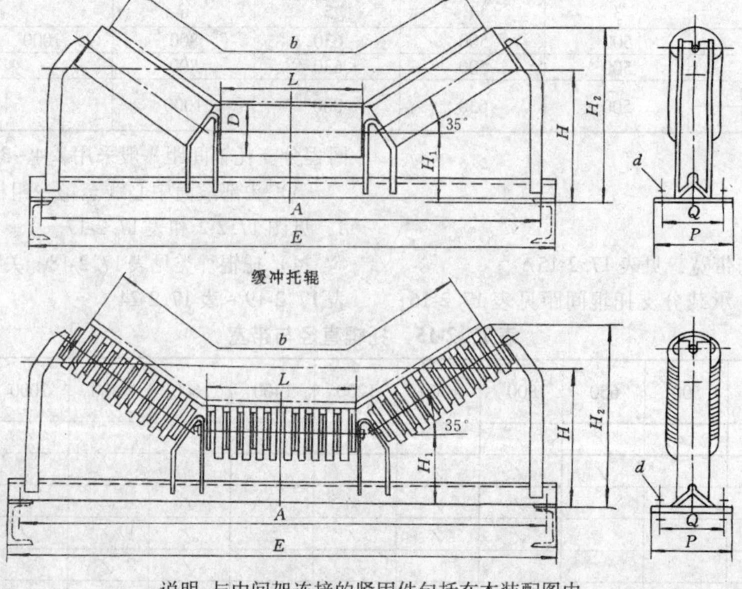

说明：与中间架连接的紧固件包括在本装配图内

（续）

带宽 b	辊子				A	E	H_1	H	H_2	P	Q	d	槽形托辊重量/kg	橡胶圈式缓冲托辊重量/kg
	D	L	图号	轴承										
500	89	200	DTⅡG$^{P1101}_{H}$	6204/C4	740	800	135.5	220	300	170	130	M12	15.3	17.5
650		250	DTⅡG$^{P1102}_{H}$		890	950		235	329				16.6	21.0
800		315	DTⅡG$^{P1103}_{H}$		1090	1150		245	366				21.5	27.7
	108		DTⅡG$^{P2203}_{H}$				146	270	385				24.3	35.3
			DTⅡG$^{P2203}_{H}$	6205/C4									26.2	
1000		380	DTⅡG$^{P2204}_{H}$		1290	1350	159	300	437	220	170	M16	37.6	49.4
			DTⅡG$^{P2304}_{H}$	6305/C4									38.7	
	133		DTⅡG$^{P3204}_{H}$	6205/C4			173.5	325	462				43.5	61.1
			DTⅡG$^{P3304}_{H}$	6305/C4									45	
1200	108	465	DTⅡG$^{P2205}_{H}$	6205/C4	1540	1600	176	335	503	260	200	M16	50.1	66.4
			DTⅡG$^{P2305}_{H}$	6305/C4									51.2	
			DTⅡG$^{P2405}_{H}$	6306/C4									55.1	
	133		DTⅡG$^{P3205}_{H}$	6205/C4			190.5	360	528				57.5	77.1
			DTⅡG$^{P3305}_{H}$	6305/C4									58.6	
			DTⅡG$^{P3405}_{H}$	6306/C4									63.8	
	159		DTⅡG$^{P4205}_{H}$	6205/C4			207.5	390	557				65.1	88.5
			DTⅡG$^{P4305}_{H}$	6305/C4									66.4	
			DTⅡG$^{P4405}_{H}$	6306/C4									71.6	99.6
1400	108	530	DTⅡG$^{P2306}_{H}$	6305/C4	1740	1800	184	350	548	280	220	M16	56.6	
			DTⅡG$^{P2406}_{H}$	6306/C4									68.8	76.1
	133		DTⅡG$^{P3306}_{H}$	6305/C4			198.5	380	573				64.9	
			DTⅡG$^{P3406}_{H}$	6306/C4									78.3	96.2
	159		DTⅡG$^{P4306}_{H}$	6305/C4			215.5	410	603				74.8	107.8
			DTⅡG$^{P4406}_{H}$	6306/C4									86.9	111.1

注：GP 为普通辊子；GH 为缓冲辊子。

表 17.2-20　槽形前倾托辊(35°) (mm)

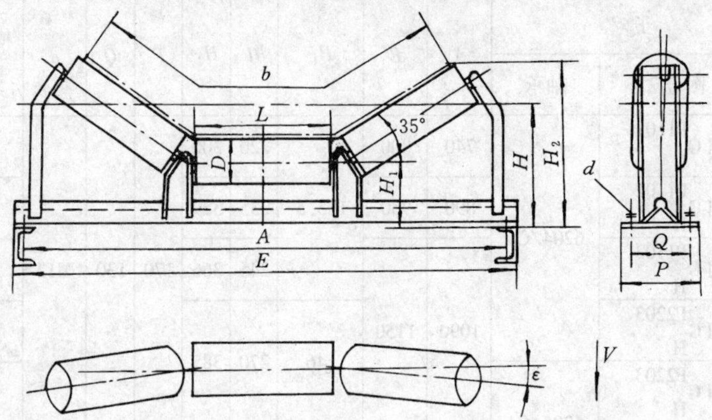

说明:与中间架连接的紧固件包括在本装配图内

带宽 b	辊子 D	辊子 L	辊子 图号	辊子 轴承	A	E	H_1	H	H_2	ε	P	Q	d	重量/kg	图号
500	89	200	DT Ⅱ GP1101	6204/C4	740	800	135.5	220	300	1°30′	170	130	M12	15.3	DT Ⅱ 01C0311
650	89	250	DT Ⅱ GP1102	6204/C4	890	950	135.5	235	329	1°26′				16.6	DT Ⅱ 02C0311
800	89	315	DT Ⅱ GP1103	6204/C4	1090	1150	135.5	245	366	1°20′				21.5	DT Ⅱ 03C0311
	108		DT Ⅱ GP2103	6204/C4			146	270	385					24.3	DT Ⅱ 03C0321
			DT Ⅱ GP2203	6205/C4										26.1	DT Ⅱ 03C0322
1000	108	380	DT Ⅱ GP2204	6205/C4	1290	1350	159	300	437	1°23′	220	170	M16	37.6	DT Ⅱ 04C0322
			DT Ⅱ GP2304	6305/C4										38.7	DT Ⅱ 04C0323
	133		DT Ⅱ GP3204	6205/C4			173.5	325	462					43.9	DT Ⅱ 04C0332
			DT Ⅱ GP3304	6305/C4										45.0	DT Ⅱ 04C0333
1200	108	465	DT Ⅱ GP2205	6205/C4	1540	1600	176	335	503	1°23′	260	200	M16	50.1	DT Ⅱ 05C0322
			DT Ⅱ GP2305	6305/C4										51.2	DT Ⅱ 05C0323
			DT Ⅱ GP2405	6306/C4										55.1	DT Ⅱ 05C0324
	133		DT Ⅱ GP3205	6205/C4			190.5	360	528					57.5	DT Ⅱ 05C0332
			DT Ⅱ GP3305	6305/C4										58.6	DT Ⅱ 05C0333
			DT Ⅱ GP3405	6306/C4										63.8	DT Ⅱ 05C0334
	159		DT Ⅱ GP4205	6205/C4			207.5	390	557	1°22′				65.1	DT Ⅱ 05C0342
			DT Ⅱ GP4305	6305/C4										66.4	DT Ⅱ 05C0343
			DT Ⅱ GP4405	6306/C4										71.6	DT Ⅱ 05C0344
1400	108	530	DT Ⅱ GP2306	6305/C4	1740	1800	184	350	548	1°25′	280	220	M16	56.5	DT Ⅱ 06C0233
			DT Ⅱ GP2406	6306/C4			184		548					67.7	DT Ⅱ 06C0324
	133		DT Ⅱ GP3306	6305/C4			198.5	380	573					73.9	DT Ⅱ 06C0333
			DT Ⅱ GP3406	6306/C4			198.5		573					78.3	DT Ⅱ 06C0334
	159		DT Ⅱ GP4306	6305/C4			217.5	410	603					74.8	DT Ⅱ 06C0343
			DT Ⅱ GP4406	6306/C4			215.5		603					86.9	DT Ⅱ 06C0344

表 17.2-21　平行上托辊 (mm)

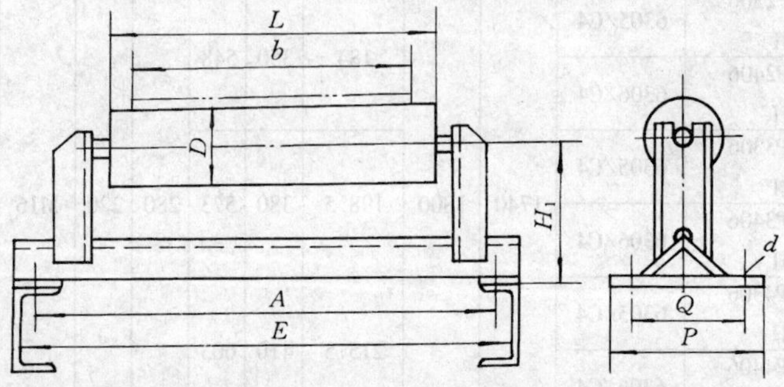

说明:与中间架连接的紧固件包括在本装配图内

（续）

带宽 b	辊子 D	辊子 L	辊子 图号	辊子 轴承	A	E	H_1	P	Q	d	重量 /kg	图号
500	89	600	DTⅡGP1107	6204/C4	740	800	175.5	170	130	M12	11.6	DTⅡ01C1411
650		750	DTⅡGP1109		890	950	190.5				13.7	DTⅡ02C1411
800	89	950	DTⅡGP1211	6205/C4	1090	1150	200.5				19.0	DTⅡ03C1412
	108		DTⅡGP2311	6305/C4			216				20.9	DTⅡ03C1423
1000		1150	DTⅡGP2312		1290	1350	246	220	170	M16	31.9	DTⅡ04C1423
	133		DTⅡGP3312				258.5				37.2	DTⅡ04C1433
1200	108	1400	DTⅡGP2313		1540	1600	281	260	200		40.9	DTⅡ05C1423
	133		DTⅡGP3313				293.5				52.1	DTⅡ05C1433
	159		DTⅡGP4313				310.5				56.7	DTⅡ05C1443
1400	108	1600	DTⅡGP2314		1740	1800	296	280	220		52.7	DTⅡ06C1423
	133		DTⅡGP3314				313.5				59.6	DTⅡ06C1433
	159		DTⅡGP4314				330.5				63.1	DTⅡ06C1443

表17.2-22　平行下托辊　　（mm）

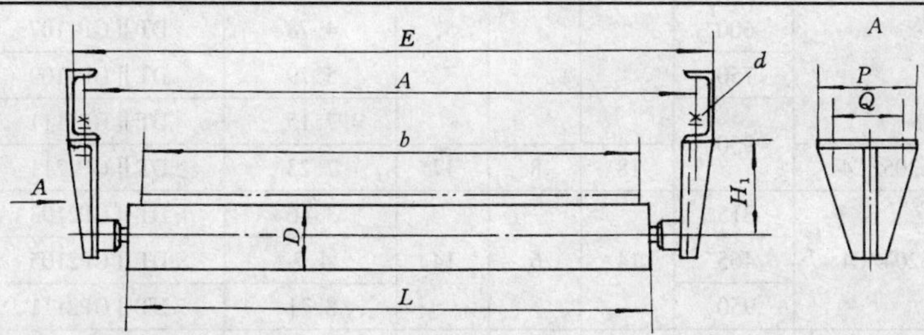

说明：与中间架联接的紧固件包括在本装配图内

带宽 b	辊子 D	辊子 L	辊子 图号	辊子 轴承	E	A	H_1	P	Q	d	重量 /kg	图号
500	89	600	DTⅡGP1107	6204/C4	792	740	100	145	90	M12	10.4	DTⅡ01C2111
650		750	DTⅡGP1109		942	890					11.8	DTⅡ02C2111
800		950	DTⅡGP1111		1142	1090	144.5				14.3	DTⅡ03C2111
			DTⅡGP1211	6205/C4							15.8	DTⅡ03C2112
	108		DTⅡGP2111	6204/C4			154				16.0	DTⅡ03C2121
			DTⅡGP2211	6205/C4							17.4	DTⅡ03C2122
			DTⅡGP2311	6305/C4							17.8	DTⅡ03C2123
1000		1150	DTⅡGP2212	6205/C4	1342	1290	164	150		M16	19.2	DTⅡ04C2122
			DTⅡGP2312	6305/C4							20.8	DTⅡ04C2123
	133		DTⅡGP3212	6205/C4			176.5				25.7	DTⅡ04C2132
			DTⅡGP3312	6305/C4							26.1	DTⅡ04C2133
1200	108	1400	DTⅡGP2213	6205/C4	1592	1540	174				20.7	DTⅡ05C2122
			DTⅡGP2313	6305/C4							23.6	DTⅡ05C2123
			DTⅡGP2413	6306/C4							26.6	DTⅡ05C2124
	133		DTⅡGP3213	6205/C4			186.5				30.0	DTⅡ05C2132
			DTⅡGP3313	6305/C4							30.3	DTⅡ05C2133
			DTⅡGP3413	6306/C4							32.1	DTⅡ05C2134
	159		DTⅡGP4213	6205/C4			199.5				36.6	DTⅡ05C2142
			DTⅡGP4313	6305/C4							37.0	DTⅡ05C2143
			DTⅡGP4413	6306/C4							40.5	DTⅡ05C2144
1400	108	1600	DTⅡGP2314	6305/C4	1800	1740	184				19.8	DTⅡ06C2123
			DTⅡGP2414	6306/C4							29.6	DTⅡ06C2124
	133		DTⅡGP3314	6305/C4			196.5				33.9	DTⅡ06C2133
			DTⅡGP3414	6306/C4							36.8	DTⅡ06C2134
	159		DTⅡGP4314	6305/C4			209.5				41.5	DTⅡ06C2143
			DTⅡGP4414	6306/C4							45.2	DTⅡ06C2144

表 17.2-23　普通辊子　（mm）

D	d	轴承型号	L	b	h	f	旋转部分重量/kg	图　号	重量/kg
89	20	6204/C4	200	14	6	14	2.08	DTⅡGP1101	2.79
			250				2.15	DTⅡGP1102	2.98
			315				2.58	DTⅡGP1103	3.58
			465				3.87	DTⅡGP1105	5.24
			600				4.78	DTⅡGP1107	6.48
			750				5.79	DTⅡGP1109	7.87
			950				7.15	DTⅡGP1111	9.72
	25	6205/C4		18	8	17	7.23	DTⅡGP1211	11.21
108	20	6204/C4	315	14	6	14	3.46	DTⅡGP2103	4.46
			465				4.7	DTⅡGP2105	6.07
			950				8.71	DTⅡGP2111	11.27
	25	6205/C4	315	18	8	17	3.53	DTⅡGP2203	5.07
			380				4.07	DTⅡGP2204	5.86
			465				4.77	DTⅡGP2205	6.89
			600				5.89	DTⅡGP2207	8.53
			700				6.72	DTⅡGP2208	9.74
			950				8.74	DTⅡGP2211	12.77
			1150				8.4	DTⅡGP2212	13.99
			1400				10.03	DTⅡGP2213	15.62
		6305/C4	380				4.19	DTⅡGP2304	6.23
			465				4.89	DTⅡGP2305	7.26
			530				5.43	DTⅡGP2306	8.05
			600				6.01	DTⅡGP2307	8.9
			700				6.84	DTⅡGP2308	10.11
			800				7.67	DTⅡGP2310	11.32
			950				8.91	DTⅡGP2311	13.14
			1150				10.56	DTⅡGP2312	15.57
			1400				12.76	DTⅡGP2313	18.47
			1600				14.42	DTⅡGP2314	21.02
	30	6306/C4	465	22			5.35	DTⅡGP2405	8.57
			530				5.89	DTⅡGP2406	9.47
			800				8.12	DTⅡGP2410	13.2
			1400				13.08	DTⅡGP2413	21.49
			1600				14.73	DTⅡGP2414	24.26

（续）

D	d	轴承型号	L	b	h	f	旋转部分重量/kg	图　号	重量/kg
133	25	6205/C4	340	18	8	17	6.04	DTⅡGP3204	7.84
			465				7.12	DTⅡGP3205	9.24
			600				8.84	DTⅡGP3207	11.48
		6205/C4	700				10.11	DTⅡGP3208	13.14
			1150				15.80	DTⅡGP3212	20.60
			1400				18.98	DTⅡGP3213	24.61
			380				6.3	DTⅡGP3304	8.21
			465				7.38	DTⅡGP3305	9.62
	25		530	18			8.21	DTⅡGP3306	10.7
			600				9.1	DTⅡGP3307	11.86
133		6305/C4	700				10.37	DTⅡGP3308	13.51
			800				11.64	DTⅡGP3310	15.17
			1150				16.09	DTⅡGP3312	20.97
			1400				19.28	DTⅡGP3313	24.99
			1600				21.83	DTⅡGP3314	28.44
			465				8.13	DTⅡGP3405	11.34
			530				8.96	DTⅡGP3406	12.54
	30	6306/C4	800	22	8	17	12.4	DTⅡGP3410	17.48
			1400				18.35	DTⅡGP3413	26.75
			1600				20.9	DTⅡGP3414	31.38
			465				9.46	DTⅡGP4205	11.58
		6205/C4	700				13.45	DTⅡGP4208	16.52
			1400				25.46	DTⅡGP4213	31.09
			465				9.64	DTⅡGP4305	12.02
	25		530	18			10.68	DTⅡGP4306	13.84
			700				13.6	DTⅡGP4308	16.95
		6305/C4	800				15.32	DTⅡGP4310	19.06
159			1400				25.82	DTⅡGP4313	31.52
			1600				29.25	DTⅡGP4314	35.85
			465				10.53	DTⅡGP4405	13.76
			530				11.64	DTⅡGP4406	15.23
	30	6306/C4	800	22			16.27	DTⅡGP4410	21.36
			1400				26.56	DTⅡGP4413	34.98
			1600				29.99	DTⅡGP4414	39.51

表 17.2-24　缓冲辊子　　（mm）

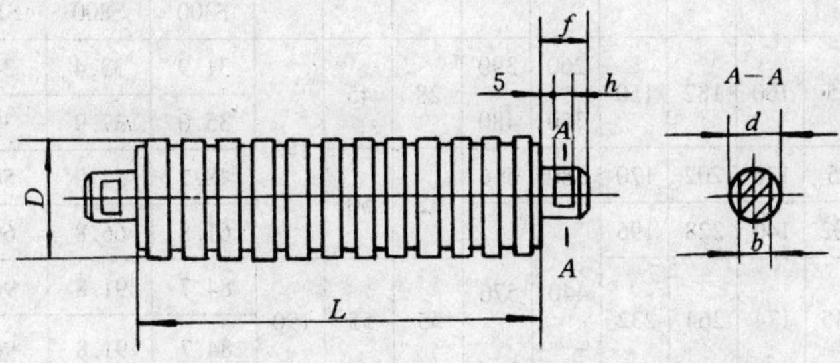

（续）

D	d	轴承代号	L	b	h	f	旋转部分重量/kg	图　号	重量/kg
89	20	6204/C4	200	14	6	14	2.82	DTⅡGH1101	3.53
89	20	6204/C4	250	14	6	14	3.61	DTⅡGH1102	4.45
108	20	6204/C4	315	14	6	14	4.64	DTⅡGH1103	5.64
108	20	6204/C4	315	14	6	14	5.71	DTⅡGH2103	6.75
108	25	6205/C4	315	18	8	17	6.57	DTⅡGH2203	8.11
108	25	6305/C4	380	18	8	17	7.9	DTⅡGH2304	9.81
108	25	6305/C4	465	18	8	17	9.5	DTⅡGH2305	12.33
108	25	6305/C4	530	18	8	17	11.43	DTⅡGH2306	14.62
133	30	6306/C4	380	22	8	17	10.82	DTⅡGH3404	13.59
133	30	6306/C4	465	22	8	17	11.72	DTⅡGH3405	15.77
159	30	6306/C4	530	22	8	17	14.08	DTⅡGH3406	18.49
159	30	6306/C4	465	22	8	17	15.34	DTⅡGH4405	19.39
159	30	6306/C4	530	22	8	17	17.76	DTⅡGH4406	22.17
159	40	6308/C4	465	32	8	17	17.41	DTⅡGH4605	23.15
159	40	6308/C4	530	32	8	17	20	DTⅡGH4606	26.39

1.4　拉紧装置

螺旋拉紧装置见表17.2-25；车式重锤拉紧装置见表17.2-26；垂直重锤拉紧装置见表17.2-27。

表17.2-25　螺旋拉紧装置　　（mm）

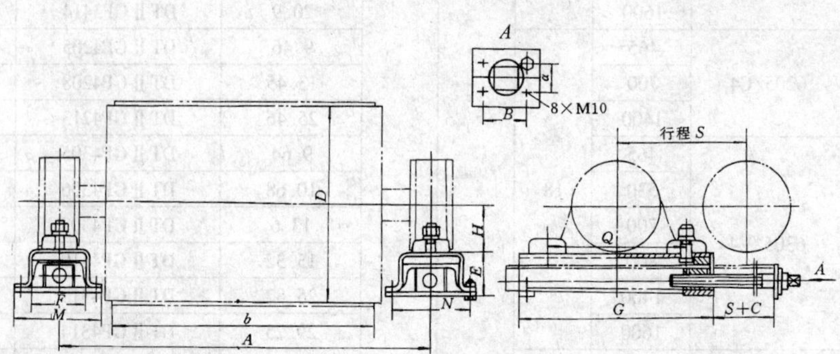

说明：1. 每种带宽有三种行程，即 S＝500mm、800mm、1000mm，订货时应注明

2. 本拉紧装置不包括改向滚筒

3. 改向滚筒的紧固件包括在本装配图内

b	D	A	H	E	F	M	N	Q	G	a	B	C	重量/kg S300	重量/kg S800	重量/kg S1000	图　号
500	400	850	90	85	100	182	150	260	390	28	45	180	31.9	33.4	34.3	DTⅡ01D1
650	400	1000	120	85	100	182	150	350	480	28	45	180	35.0	37.9	39.8	DTⅡ02D1
800	400	1300	135	95	120	202	170	380	516	32	50	180	48.1	54.0	56.1	DTⅡ03D1
1000	500	1500	155	102	140	228	196	440	576	32	50	180	61.8	66.8	69.8	DTⅡ04D1
1200	500	1750	155	145	174	264	232	440	576	55	55	190	84.7	91.8	96.6	DTⅡ05D1
1400	630	1950	155	145	174	264	232	440	576	55	55	190	84.7	91.8	96.6	DTⅡ05D1

表 17.2-26　车式重锤拉紧装置　（mm）

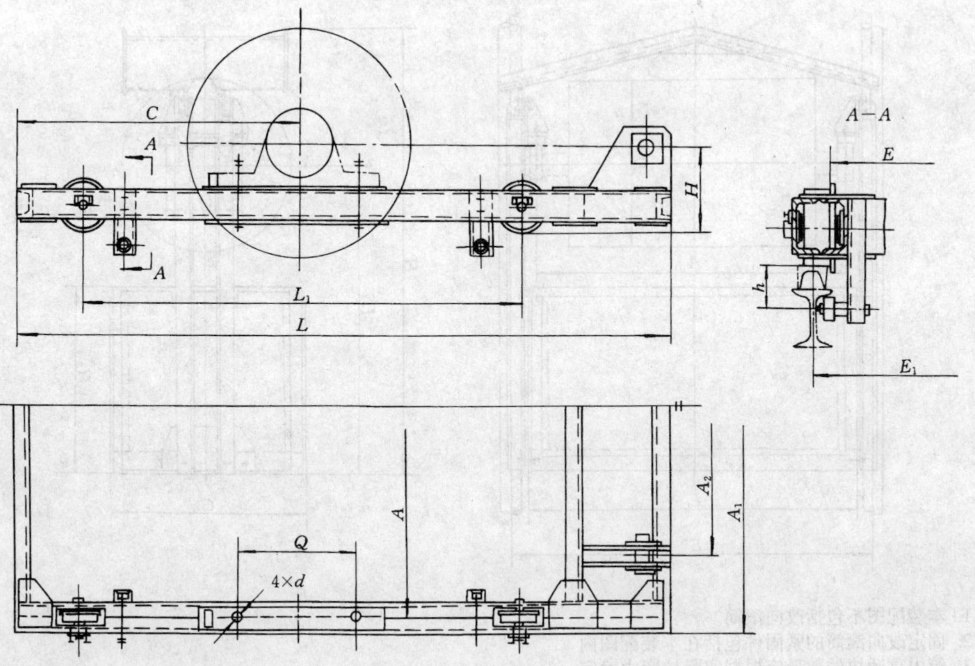

说明：1. 改向滚筒不包括在本装配图内

2. 固定改向滚筒的紧固件包括在本装配图内

3. 钢丝绳及紧固绳夹具不包括在本装配图内

b	A	A_1	A_2	C	L	L_1	H	h	E	E_1	Q	d	重量/kg	图号
500	850	956	418	900	1950	1200	270	93	810	875	260	18	271	DTⅡ01D305
											280		259.5	DTⅡ01D306
			421								350	22	258.8	DTⅡ01D308
650	1000	1106	518				285		970	1025	280	18	277.5	DTⅡ02D306
			521								350	22	272.3	DTⅡ02D308
			528				295				380	26	272.3	DTⅡ02D310
800	1300	1420	628	950	2100	1300	335	95	1260	1325			372.8	DTⅡ03D310
			632								440		368.2	DTⅡ03D312
1000	1500	1620	828						1470	1525	380		395	DTⅡ04D310
			832								440		387.9	DTⅡ04D312
							352				480	33	410.6	DTⅡ04D314
1200	1750	1880	928	1100	2400	1400	355		1710	1775	380	26	506.4	DTⅡ05D310
			932								440		517.1	DTⅡ05D312
							372				480	33	524.7	DTⅡ05D314
1400	1950	2120	1032				381		1960	2025	440	26	591.3	DTⅡ06D312
	2050	2220									480	33	605.3	DTⅡ06D314

表 17.2-27　垂直重锤拉紧装置　（mm）

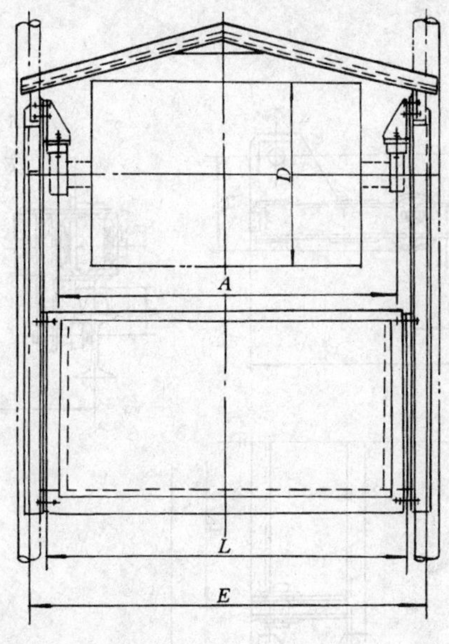

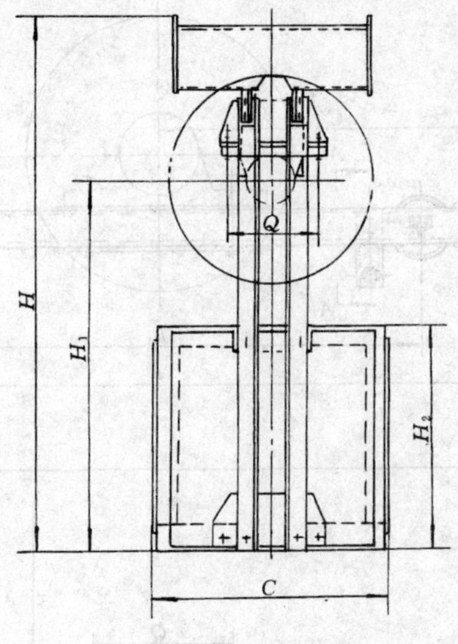

说明：1. 本装配图不包括改向滚筒

2. 固定改向滚筒的紧固件包括在本装配图内

3. 箱内重锤块的数量应根据实际拉紧力确定

b	D	A	C	L	E	H	H_1	H_2	Q	最大拉紧力 /kN	重量 /kg	图　号
500	400	850	500	956	1100	1606	1110	670	260	8	237.7	DTⅡ01D2053
			700			1746	1240	770	280	16	304	DTⅡ01D2063
	500										311.8	DTⅡ01D2064
			800			1866	1340	900	350	25	351.3	DTⅡ01D2084
650	400	1000	700	1136	1280	1770	1240	770	280	16	342.2	DTⅡ02D2063
			800			1890	1340	900	350	25	401	DTⅡ02D2083
	500										402	DTⅡ02D2084
	400		900			2050	1465	960	380	40	472	DTⅡ02D2103
	500										473.2	DTⅡ02D2104
	630					2150	1565				463.3	DTⅡ02D2105
800	400	1250	600	1436	1580	1790	1180	770	350	16	365.5	DTⅡ03D2083
		1300	700			1990	1365	870	380	25	452.3	DTⅡ03D2103
	500										458.6	DTⅡ03D2104
			800			2290	1645	1070	440	40	552.3	DTⅡ03D2124
	630										554.8	DTⅡ03D2125
1000	400	1500	700	1636	1810	2017	1365	940	380	25	498.2	DTⅡ04D2103
	500										505.3	DTⅡ04D2104
	630					2217	1565				522.7	DTⅡ04D2105
	500		800			2317	1645	1070	440	40	610.4	DTⅡ04D2124
	630									50	619	DTⅡ04D2125
	800										630	DTⅡ04D2126
1200	500	1750	600	1882	2060	2000	1315	840	380	25	514.5	DTⅡ05D2104
	630										524	DTⅡ05D2105
	500		900			2350	1645	1070	440	40	689	DTⅡ05D2124
	630									50	707.4	DTⅡ05D2125
	800										720	DTⅡ05D2126
1400	500	1950	500	2192	2370	2092	1365	770	380	25	529.3	DTⅡ06D2104
			700			2012	1245	800	440	40	619.7	DTⅡ06D2124
	630					2262	1495	900		50	672	DTⅡ06D2125
	800										686.6	DTⅡ06D2126
	630	2050	900			2412	1630	1000	480	63	762.6	DTⅡ06D2145
	800										777	DTⅡ06D2146

1.5　清扫器

H 型和 P 型橡胶弹性清扫器性能较好，适用于卸料滚筒，用以清理卸料后，仍粘附在输送带工作面上的物料。H 型和 P 型橡胶弹性清扫器的性能尺寸分别见表 17.2-28 和表 17.2-29。

空段清扫器主要用于下分支，清扫尾部滚筒前的物料，以防物料挤入滚筒与胶带之间损坏胶带。关于空段清扫器规格尺寸见表 17.2-30。

表 17.2-28　H 型橡胶弹性清扫器　(mm)

b	D	G	重量/kg
500	500	1200	—
650	500	1400	31.5
	630		
800	500	1600	36
	630		
	800		
1000	630	1800	39
	800		
	1000		
1200	630	2000	43
	800		
	1000		
	1250		
1400	800	2200	47
	1000		
	1250		
	1400		

说明：在输送机及头部漏斗全部安装好后，再把橡胶弹性清扫器焊在漏斗上，焊接前调整好使清扫器刮刃与胶带接合平直

表 17.2-29　P 型橡胶弹性清扫器　(mm)

b	D	G	H	重量/kg
500	500	1150	720	32.6
650	500	1300	870	46.3
	630			
800	500	1500	1170	51.5
	630		1100	
	800			
1000	630	1700	1280	56.6
	800			
	1000			
1200	630	1900	1538	61.86
	800			
	1000			
	1250			
1400	800	2100	1798	67.19
	1000			
	1250			
	1400			

说明：在输送机的输送带及头部漏斗全部安装好后，橡胶弹性清扫器焊在头架上，焊接前调整好使清扫器刮刃与胶带的水平面成 70°角。H 值可根据与其相连部件的尺寸调整

表 17.2-30　空段清扫器　　(mm)

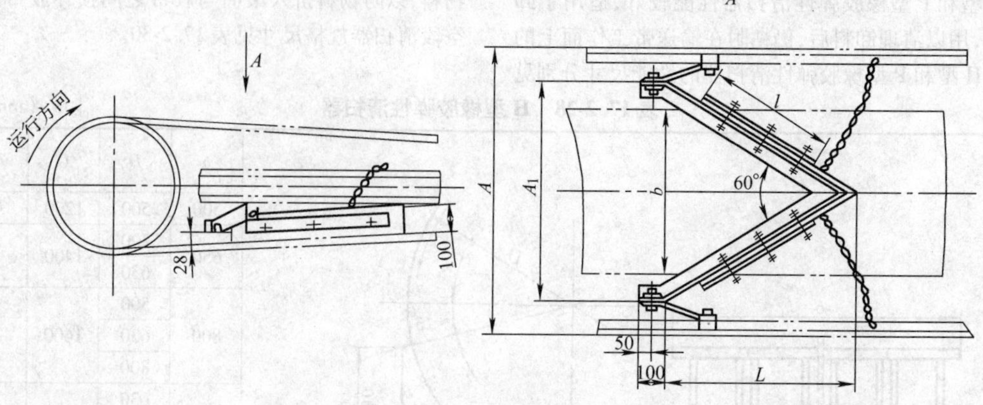

说明：刮板的厚度均为 10mm

b	A	A_1	L	l	重量/kg	图　号
500	800	620	537	430	15.2	DTⅡ01E2
650	950	770	667	580	17.9	DTⅡ02E2
800	1150	970	840	770	22.3	DTⅡ03E2
1000	1350	1170	1013	980	24.0	DTⅡ04E2
1200	1600	1420	1230	1220	27.8	DTⅡ05E2
1400	1810	1630	1412	1430	30.9	DTⅡ06E2

1.6　带式输送机参数选择与计算

1.6.1　输送带

(1)　带宽的确定

带宽的确定取决于带速和生产率。生产率按 ISO5408 的方法计算

$$Q = AvK \tag{17.2-1}$$

式中　Q——生产率(m^3/s)；

v——带速(m/s)；

K——运输机倾角影响系数，见图 17.2-3；

A——胶带上物料最大断面积(m^2)。

$$A = \frac{Q}{vK} \tag{17.2-2}$$

根据此公式求出的 A 值查表 17.2-31 即求出带宽。

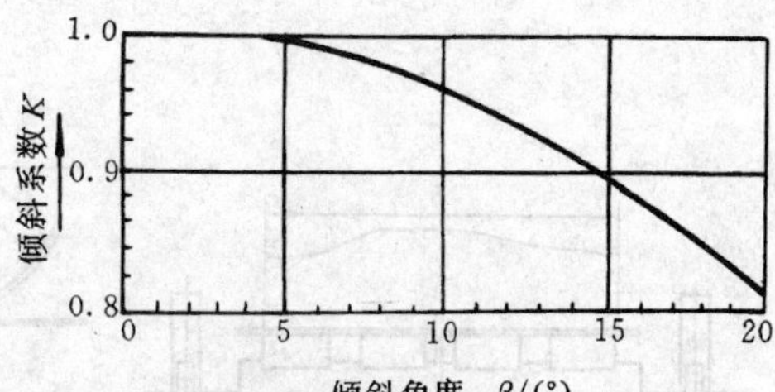

图 17.2-3　与倾角 β 成函数关系的系数 K

表 17.2-31　三等长槽形托辊的物料截面积 A　　(m^2)

带　宽 b/mm	堆积角 φ/(°)	槽角 α/(°) 20	25	30	35	40	45
500	0	0.0098	0.0120	0.0139	0.0157	0.0173	0.0186
	10	0.0142	0.0162	0.0180	0.0196	0.0210	0.0220
	20	0.0187	0.0206	0.0222	0.0236	0.0247	0.0256
	30	0.0234	0.0252	0.0266	0.0278	0.0287	0.0293
650	0	0.0184	0.0244	0.0260	0.0294	0.0322	0.0347
	10	0.0262	0.0299	0.0332	0.0362	0.0386	0.0407
	20	0.0342	0.0377	0.0406	0.0433	0.0453	0.0469
	30	0.0427	0.0459	0.0484	0.0507	0.0523	0.0534
800	0	0.0279	0.0344	0.0402	0.0454	0.0500	0.0540
	10	0.0405	0.0466	0.0518	0.0564	0.0603	0.0636
	20	0.0535	0.0591	0.0638	0.0672	0.0710	0.0736
	30	0.0671	0.0722	0.0763	0.0793	0.0822	0.0840

（续）

带　宽 b/mm	堆积角 φ/(°)	槽　角　α/(°) 20	25	30	35	40	45
1000	0	0.0478	0.0582	0.0677	0.0763	0.0838	0.0898
	10	0.0674	0.0771	0.0857	0.0933	0.0998	0.105
	20	0.0876	0.0966	0.104	0.111	0.116	0.120
	30	0.109	0.117	0.124	0.129	0.134	0.136
1200	0	0.0700	0.0853	0.0992	0.112	0.123	0.132
	10	0.0988	0.113	0.126	0.137	0.146	0.154
	20	0.129	0.142	0.153	0.163	0.171	0.176
	30	0.160	0.172	0.132	0.190	0.196	0.200
1400	0	0.0980	0.120	0.139	0.157	0.171	0.184
	10	0.138	0.158	0.175	0.191	0.204	0.214
	20	0.179	0.197	0.213	0.220	0.237	0.245
	30	0.221	0.238	0.253	0.264	0.272	0.277
1600	0	0.130	0.159	0.185	0.208	0.228	0.244
	10	0.182	0.209	0.233	0.253	0.270	0.283
	20	0.236	0.261	0.282	0.300	0.314	0.324
	30	0.293	0.315	0.334	0.349	0.360	0.366
1800	0	0.167	0.203	0.237	0.266	0.292	0.313
	10	0.233	0.268	0.298	0.324	0.346	0.363
	20	0.302	0.334	0.361	0.334	0.401	0.414
	30	0.374	0.403	0.427	0.446	0.460	0.463
2000	0	0.207	0.263	0.294	0.331	0.362	0.383
	10	0.290	0.332	0.370	0.403	0.429	0.450
	20	0.376	0.415	0.448	0.476	0.498	0.514
	30	0.465	0.501	0.530	0.554	0.571	0.581

（2）　输送带的强度计算

对帆布层的普通输送带计算其层数

$$Z \geqslant \frac{F_1 n}{b\sigma} \quad (17.2\text{-}3)$$

式中　Z——输送带层数；

F_1——稳定工作情况下输送带最大张力(N)，见式(17.2-7)；

b——带宽(mm)；

σ——输送带纵向扯断强度(N/(mm·层))，见表 17.2-2；

n——安全系数，按 DTⅡ型推荐值仅供参考，对棉帆布输送带 $n=8\sim9$，对尼龙、聚酯帆布带 $n=10\sim12$。

对钢丝绳输送带要验算其纵向抗拉强度的 σ_b 值。

$$\sigma_b \geqslant \frac{nF_1}{b} \quad (17.2\text{-}4)$$

式中　σ_b——钢丝绳芯输送带纵向抗拉强度(N/mm)，见表 17.2-3；

F_1——输送带稳定工况下最大张力(N)，见式(17.2-7)；

n——安全系数，$n=7\sim9$，对可靠性要求高时，如载人或高炉上料要适当高于此值，对 st4000 以上输送带接头的疲劳强度不随静强度按比例提高，其安全系数由橡胶厂提供；

b——带宽(mm)。

在非标设计时，传动滚筒直径与帆布层数比 $D/Z\geqslant125$；用机械头时 $D/Z\geqslant100$。对移动式带式输送机，传动滚筒直径与帆布层数之比为 $D/Z\geqslant80$，对于井下巷道，由于空间所限，传动滚筒直径与帆布层数之比 $D/Z\geqslant80$。

对钢绳芯胶带 $D/d>145$，d 为钢绳直径。

(3)输送带接头长度的计算

1)普通橡胶带硫化接头长度的计算

$$L=(Z-1)l+b\tan30°$$

式中　L——普通橡胶带硫化接头长度(m)；

Z——输送带帆布层数；

l——硫化接头阶梯长度(m)；

b——输送带宽度(m)。

关于接头示意图见图 17.2-4。

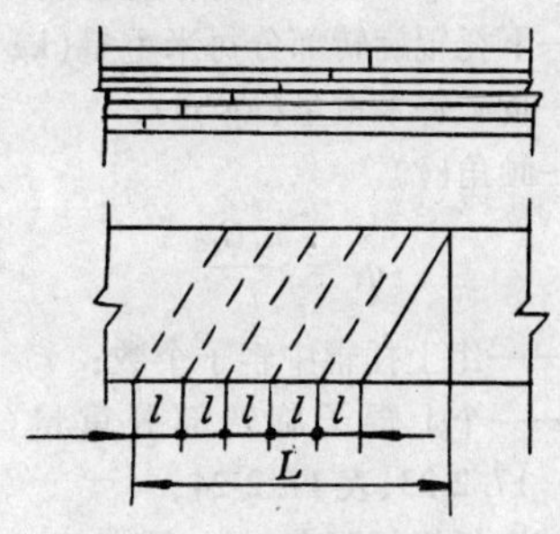

图 17.2-4　输送带接头示意图

2)钢丝绳芯输送带接头长度计算

钢绳芯输送带都采用硫化接头，其硫化接头长度按钢丝绳与橡胶的粘着力 τ_b 大于钢丝绳本身的强度 P_n。

$$L \geqslant \frac{F}{\tau_b}K \qquad (17.2\text{-}5)$$

式中　F——单根钢丝绳强度(N/根)，按表 17.2-32 选取；

τ_b——粘着力($N \cdot m^{-1}$)，按表 17.2-32 选取；

K——接头系数，一般取 $K=1.5$。

表 17.2-32　钢丝绳强度与粘着力

钢丝绳直径/mm	4.5	6.75	8.1	9.18	10.3
单根钢丝绳强度 F/(N/根)	1400	33000	43000	55000	69000
粘着力 τ_b/$N \cdot m^{-1}$	56000	86000	102000	116000	130000

1.6.2　阻力与功率的计算

带式输送机总阻力

$$F_u = F_H + F_N + F_{s1} + F_{s2} + F_{st} \qquad (17.2\text{-}6)$$

式中　F_H——主要阻力(N)；

F_N——附加阻力(N)；

F_{s1}——特种主要阻力(N)；

F_{s2}——特种附加阻力(N)；

F_{st}——倾斜阻力(N)。

以上这5种阻力不是每一种带式输送机都具备。例如不使用前倾托辊 $F_{s1}=0$；如果不使用裙板 $F_{s2}=0$；如果运输机水平布置则 $F_{st}=0$；但主要阻力 F_H 和附加阻力 F_N 任何情况都存在。各种阻力计算方法如下：

(1) F_H+F_N 的计算

$$F_H + F_N = CF_H = CLfg[q_1 + q_2 + (2q_0 + q)\cos\beta]$$

式中　C——系数，按图 17.2-5 选取；

L——带式输送机长度(头、尾滚筒中心距)(m)；

f——模拟摩擦因数，见表 17.2-33；

g——重力加速度(m/s^2)，$g=9.81(m/s^2)$；

q_0——输送带每米重量(kg/m)，见表 17.2-5 和表 17.2-3；

q_1——上托辊旋转部分每米重量(kg/m)；

q_2——下托辊旋转部分每米重量(kg/m)；

q——货载每米重量(kg/m)；

β——倾角(°)。

$$q_1 = \frac{n_1 G_1}{l_1}$$

式中　n_1——一组上托辊中辊子个数；

G_1——一个上辊子旋转部分重量(kg)，见表 17.2-23、表 17.2-24；

l_1——上托辊间距离(m)，见表 17.2-16。

$$q_2 = \frac{n_2 G_2}{l_2}$$

式中　n_2——一组下托辊中辊子个数；

G_2——一个下托辊旋转部分重量(kg)，见表 17.2-23、表 17.2-24；

l_2——下托辊间距(m) $l_2=2.4\sim3m$。

$$q = \frac{Q_1}{3.6v}$$

式中　Q_1——工程生产率(t/h)；

v——带速(m/s)；

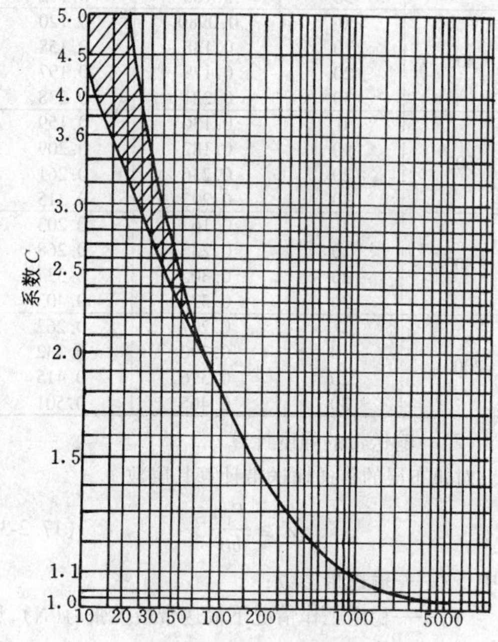

图 17.2-5　系数 C 与运输机长度关系

(2) F_{s1} 的计算

$$F_{s1} = F_0 + F_p$$

式中　F_0——托辊前倾阻力(N)；

F_p——物料与裙板间产生的摩擦阻力(N)。

三等长上托辊的前倾阻力

$$F_0 = C_0\mu_0 L_0 g(q_0 + q)\cos\beta\sin\theta$$

式中　C_0——托辊槽型角系数，

对槽角 $\alpha=30°$，取 $C_0=0.4$；

对槽角 $\alpha=45°$，取 $C_0=0.5$；

μ_0——承载上托辊与胶带间的摩擦因数，一般取 $\mu_0=0.3\sim0.4$；

L_0——前倾托辊的设备长度(m)；

θ——托辊轴线相对于垂直胶带纵向轴线平面的前倾角。

二等长下托辊的前倾阻力

$$F_0 = \mu_0 L_0 q_0 g\cos\alpha\cos\beta\sin\theta$$

式中　α——托辊槽角，其他符号同前。

表 17.2-33　模拟摩擦因数

机　型	工　作　条　件	模拟摩擦因数 f
向上运输及水平运输	室内清洁干燥，设备质量良好	0.020
	湿度正常，灰尘不大，设备质量一般	0.025
	灰尘较多，输送摩擦较大的物料，设备质量较差，	0.030
	湿度大，灰尘大，寒冷，使用条件恶劣，设备质量差	0.040
下　运	有载出现负功	0.012
	有载不出现负功或空载	与水平的相同

F_p 的计算公式如下

$$F_p = \frac{\mu_2 Q^2 \rho g l}{v^2 b_1^2}$$

式中　μ_2——物料与裙板间的摩擦因数，一般取 $\mu_2 = 0.5 \sim 0.7$；

Q——生产率（m^3/s）；

l——装有裙板的设备长度（m）；

b_1——内裙板宽度（m）；

其余符号同前。

特种主要阻力只有采用前倾托辊和裙板时才有。

（3）特种附加阻力 F_{s2} 的计算

$$F_{s2} = F_r + F_a$$

式中　F_r——清扫器的摩擦阻力（N）；

F_a——犁式卸料器的摩擦阻力（N）。

$$F_r = Ap\mu_3$$

式中　A——清扫器与胶带接触面积（m^2）；

p——清扫器与胶带的压力（Pa），一般设计时取 $p = 30 \sim 100$kPa；

μ_3——胶带与清扫器间的摩擦因数，按摩擦材料来取。

$$F_a = bK_a$$

式中　b——带宽（m）；

K_a——刮板系数，一般取 $K_a = 1.5$kPa。

特种附加阻力也是设清扫器和卸料器时才有。

（4）倾斜阻力 F_{st} 的计算

$$F_{st} = gLq\sin\beta$$

所有符号同前。

输送带的最大张力 F_1　（物料向上运输时）

$$F_1 = \frac{e^{\mu\alpha}}{e^{\mu\alpha} - 1} F_u \qquad (17.2\text{-}7)$$

式中　F_1——滚筒绕入端最大张力（N）；

μ——传动滚筒与橡胶带间摩擦因数，见表 17.2-34；

e——e = 2.71828；

α——橡胶带在滚筒上围包角（rad）；

F_u——总阻力（N），见式（17.2-6）。

为了便于计算将 $e^{\mu\alpha} = k_1$；$\frac{e^{\mu\alpha}}{e^{\mu\alpha} - 1} = k_2$，见表 17.2-35。

表 17.2-34　传动滚筒和橡胶带之间的摩擦因数

运　行　条　件	光滑裸露的钢滚筒	带人字形沟槽的橡胶覆盖面	带人字形沟槽的聚酸基酸脂覆盖面	带人字形沟槽的陶瓷覆盖面
干态运行	0.35 ~ 0.4	0.4 ~ 0.45	0.35 ~ 0.4	0.4 ~ 0.45
清洁湿态（有水）运行	0.1	0.35	0.35	0.35 ~ 0.4
污浊湿态（泥土）运行	0.05 ~ 0.1	0.25 ~ 0.3	0.2	0.35

表 17.2-35　k_1，k_2 的数值表

胶面滚筒传动情况	μ	系数	胶带绕传动滚筒围包角 α/(°) 170	180	190	200	210	220	370	400	480
较湿粘污	0.2	k_1	1.87	1.88	1.94	2.01	2.08	2.16	3.64	4.08	7.60
		k_2	2.24	2.14	2.06	1.99	1.93	1.86	1.38	1.33	1.15
湿粘污	0.25	k_1	2.11	2.20	2.30	2.40	2.50	2.62	5.04	5.75	12.6
		k_2	1.90	1.83	1.77	1.72	1.67	1.62	1.25	1.21	1.09
粘污	0.30	k_1	2.44	2.57	2.70	2.85	3.00	3.16	6.95	8.10	20.9
		k_2	1.70	1.64	1.59	1.54	1.50	1.46	1.17	1.14	1.05
干清洁	0.40	k_1	3.28	3.51	3.78	4.05	4.33	4.65	13.3	16.3	57.6
		k_2	1.44	1.40	1.36	1.33	1.30	1.27	1.08	1.07	1.02
干	0.35	k_1	2.83	3.00	3.20	3.40	3.62	3.84	9.6	11.6	35.0
		k_2	1.55	1.50	1.45	1.42	1.38	1.35	1.12	1.09	1.03

(5) 各点张力计算

本计算方法只限于向上运输(包括水平运输)。输送机各点受力简图如图17.2-6所示。

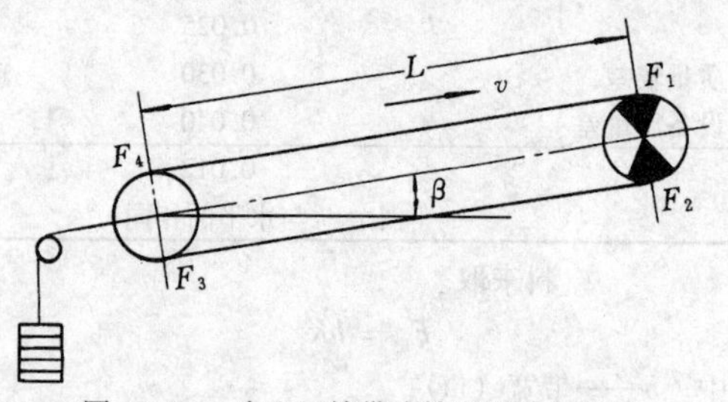

图17.2-6　向上运输带式输送机受力简图

F_1 见式(17.2-7)

$$F_2 = \frac{F_1}{e^{\mu 2}}$$

$$F_3 = F_2 + Lfgq_0\cos\beta + Lfgq_2 - Lgq_0\sin\beta \qquad (17.2\text{-}8)$$

改向滚筒绕出端张力 F_4(指向上运输)

$$F_4 = F_1 - [Lfg(q+q_0)\cos\beta + Lfgq_1 + Lg(q+q_0)\sin\beta] \qquad (17.2\text{-}9)$$

一般拉紧装置都放在尾部,尾部拉紧力

$$F_w = 2F_3 \quad 或 \quad F_w = 2F_4 \qquad (17.2\text{-}10)$$

两者取大值，若拉紧装置放在头部（只有重锤式），则拉紧力

$$F_w = 2F_2$$

以上是从力学角度要求算出需要的拉紧力，另外从胶带的挠度限制角度要求，要求胶带的挠度不宜过大，否则胶带输送机运行不平稳。按挠度要求

$$F_3 > 6.25\rho q_0 l_2 \qquad (17.2\text{-}11)$$

$$F_4 > 6.25\rho\ (q+q_0)\ l_1 \qquad (17.2\text{-}12)$$

以上所有符号同前。

如按式（17.2-10）算出的值与式（17.2-11）和式（17.2-12）算出的值，两者应取大者作为合理的拉紧力。如果通过两者计算的结果而从挠度要求算出的 F_3 和 F_4 大于从式（17.2-10）算出值时，再从 F_3 或 F_4 进行反算，算出 F_1 或 F_2。

(6) 带式输送机功率计算

$$P = \frac{F_u v}{\eta_m} \qquad (17.2\text{-}13)$$

式中　F_u——运行总阻力见式（17.2-6）(kN)；

v——带速（m/s）；

η_m——传动效率,一般取 $\eta_m = 0.85 \sim 0.95$；

P——电动机功率　(kW)。

2　气垫带式输送机

气垫带式输送机是将通用带式输送机的支承托辊去掉，改用设有气室的盘槽，由盘槽上的气孔喷出的气流在盘槽和输送带之间形成气膜，变通用带式输送机的接触支承成为气膜状态下的非接触支承，从而显著地减少了摩擦损耗。理论和实践表明：气垫带式输送机有效地克服了一般通用带式输送机的缺点，具有下述特性：

1）气垫带式输送机的结构简单，运动部件特别少，它具有可靠的性能和较低的维修费用。

2）物料在输送带上完全静止，减少了粉尘，并降低或几乎消除了运行过程中的振动，有利于提高输送机的运行速度，其最高带速已达8m/s。

3）在气垫带式输送机上，负载的输送带和盘槽的摩擦阻力实际上和带速无关，一台长距离的静止的负载气垫带式输送机只要形成气膜，不需要其他措施便能立即起动。

4）气垫带式输送机采用箱形断面，其支承有良好的刚度和强度，且易于制造。

5）不易跑偏。

2.1　气垫带式输送机工作原理

气垫带式输送机的工作原理如图17.2-7所示。输送带5围绕改向滚筒7和驱动滚筒1运行，输送机

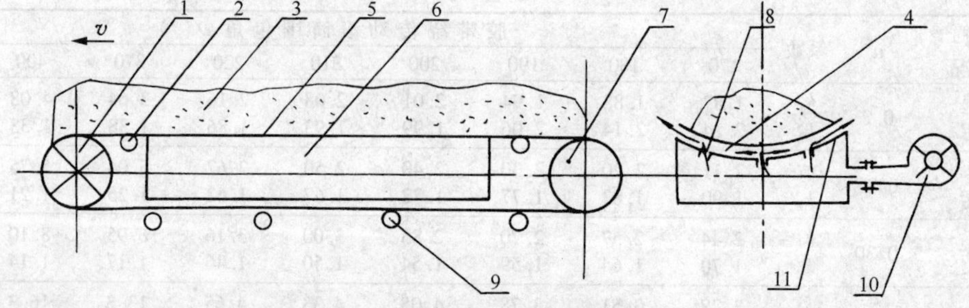

图17.2-7　气垫带式输送机原理图

1—驱动滚筒　2—过渡托辊　3—物料　4—气垫　5—输送带
6—气箱　7—改向滚筒　8—气孔　9—下托辊　10—鼓风机　11—盘槽

的承载带的支体是一个封闭的长形气箱6，箱体的上部为槽形，承载带由气膜支承在槽里运行，输送带的下分支采用下托辊9支承，但从原理来讲可以和上分支一样用气膜支承，但这样并不经济。鼓风机10产生的压力空气经过气孔8流入盘槽与输送带5之间形成气垫4后逸入大气。正是由于产生的气垫使输送带和盘槽之间形成了非接触支承，从而显著降低了摩擦损耗，使输送机运行性能得到了很大改善。

2.2　气垫带式输送机主要参数的计算

气垫带式输送机适用于密度小的散状物料，一般散状物料密度 $\rho_M \leqslant 2t/m^3$，这是因为受鼓风机风压所限。另外，国内外应用比较多的带宽都在1m和1m以下。

气垫带式输送机主要计算气垫参数，如气垫压力、气垫厚度、气室盘槽上的气孔数、鼓风机的流量和压力、鼓风机功率和驱动电动机功率等。

(1) 气垫压力

输送带及带上的物料都是由气垫压力来支承的，根据力的平衡条件可知：当气垫稳定后气膜的压力应等于物料及输送带的重力。若设气垫在气孔出口处的压力为 p_F（假设气孔在盘槽中心线上），则

$$p_F = p_B + p_M \qquad (17.2\text{-}14)$$

式中　p_F——输送带中心线下面气膜压力（Pa）；

p_B——输送带重量产生的压力（Pa）；

p_M——物料重量产生的压力（Pa）。

可以近似地计算 p_B

$$p_B = \frac{q_0 g}{b_1} \qquad (17.2\text{-}15)$$

式中　q_0——输送带每米重量（kg/m），见表17.2-5；

g——重力加速度（m/s^2），$g=9.81m/s^2$；

b_1——输送带形成槽后的槽宽（m），见图17.2-8。

$$p_M = R\rho_M g(1-\cos\varphi+\tan\alpha\sin\varphi) \qquad (17.2\text{-}16)$$

对圆形盘槽

$$p_F = R\rho_M g(1-\cos\varphi+\tan\alpha\sin\varphi)+\frac{q_0 g}{b_1} \qquad (17.2\text{-}17)$$

式中　R——圆形盘槽半径（m）；

ρ_M——散积物料密度（kg/m^3），空气 $\rho_M = 1.29kg/m^3$；

φ——物料张角，即盘槽槽角（°），一般 $\varphi=30°$；

α——散积物堆积角（动态）（°）；

关于 R、φ、α 见图17.2-8，其他符号同前。

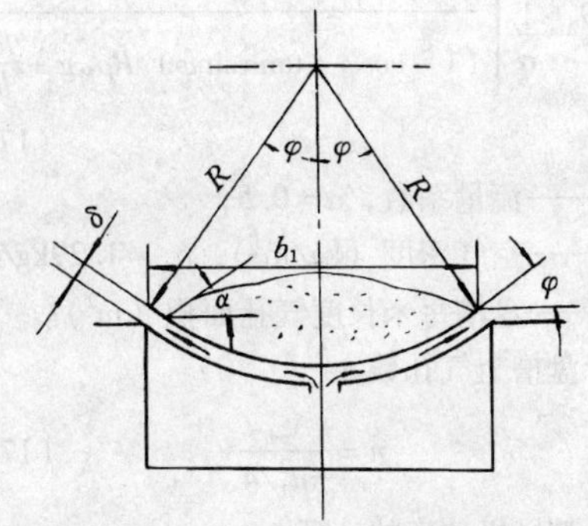

图17.2-8　圆形槽截面图

通过式（17.2-14）已求出气垫压力，然后再求鼓风机的压力

$$p_s = (1+\varepsilon)\,p_F + \Delta p_K \qquad (17.2\text{-}18)$$

式中　ε——气流压力系数，一般 $\varepsilon=0.6$；

Δp_K——气流在气箱中流动压力损耗（Pa）；它包括两部分损耗，即空气顺气箱壁流动引起的摩擦损耗和因气体速度变化而引起的压力损耗，一般流体力学书中均有计算。

如果气垫带式输送机很短时，Δp_K 可以忽略不计，则 $p_s=(1+\varepsilon)\,p_F$。

(2) 空气消耗量的计算

气垫带式输送机所须的空气消耗量即为鼓风机流量。在计算时都是先算气垫输送机每米所需空气消耗量 Q_{Am}。

$$Q_{Am} = \frac{\beta\delta^3(\sin\varphi+\cos\varphi\tan\alpha)\rho_M g}{6\mu_a} \qquad (17.2\text{-}19)$$

式中　β——修正系数，$\beta=1.2\sim4$；

δ——气垫厚度（m），一般取 $\delta<1mm$；

μ_a——空气粘度，$\mu_a=1.855\times10^{-5}$（$N\cdot s/m^2$）；

Q_{Am}——输送机每米空气消耗量（$m^3\cdot s^{-1}/m$）。

其他符号同前。

空气总消耗量为

$$Q_A = \frac{L\beta\delta^3\rho_M g(\sin\varphi+\cos\varphi\tan\alpha)}{6\mu_A} \qquad (17.2\text{-}20)$$

式中　L——气箱总长度（m）；

Q_A——空气总消耗量（m^3/s）。

其他符号同前。

(3) 气孔

气孔直径一般取 $d_1=3mm$，然后要求出盘槽每米长度上的气孔数。

盘槽每米长度上气孔面积 A_{om}

$$A_{om}=Q_{Am}\frac{1}{\alpha}\left[\frac{\rho_A/2}{(1-\cos\varphi+\tan\alpha\sin\varphi)\ \ R\rho_M g+\dfrac{q_0 g}{b_1}}\right]^{\frac{1}{2}} \tag{17.2-21}$$

式中　α——流量系数，$\alpha=0.5$；

ρ_A——空气密度（kg/m^3），$\rho_A=1.29kg/m^3$；

A_{om}——盘槽每米长度气孔面积（m^2）。

每米盘槽上气孔数 n

$$n=\frac{A_{om}}{\pi d_1^2/4} \tag{17.2-22}$$

（4）鼓风机功率的计算

$$P_A=K\frac{p_s Q_A}{\eta_K} \tag{17.2-23}$$

式中　K——电动机容量储备系数，$K=1.1$；

η_K——鼓风机效率，$\eta_K=0.5\sim0.55$；

P_A——鼓风机功率（W）。

关于气垫带式输送机驱动电动机功率的计算完全可用 ISO5048 的计算方法，只有一点不同，就是托辊模拟摩擦因数 f 值不同，气垫的模拟摩擦因数 $f_1=0.012\sim0.02$。

（5）驱动电动机负载起动时功率的验算

气垫带式输送机必须验算起动负载功率，因其驱动功率较小，有时很难满足起动要求。其计算方法如下

$$P\geqslant\frac{P_M+P_B}{K_D^2\lambda} \tag{17.2-24}$$

式中　P_M——电动机功率计算值（kW）

$P_M=\dfrac{F_u v}{\eta_m}$，所有符号同前；

P_B——加速功率（kW），由于物料和托辊、滚筒等产生加速度而消耗的功率；

K_D——电压降系数，一般 $K=0.9$；

λ——电动机转动转矩与额定转矩比；

P——所选用的电动机产品额定功率（kW）。

$$P_B=\frac{0.0002Lv^2}{\eta_m}\left(q+2q_0+q_1+q_2+\frac{\Sigma m_0}{L}\right)+K_0 J$$

式中　m_0——滚筒转动部分重量（kg）（可参考表 17.2-36）；

K_0——与电动极数有关的系数：

当电动机为 4 极时，$K_0=1.24$

当电动机为 6 极时，$K_0=0.54$

当电动机为 8 极时，$K_0=0.3$

J——电动机转子转动惯量（$kg\cdot m^2$）。

当验算结果不能满足要求时，应改选大一级电动机功率，并再次验算，直到满足为止。

表 17.2-36　滚筒转动部分重量

滚筒规格		滚筒转动部分重量 m_0/kg			
带宽/mm	直径/mm	DTS 传动滚筒	DTS 改向滚筒	重型传动滚筒	重型改向滚筒
500	320	—	62	—	—
500	400	—	73	—	—
500	500	125	—	—	—
650	320	—	72	—	—
650	400	—	93	—	—
650	500	186	116	—	—
650	630	219	—	—	—
800	320	—	96	—	—
800	400	—	145	—	—
800	500	249	171	—	—
800	630	336	202	—	—
800	800	414	—	500	475
1 000	400	—	152	—	—
1 000	500	—	253	—	—
1 000	630	380	300	—	—
1 000	800	587	378	1 080	630
1 000	1 000	780	—	1 105	—
1 200	400	—	196	—	—
1 200	500	—	334	—	—
1 200	630	561	388	—	—
1 200	800	669	473	1 440	895
1 200	1 000	889	574	1 950	1 227
1 200	1 250	1 372	—	3 700	—

（续）

滚筒规格		滚筒转动部分重量 m_0/kg			
带宽/mm	直径/mm	DTS 传动滚筒	DTS 改向滚筒	重型传动滚筒	重型改向滚筒
1 400	400	—	220	—	—
1 400	500	—	369	—	—
1 400	630	—	429	—	—
1 400	800	813	521	1 610	—
1 400	1 000	1 185	708	2 014	1 763
1 400	1 250	1 503	909	3 500	2 626
1 400	1 400	1 876	—	5 630	—

注：这是沈阳起重运输机械厂 TD75 型改进产品，称 DTS，其型号尺寸基本与 DTⅡ型相同，所以此值仅供参考。

2.3　气垫带式输送机设计时应注意的问题

1）在选用风机时一定要注意鼓风机的流量和压力是否真正达到说明书中给出的额定值。因此，购买鼓风机时应要求厂家做一次风机性能测试，看其是否达到名牌规定的技术性能参数。

2）在设计气垫带式输送机时，鼓风机的安装位置很重要，安装在气垫输送机的尾部效果比较好。

3）在盘槽制造时要求盘槽的直线度和圆柱度较高，这是因为气垫带式输送机形成的气膜很薄。如果精度不高很容易造成胶带与盘槽摩擦，增大运行阻力。

4）在气垫带式输送机安装好后，试车时一定要详细检查所有气箱和管路是否有漏气现象。如漏气，则不能形成气垫。

以上问题在设计、制造和安装时一定要注意。

3　输送链和链轮

常用的输送链见表 17.2-37。

3.1　输送链、附件和链轮（摘自 GB/T 8350—2008）

几种常用输送链的特点及应用范围见表 17.2-37。

3.1.1　链条

链条的规格、基本参数尺寸见表 17.2-38 ~ 表 17.2-41。

表 17.2-37　几种常用输送链的特点及应用范围

名　称	标　准	特点或应用范围
输送链	GB/T 8350—2008	适用于一般输送和机械化传送
输送用平顶链	GB/T 4140—2003	主要用于输送瓶、罐
带附件短节距精密滚子输送链	GB/T 1243—2006	适用于小型输送机输送轻型物品
双节距滚子输送链	GB/T 5269—2008	适用于传动功率小、速度低和中心距长的输送装置

表 17.2-38　实心销轴输送链主要尺寸（摘自 GB/T 8350—2008）　（mm）

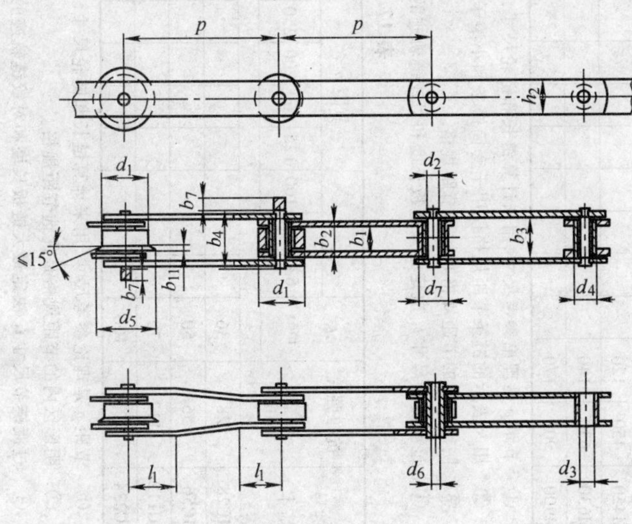

b_1—内链节内宽　b_2—内链节外宽　b_3—外链节内宽　b_4—销轴长度　b_7—销轴止锁端加长量　b_{11}—带边滚子边缘宽度　d_1—大滚子或带边滚子直径　d_2—销轴直径　d_3—套筒孔径　d_4—套筒外径　d_5—带边滚子边缘直径　d_6—空心销轴内径　d_7—小滚子直径　h_2—链板高度　l_1—过渡链节尺寸　p—节距

（续）

链号（基本）	抗拉强度 /kN min	d_1 max	节距 p①②③															d_2 max	d_3 min	d_4 max	h_2 max	b_1 min	b_2 max	b_3 min	b_4 max	b_7 max	$l_1$④ min	d_5 max	b_{11} max	d_7 max	测量力 /kN
			40	50	63	80	100	125	160	200	250	315	400	500	630	800	1000														
M20	20	25	×															6	6.1	9	19	16	22	22.2	35	7	12.5	32	3.5	12.5	0.4
M28	28	30		×														7	7.1	10	21	18	25	25.2	40	8	14	36	4	15	0.56
M40	40	36																8.5	8.6	12.5	26	20	28	28.3	45	9	17	42	4.5	18	0.8
M56	56	42			×													10	10.1	15	31	24	33	33.3	52	10	20.5	50	5	21	1.12
M80	80	50																12	12.1	18	36	28	39	39.4	62	12	23.5	60	6	25	1.6
M112	112	60				×												15	15.1	21	41	32	45	45.5	73	14	27.5	70	7	30	2.24
M160	160	70					×											18	18.1	25	51	37	52	52.5	85	16	34	85	8.5	36	3.2
M224	224	85						×										21	21.2	30	62	43	60	60.6	98	18	40	100	10	42	4.5
M315	315	100							×									25	25.2	36	72	48	70	70.7	112	21	47	120	12	50	6.3
M450	450	120																30	30.2	42	82	56	82	82.8	135	25	55	140	14	60	9
M630	630	140																36	36.2	50	103	66	96	97	154	30	66.5	170	16	70	12.5
M900	900	170									×							44	44.2	60	123	78	112	113	180	37	81	210	18	85	18

① 节距 p 是理论参考尺寸，用来计算链长和链轮尺寸，而不是用作检验链节的尺寸。

② 用×表示的链条节距规格仅用于套筒链条和小滚子链条。

③ 阴影区内的节距规格是优选节距规格。

④ 过渡链节尺寸 l_1 决定最大链板长度和对铰链轨迹的最小限制。

表 17.2-39　空心销轴输送链主要尺寸（摘自 GB/T 8350—2008）　（mm）

链号（基本）	抗拉强度 /kN min	d_1 max	节距 p①②										d_2 max	d_3 min	d_4 max	h_2 max	b_1 min	b_2 max	b_3 min	b_4 max	b_7 max	$l_1$③ min	d_5 max	b_{11} max	d_6 min	d_7 max	测量力 /kN
			63	80	100	125	160	200	250	315	400	500															
MC28	28	36											13	13.1	17.5	26	20	28	28.3	42	10	17.0	42	4.5	8.2	25	0.56
MC56	56	50											15.5	15.6	21.0	36	24	33	33.3	48	13	23.5	60	5	10.2	30	1.12
MC112	112	70											22	22.2	29.0	51	32	45	45.5	67	19	34.0	85	7	14.3	42	2.24
MC224	224	100											31	31.2	41.0	72	43	60	60.6	90	24	47.0	120	10	20.3	60	4.50

① 节距 p 是理论参考尺寸，用来计算链长和链轮尺寸，而不是用作检验链节的尺寸。

② 阴影区内的节距规格是优选节距规格。

③ 过渡链节尺寸 l_1 决定最大链板长度和对铰链轨迹的最小限制。

表 17.2-40　K 型附板尺寸（摘自 GB/T 8350—2008）　（mm）

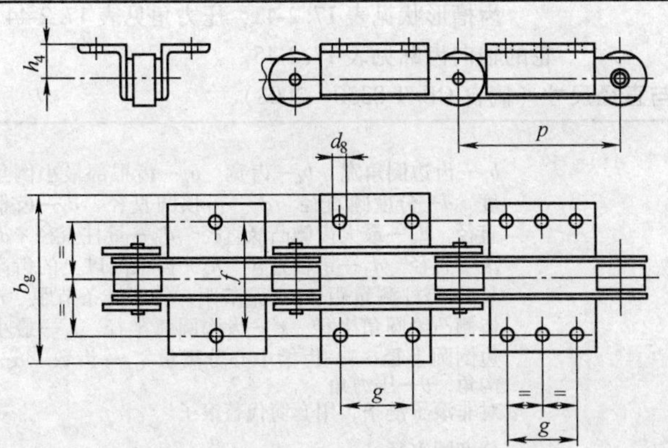

b_9—附板横向外宽　d_8—附板孔直径　f—附板孔中心线之间的横向距离　g—附板孔中心线之间的纵向距离　h_4—附板平台高度　p—节距

链号	d_8	h_4	f	b_9 max	纵向孔心距 短 p① min	短 g	中 p① min	中 g	长 p① min	长 g
M20	6.6	16	54	84	63	20	80	35	100	50
M28	9	20	64	100	80	25	100	40	125	65
M40	9	25	70	112	80	20	100	40	125	65
M56	11	30	88	140	100	25	125	50	160	85
M80	11	35	96	160	125	50	160	85	200	125
M112	14	40	110	184	125	35	160	65	200	100
M160	14	45	124	200	160	50	200	85	250	145
M224	18	55	140	228	200	65	250	125	315	190
M315	18	65	160	250	200	50	250	100	315	155
M450	18	75	180	280	250	85	315	155	400	240
M630	24	90	230	380	315	100	400	190	500	300
M900	30	110	280	480	315	65	400	155	500	240
MC28	9	25	70	112	80	20	100	40	125	65
MC56	11	35	88	152	125	50	160	85	200	125
MC112	14	45	110	192	160	50	200	85	250	145
MC224	18	65	140	220	200	50	250	100	315	155

① 对应纵向孔心距 g 的最小链条节距。

表 17.2-41　加高链板高度（摘自 GB/T 8350—2008）　（mm）

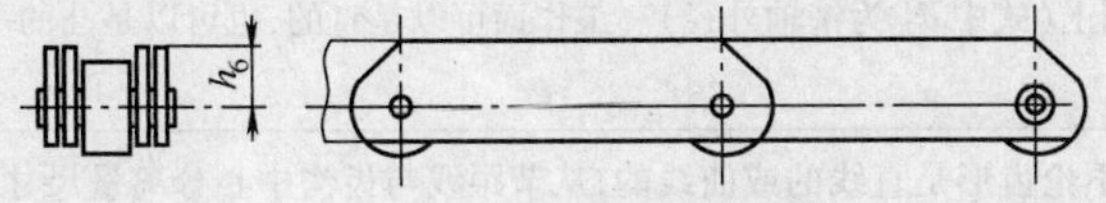

h_6——加高链板高度。

链号	h_6	链号	h_6
M20	16	M315	65
M28	20	M450	80
M40	22.5	M630	90
M56	30	M900	120
M80	32.5	MC28	22.5
M112	40	MC56	32.5
M160	45	MC112	45
M224	60	MC224	65

注：包括抗拉强度及其他所有的数据都与第 3 章规定的基本链板数据一样。

3.1.2　链轮

（1）基本参数与直径尺寸见表 17.2-42。

（2）齿槽形状

齿槽形状见表 17.2-43，压力角见表 17.2-44，链轮的轴向齿廓见表 17.2-45。

表 17.2-42　基本参数与直径尺寸（摘自 GB/T 8350—2008）

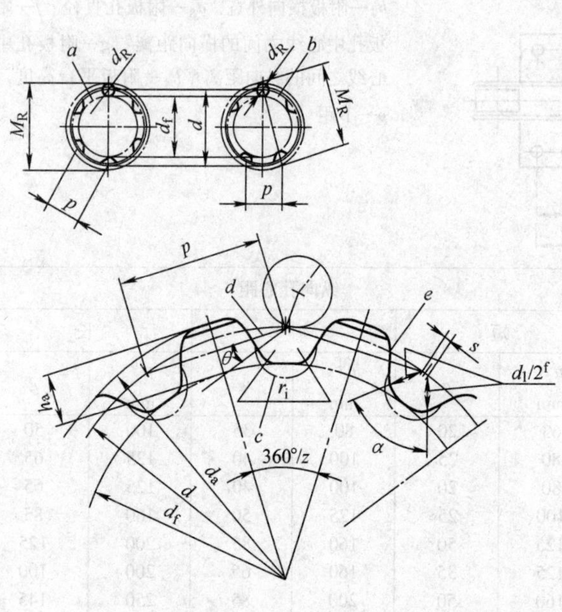

b_a—齿边倒角宽　b_f—齿宽　b_g—齿根部最小倒角宽度　d—分度圆直径　d_a—齿顶圆直径　d_f—齿根圆直径　d_g—最大齿侧凸缘直径　d_R—量柱直径　d_1—滚子直径　d_2—销轴直径　h_a—齿根圆以上的齿高　M_R—跨柱测量距　p—弦节距，等于链条节距　r_a—齿侧凸缘圆角半径　r_i—齿沟圆弧半径　r_x—最小齿边倒圆半径　s—齿槽中心分离量　z—齿数　α—齿沟角　θ—压力角

对非滚子链条，用套筒代替滚子

分度圆直径 d　　$d=\dfrac{p}{\sin\dfrac{180°}{z}}$

齿顶圆直径 d_a　　$d_{amax}=d+d_1$

量柱直径 d_R　$d_R=d_1$、d_4 或者 d_7，d_R 的极限偏差为 $^{+0.01}_{\ 0}$ mm

齿根圆直径 d_f　根据不同情况，$d_{fmax}=d-d_1$，$d-d_4$ 或者 $d-d_7$，公差带按 h11。最小齿根圆直径应该由制造商选择，以提供与链条良好的啮合

跨柱测量距 M_R　对于偶数齿的链轮，跨柱测量距 $M_R=d+d_{Rmin}$；对于奇数齿的链轮，跨柱测量距 $M_R=d\cos(90°/z)+d_{Rmin}$

齿根圆直径以上的齿高 h_a　$h_a=\dfrac{d_a-d_f}{2}$

表 17.2-43　齿槽形状

名　称	计算公式或说明
齿槽中心分离量 S	$S_{min}=0.04p$（非机加工齿链轮） $S_{min}=0.08d_1$（机加工齿链轮）
齿沟圆弧半径 r_i	$r_{imax}=\dfrac{d_1}{2}\left(\dfrac{d_4}{2}、\dfrac{d_7}{2}\right)$
齿沟角 α/(°)	$\alpha_{max}=140°-\dfrac{90°}{z}$、$\alpha_{min}=120°-\dfrac{90°}{z}$
工作面	工作面为两个滚子与齿面接触线之间的区域，一个滚子的中心线位于分度圆上，另一个滚子中心线在直径等于 $\dfrac{p+0.25d_2}{\sin\dfrac{180°}{z}}$ 的圆周上（式中 d_2 为销轴外径）。工作面可以是直的，也可以是凸的
齿形	不论齿沟圆弧半径的大小，也不论齿形是直线的或曲线的，从节距线与齿沟中心分离量尺寸界线交点到齿面之间的距离应等于 $\dfrac{d_1}{2}\left(\dfrac{d_4}{2}、\dfrac{d_7}{2}\right)$
压力角 θ/(°)	压力角是链节的节距线与链轮工作面和滚子接触点的法线之间的夹角。工作面上任意一点的压力角应符合表 17.2-44 的规定

表 17.2-44　压力角

齿数	压力角 θ		齿数	压力角 θ	
z	min	max	z	min	max
6 或 7	7°	10°	14 或 15	16°	20°
8 或 9	9°	12°	16 或 19	18°	22°
10 或 11	12°	15°	20 或 27	20°	25°
12 或 13	14°	17°	28 以上	23°	28°

表 17.2-45　链轮的轴向齿廓　　(mm)

名　称	计算公式或说明
齿宽 b_f	对于非带边滚子：$b_{fmax}=0.9b_1-1$ $b_{fmin}=0.87b_1-1.7$ 对于带边滚子：$b_{fmax}=0.9(b_1-b_{11})-1$ $b_{fmin}=0.87(b_1-b_{11})-1.7$
最小倒圆半径 r_x	$r_x=1.6b_1$
倒角宽 b_a	$b_a=0.16b_1$
齿根宽 b_g	$b_{gmin}=0.25b_f$
齿侧凸缘圆角半径 r_a	$r_a\approx0.15h_2$

注：齿沟端面倒角——避免物料聚集，允许对齿沟两端进行倒角。

3.2　输送用平顶链和链轮（摘自 GB/T 4140—2003）

3.2.1　输送用平顶链（见表 17.2-46）

表 17.2-46　标准输送用平顶链基本参数（摘自 GB/T 4140—2003）　　(mm)

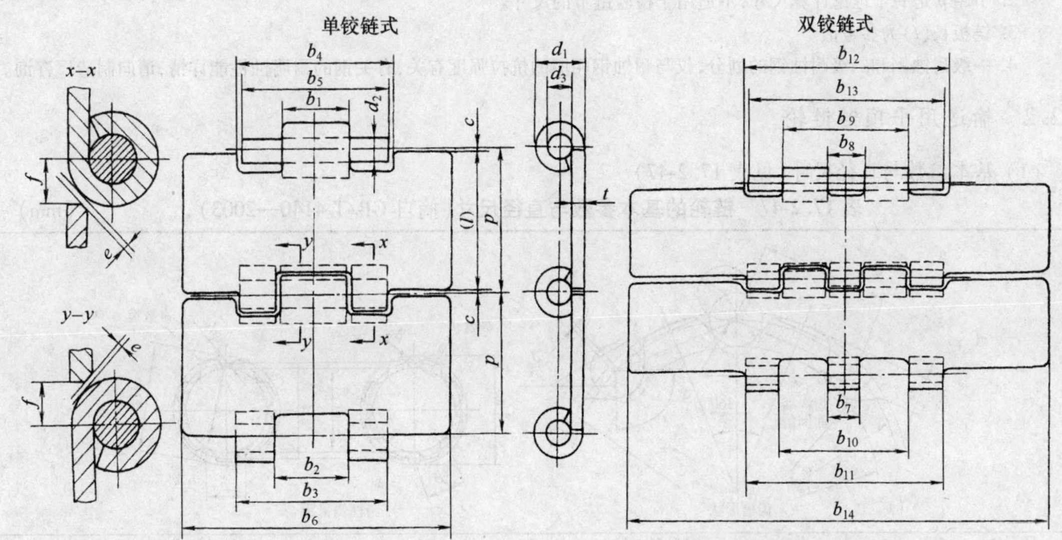

注：其余尺寸与单铰链式相同

型号	链号	节距	铰卷外径	销轴直径	活动铰卷孔径	链板厚度	活动铰卷宽度	固定铰卷内宽	固定铰卷外宽	链板凹槽宽度	销轴长度	链板宽度
		p	d_1	d_2	d_3	t	b_1	b_2	b_3	b_4,b_{12}	b_5,b_{13}	b_6,b_{14}
			max		min	max		min	max	min	max	max
单铰链	C12S C13S C14S C16S C18S C24S C30S	38.10	13.13	6.38	6.40	3.35	20.00	20.10	42.05	42.10	42.60	77.20 83.60 89.90 102.60 115.30 153.40 191.50
双铰链	C30D	38.10	13.13	6.38	6.40	3.35	—	—	—	80.60	81.00	191.50

（续）

<table>
<tr><td rowspan="3">型号</td><td rowspan="3">链号</td><td>链板宽度</td><td>中央固定铰卷宽度</td><td>活动铰卷间宽</td><td>活动铰卷跨宽</td><td>外侧固定铰卷间宽</td><td>外侧固定铰卷跨宽</td><td>链板长度</td><td>铰卷轴心线与链板外缘间距</td><td colspan="2">铰链间隙</td><td>测量载荷</td><td>抗拉强度 Q</td></tr>
<tr><td>b_6，b_{14}</td><td>b_7</td><td>b_8</td><td>b_9</td><td>b_{10}</td><td>b_{11}</td><td>(l)</td><td>c</td><td>e</td><td>f</td><td></td><td>/N</td></tr>
<tr><td>公称尺寸</td><td>max</td><td>min</td><td>max</td><td>min</td><td>max</td><td colspan="5">min</td><td>min</td></tr>
<tr><td rowspan="7">单铰链</td><td>C12S</td><td>76.20</td><td rowspan="7">—</td><td rowspan="7">—</td><td rowspan="7">—</td><td rowspan="7">—</td><td rowspan="7">—</td><td rowspan="7">37.28</td><td rowspan="7">0.41</td><td rowspan="7">0.41</td><td rowspan="7">5.90</td><td rowspan="7">200
160
120</td><td rowspan="7">碳钢
10000
一级耐蚀钢
8000
二级耐蚀钢
6250</td></tr>
<tr><td>C13S</td><td>82.60</td></tr>
<tr><td>C14S</td><td>88.90</td></tr>
<tr><td>C16S</td><td>101.60</td></tr>
<tr><td>C18S</td><td>114.39</td></tr>
<tr><td>C24S</td><td>152.40</td></tr>
<tr><td>C30S</td><td>190.50</td></tr>
<tr><td>双铰链</td><td>C30D</td><td>190.50</td><td>13.50</td><td>13.70</td><td>53.50</td><td>53.60</td><td>80.50</td><td>37.28</td><td>0.41</td><td>0.14</td><td>5.90</td><td>400
320
250</td><td>碳钢
20000
一级耐蚀钢
16000
二级耐蚀钢
12500</td></tr>
</table>

注：1. 平顶链链号中 C 后面的数字是表示链板宽度的代号，它乘以 25.4/4mm 等于链板宽度的公称尺寸。字母 S 表示单铰链，D 表示双铰链。

2. 节距 p 是一个理论计算尺寸，不适用于检验链节的尺寸。

3. 链板长（l）为参考值。

4. 一级耐蚀钢和二级耐蚀钢的划分，仅与耐蚀钢相应的抗拉强度有关，有关钢的耐腐蚀性能详情，请向制造厂咨询。

3.2.2　输送用平顶链链轮

（1）基本参数与直径尺寸（见表 17.2-47）

表 17.2-47　链轮的基本参数与直径尺寸（摘自 GB/T 4140—2003）　　（mm）

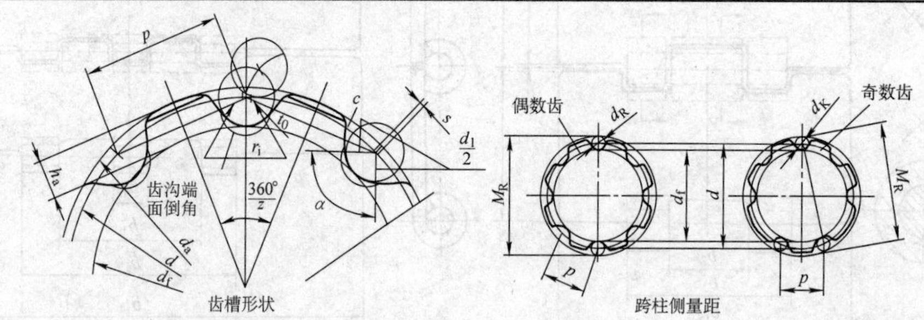

名　　称	计 算 方 法	备　　注
分度圆直径 d	$d=\dfrac{p}{\sin\dfrac{180°}{z}}$	p 为链条节距，z 为有效齿数
齿顶圆直径 d_{amax}	$d_{amax}=d\cos\dfrac{180°}{z}+6.35$	
齿根圆直径 d_{fmax}	$d_{fmax}=d-d_1$	
有效齿数 z	单切齿 $z=z_1$ 双切齿 $z=\dfrac{1}{2}z_1$	
实际齿数 z_1		z_1 优先选用 17、19、21、25、27、29、31、35
跨柱测量距 M_R	z_1 为奇数时：$M_R=d\cos\dfrac{90°}{z_1}+d_R$ z_1 为偶数时：$M_R=d+d_R$	量柱直径 $d_R=d_1$

注：式中 d_{amax} 是指链轮齿与链板底面将开始发生碰撞的齿顶圆直径。

(2) 齿槽形状及轴向齿廓尺寸(见表 17.2-48)

(3) 链轮公差

齿根圆对孔轴心线的圆跳动公差应符合表 17.2-49 的规定。

表 17.2-48　链轮的齿槽形状及轴向齿廓尺寸　(mm)

名称		代号	数值
齿沟圆弧半径		r_i	6.63
齿沟中心分离量		S	2.00
齿宽	单铰链式	b_f	42.5
	双铰链式		81.3
导向环间宽	单铰链式	b_d	$b_d \geqslant b_3$ 或 b_5
	双铰链式		$b_d \geqslant b_{11}$ 或 b_{13}
导向环外径		d_d	$d_d \leqslant d_a$

表 17.2-49　齿根圆对孔轴心线的圆跳动公差　(mm)

齿根圆直径		径向圆跳动	端面圆跳动
大于	至		
0	177.80	$0.25+0.001d_f$	0.51
177.80	508.00	$0.25+0.001d_f$	$0.003d_f$
508.00	762.00	0.76	$0.003d_f$
762.00		0.76	2.29

3.3 带附件短节距精密滚子链(摘自 GB/T 1243—2006)

链条的结构名称和代号

根据图 17.2-9 中的符号去查表 17.2-50 和表 17.2-51 中各种型号的链技术规格。

K 型附板尺寸见表 17.2-52。M 型附板尺寸见表 17.2-53。加长销轴尺寸见表 17.2-54。

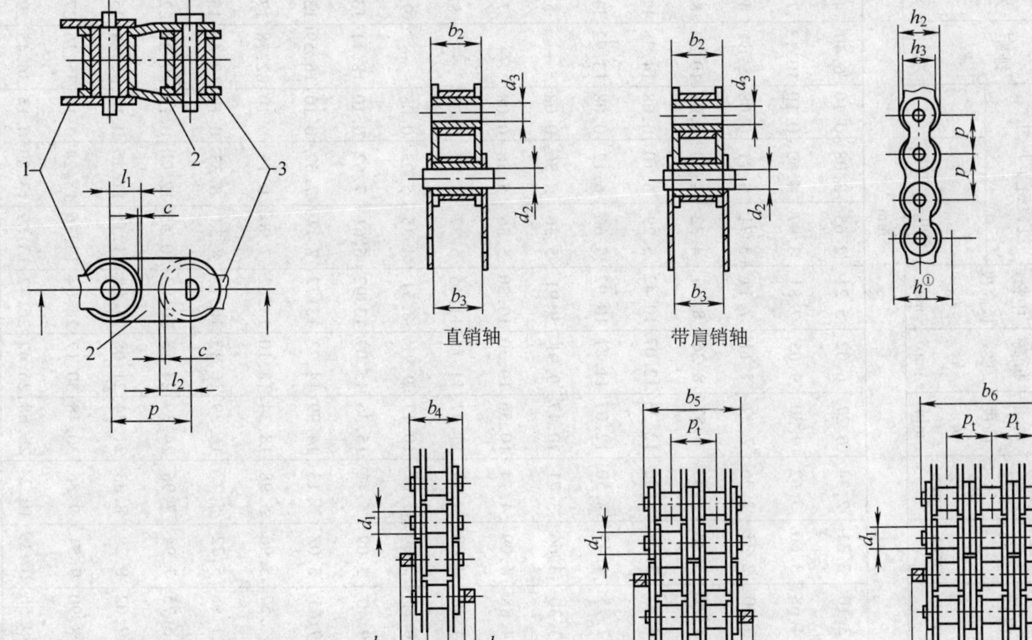

图 17.2-9　链条的结构名称和代号

① 链条通道高度 h_1 是考虑过渡链板与直链板在连接处的回转间隙。

c—过渡链板与直链板在连接处的回转间隙　p—节距　1—外链板　2—过渡链板　3—内链板

表 17.2-50　链条主要尺寸、测量力、抗拉强度及动载强度（摘自 GB/T 1243—2006）

链号[①]	节距 p nom	滚子直径 d_1 max	内节内宽 b_1 min	销轴直径 d_2 max	套筒孔径 d_3 min	链条通道高度 h_1 min	内链板高度 h_2 max	外或中链板高度 h_3 max	过渡链节尺寸[②] l_1 min	过渡链节尺寸[②] l_2 min	过渡链节尺寸[②] c	排距 p_t	内节外宽 b_2 max	外节内宽 b_3 min	销轴长度 单排 b_4 max	销轴长度 双排 b_5 max	销轴长度 三排 b_6 max	止锁件附加宽度[③] b_7 max	测量力 单排	测量力 双排	测量力 三排	抗拉强度 F_u 单排 min	抗拉强度 F_u 双排 min	抗拉强度 F_u 三排 min	动载强度[④⑤⑥] 单排 F_d min
	mm																		N			kN			N
04C	6.35	3.30[⑦]	3.10	2.31	2.34	6.27	6.02	5.21	2.65	3.08	0.10	6.40	4.80	4.85	9.1	15.5	21.8	2.5	50	100	150	3.5	7.0	10.5	630
06C	9.525	5.08[⑦]	4.68	3.60	3.62	9.30	9.05	7.81	3.97	4.60	0.10	10.13	7.46	7.52	13.2	23.4	33.5	3.3	70	140	210	7.9	15.8	23.7	1410
05B	8.00	5.00	3.00	2.31	2.36	7.37	7.11	7.11	3.71	3.71	0.08	5.64	4.77	4.90	8.6	14.3	19.9	3.1	50	100	150	4.4	7.8	11.1	820
06B	9.525	6.35	5.72	3.28	3.33	8.52	8.26	8.26	4.32	4.32	0.08	10.24	8.53	8.66	13.5	23.8	34.0	3.3	70	140	210	8.9	16.9	24.9	1290
08A	12.70	7.92	7.85	3.98	4.00	12.33	12.07	10.42	5.29	6.10	0.08	14.38	11.17	11.23	17.8	32.3	46.7	3.9	120	250	370	13.9	27.8	41.7	2480
08B	12.70	8.51	7.75	4.45	4.50	12.07	11.81	10.92	5.66	6.12	0.08	13.92	11.30	11.43	17.0	31.0	44.9	3.9	120	250	370	17.8	31.1	44.5	2480
081	12.70	7.75	3.30	3.66	3.71	10.17	9.91	9.91	5.36	5.36	0.08	—	5.80	5.93	10.2	—	—	1.5	125	—	—	8.0	—	—	
083	12.70	7.75	4.88	4.09	4.14	10.56	10.30	10.30	5.36	5.36	0.08	—	7.90	8.03	12.9	—	—	1.5	125	—	—	11.6	—	—	
084	12.70	7.75	4.88	4.09	4.14	11.41	11.15	11.15	5.77	5.77	0.08	—	8.80	8.93	14.8	—	—	1.5	125	—	—	15.6	—	—	
085	12.70	7.77	6.25	3.60	3.62	10.17	9.91	8.51	4.35	5.03	0.08	—	9.06	9.12	14.0	—	—	2.0	80	—	—	6.7	—	—	1340
10A	15.875	10.16	9.40	5.09	5.12	15.35	15.09	13.02	6.61	7.62	0.10	18.11	13.84	13.89	21.8	39.9	57.9	4.1	200	390	590	21.8	43.6	65.4	3850
10B	15.875	10.16	9.65	5.08	5.13	14.99	14.73	13.72	7.11	7.62	0.10	16.59	13.28	13.41	19.6	36.2	52.8	4.1	200	390	590	22.2	44.5	66.7	3330
12A	19.05	11.91	12.57	5.96	5.98	18.34	18.10	15.62	7.90	9.15	0.10	22.78	17.75	17.81	26.9	49.8	72.6	4.6	280	560	840	31.3	62.6	93.9	5490
12B	19.05	12.07	11.68	5.72	5.77	16.39	16.13	16.13	8.33	8.33	0.10	19.46	15.62	15.75	22.7	42.2	61.7	4.6	280	560	840	28.9	57.8	86.7	3720
16A	25.40	15.88	15.75	7.94	7.96	24.39	24.13	20.83	10.55	12.20	0.13	29.29	22.60	22.66	33.5	62.7	91.9	5.4	500	1000	1490	55.6	111.2	166.8	9550
16B	25.40	15.88	17.02	8.28	8.33	21.34	21.08	21.08	11.15	11.15	0.13	31.88	25.45	25.58	36.1	68.0	99.9	5.4	500	1000	1490	60.0	106.0	160.0	9530
20A	31.75	19.05	18.90	9.54	9.56	30.48	30.17	26.04	13.16	15.24	0.15	35.76	27.45	27.51	41.1	77.0	113.0	6.1	780	1560	2340	87.0	174.0	261.0	14600
20B	31.75	19.05	19.56	10.19	10.24	26.68	26.42	26.42	13.89	13.89	0.15	36.45	29.01	29.14	43.2	79.7	116.1	6.1	780	1560	2340	95.0	170.0	250.0	13500

（续）

链号①	节距 p nom	滚子直径 d_1 max	内节内宽 b_1 min	销轴直径 d_2 max	套筒孔径 d_3 min	链条通道高度 h_1 min	内链板高度 h_2 max	外或中链板高度 h_3 max	过渡链节尺寸② l_1 min			排距 p_t	内节外宽 b_2 max	外节内宽 b_3 min	销轴长度 单排 b_4 max			止锁件附加宽度③ b_7 max	测量力 单排			抗拉强度 F_u 单排 min			动载强度④⑤⑥ 单排 F_d min
									l_1 min	l_2 min	c				单排 b_4 max	双排 b_5 max	三排 b_6 max		单排	双排	三排	单排 min	双排 min	三排 min	
	mm																		N			kN			N
24A	38.10	22.23	25.22	11.11	11.14	36.55	36.2	31.24	15.80	18.27	0.18	45.44	35.45	35.51	50.8	96.3	141.7	6.6	1110	2220	3340	125.0	250.0	375.0	20500
24B	38.10	25.40	25.40	14.63	14.68	33.73	33.4	33.40	17.55	17.55	0.18	48.36	37.92	38.05	53.4	101.8	150.2	6.6	1110	2220	3340	160.0	280.0	425.0	19700
28A	44.45	25.40	25.22	12.71	12.74	42.67	42.23	36.45	18.42	21.32	0.20	48.87	37.18	37.24	54.9	103.6	152.4	7.4	1510	3020	4540	170.0	340.0	510.0	27300
28B	44.45	27.94	30.99	15.90	15.95	37.46	37.08	37.08	19.51	19.51	0.20	59.56	46.58	46.71	65.1	124.7	184.3	7.4	1510	3020	4540	200.0	360.0	530.0	27100
32A	50.80	28.58	31.55	14.29	14.31	48.74	48.26	41.68	21.04	24.33	0.20	58.55	45.21	45.26	65.5	124.2	182.9	7.9	2000	4000	6010	223.0	446.0	669.0	34800
32B	50.80	29.21	30.99	17.81	17.86	42.72	42.29	42.29	22.20	22.20	0.20	58.55	45.57	45.70	67.4	126.0	184.5	7.9	2000	4000	6010	250.0	450.0	670.0	29900
36A	57.15	35.71	35.48	17.46	17.49	54.86	54.30	46.86	23.65	27.36	0.20	65.84	50.85	50.90	73.9	140.0	206.0	9.1	2670	5340	8010	281.0	562.0	843.0	44500
40A	63.50	39.68	37.85	19.85	19.87	60.93	60.33	52.07	26.24	30.36	0.20	71.55	54.88	54.94	80.3	151.9	223.5	10.2	3110	6230	9340	347.0	694.0	1041.0	53600
40B	63.50	39.37	38.10	22.89	22.94	53.49	52.96	52.96	27.76	27.76	0.20	72.29	55.75	55.88	82.6	154.9	227.2	10.2	3110	6230	9340	355.0	630.0	950.0	41800
48A	76.20	47.63	47.35	23.81	23.84	73.13	72.89	62.49	31.45	36.40	0.20	87.83	67.81	67.87	95.5	183.4	271.3	10.5	4450	8900	13340	500.0	1000.0	1500.0	73100
48B	76.20	48.26	45.72	29.24	29.29	64.52	63.88	63.88	33.45	33.45	0.20	91.21	70.56	70.69	99.1	190.4	281.6	10.5	4450	8900	13340	560.0	1000.0	1500.0	63600
56B	88.90	53.98	53.34	34.32	34.37	78.64	77.85	77.85	40.61	40.61	0.20	106.60	81.33	81.46	114.6	221.2	327.8	11.7	6090	12190	20000	850.0	1600.0	2240.0	88900
64B	101.60	63.50	60.96	39.40	39.45	91.08	90.17	90.17	47.07	47.07	0.20	119.89	92.02	92.15	130.9	250.8	370.7	13.0	7960	15920	27000	1120.0	2000.0	3000.0	106900
72B	114.30	72.39	68.58	44.48	44.53	104.67	103.63	103.63	53.37	53.37	0.20	136.27	103.81	103.94	147.4	283.7	420.0	14.3	10100	20190	33500	1400.0	2500.0	3750.0	132700

① 重载系列链条详见表 17.2-51。

② 对于高应力使用场合，不推荐使用过渡链节。

③ 止锁件的实际尺寸取决于其类型，但都不应超过规定尺寸，使用者应从制造商处获取详细资料。

④ 动载强度值不适用于过渡链节、连接链节或带有附件的链条。

⑤ 双排链和三排链的动载试验不能用单排链的值按比例套用。

⑥ 动载强度值是基于5个链节的试样，不含36A，40A，40B，48A，48B，56B，64B和72B，这些链条是基于3个链节的试样。链条最小动载强度的计算方法见GB/T 1243—2006附录C。

⑦ 套筒直径。

表 17.2-51　ANSI 重载系列链条主要尺寸、测量力、抗拉强度及动载强度（摘自 GB/T 1243—2006）

链号①	节距 p nom	滚子直径 d_1 max	内节内宽 b_1 min	销轴直径 d_2 max	套筒孔径 d_3 min	链条通道高度 h_1 min	内链板高度 h_2 max	外或中链板高度 h_3 max	过渡链节尺寸② l_1 min	过渡链节尺寸② l_2 min	过渡链节尺寸② c	排距 p_t	内节外宽 b_2 max	外节内宽 b_3 min	销轴长度 单排 b_4 max	销轴长度 双排 b_5 max	销轴长度 三排 b_6 max	止锁件附加宽度③ b_7 max	测量力 单排	测量力 双排	测量力 三排	抗拉强度 F_u 单排 min	抗拉强度 F_u 双排 min	抗拉强度 F_u 三排 min	动载强度④⑤⑥ 单排 F_d min
	mm																		N			kN			N
60H	19.05	11.91	12.57	5.96	5.98	18.34	18.10	15.62	7.90	9.15	0.10	26.11	19.43	19.48	30.2	56.3	82.4	4.6	280	560	840	31.3	62.6	93.9	6330
80H	25.40	15.88	15.75	7.94	7.96	24.39	24.13	20.83	10.55	12.20	0.13	32.59	24.28	24.33	37.4	70.0	102.6	5.4	500	1000	1490	55.6	112.2	166.8	10700
100H	31.75	19.05	18.90	9.54	9.56	30.48	30.17	26.04	13.16	15.24	0.15	39.09	29.10	29.16	44.5	83.6	122.7	6.1	780	1560	2340	87.0	174.0	261.0	16000
120H	38.10	22.23	25.22	11.11	11.14	36.55	36.2	31.24	15.80	18.27	0.18	48.87	37.18	37.24	55.0	103.9	152.8	6.6	1110	2220	3340	125.0	250.0	375.0	22200
140H	44.45	25.40	25.22	12.71	12.74	42.67	42.23	36.45	18.42	21.32	0.20	52.20	38.86	38.91	59.0	111.2	163.4	7.4	1510	3020	4540	170.0	340.0	510.0	29200
160H	50.80	28.58	31.55	14.29	14.31	48.74	48.26	41.66	21.04	24.33	0.20	61.90	46.88	46.94	69.4	131.3	193.2	7.9	2000	4000	6010	223.0	446.0	669.0	36900
180H	57.15	35.71	35.48	17.46	17.49	54.86	54.30	46.86	23.65	27.36	0.20	69.16	52.50	52.55	77.3	146.5	215.7	9.1	2670	5340	8010	281.0	562.0	843.0	46900
200H	63.50	39.68	37.85	19.85	19.87	60.93	60.33	52.07	26.24	30.36	0.20	78.31	58.29	58.34	87.1	165.4	243.7	10.2	3110	6230	9340	347.0	694.0	1041.0	58700
240H	76.20	47.63	47.35	23.81	23.84	73.13	72.39	62.49	31.45	36.40	0.20	101.22	74.54	74.60	111.4	212.6	313.8	10.5	4450	8900	13340	500.0	1000.0	1500.0	84400

① 标准系列链条详见表 17.2-50。

② 对于高应力使用场合，不推荐使用过渡链节。

③ 止锁件的实际尺寸取决于其类型，但都不应超过规定尺寸，使用者应从制造商处获取详细资料。

④ 动载强度值不适用于过渡链节、连接链节或带有附件的链条。

⑤ 双排链和三排链的动载试验不能用单排链的值按比例套用。

⑥ 动载强度值是基于 5 个链节的试样，不含 180H，200H，240H，这些链条是基于 3 个链节的试样。链条最小动载强度的计算方法见 GB/T 1243—2006 附录 C。

表 17.2-52 **K 型附板尺寸**（摘自 GB/T 1243—2006） （mm）

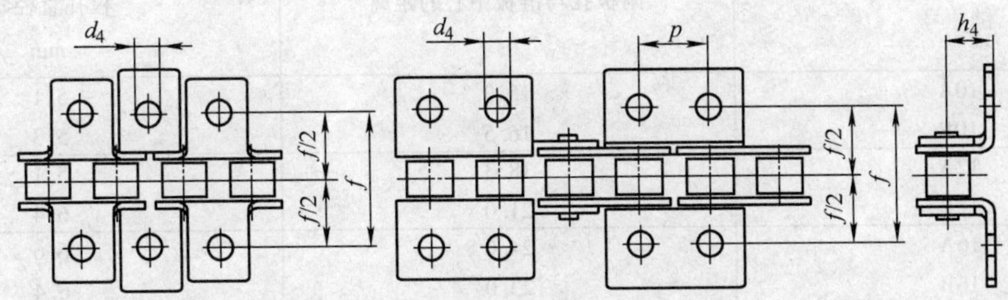

链号	附板平台高 h_4	板孔直径 d_4 min	孔中心间横向距离 f
06C	6.4	2.6	19.0
08A	7.9	3.3	25.4
08B	8.9	4.3	
10A	10.3	5.1	31.8
10B		5.3	
12A	11.9	5.1	38.1
12B	13.5	6.4	
16A	15.9	6.6	50.8
16B		6.4	
20A	19.8	8.2	63.5
20B		8.4	
24A	23.0	9.8	76.2
24B	26.7	10.5	
28A	28.6	11.4	88.9
28B		13.1	
32A	31.8	13.1	101.6
32B			
40A	42.9	16.3	127.0

注：1. p 见表 17.2-50。

2. K 型附板既可装在外链节，也可装在内链节。

3. K1 和 K2 型附板可以相同，区别是 K1 型附板中心有一个孔。

4. K2 型附板不能逐节安装。

表 17.2-53 **M 型附板尺寸**（摘自 GB/T 1243—2006） （mm）

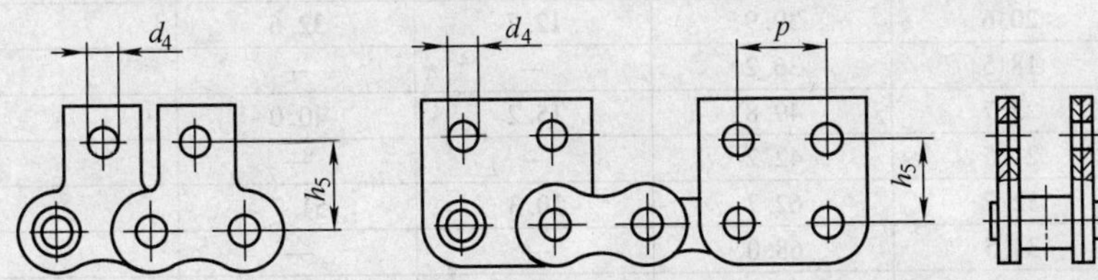

链 号	附板孔与链板中心的距离 h_5	板孔直径 d_4 min
06C	9.5	2.6
08A	12.7	3.3
08B	13.0	4.3

（续）

链　号	附板孔与链板中心的距离 h_5	板孔直径 d_4 min
10A	15.9	5.1
10B	16.5	5.3
12A	18.3	5.1
12B	21.0	6.4
16A	24.6	6.6
16B	23.0	6.4
20A	31.8	8.2
20B	30.5	8.4
24A	36.5	9.8
24B	36.0	10.5
28A	44.4	11.4
32A	50.8	13.1
40A	63.5	16.3

注：1. p 见表 17.2-50。

2. M 型附板既可装在外链节，也可装在内链节。

3. M1 和 M2 型附板可以相同，区别是 M1 型附板中心有一个孔。

4. M2 型附板不推荐逐节安装。

表 17.2-54　加长销轴尺寸（摘自 GB/T 1243—2006）　（mm）

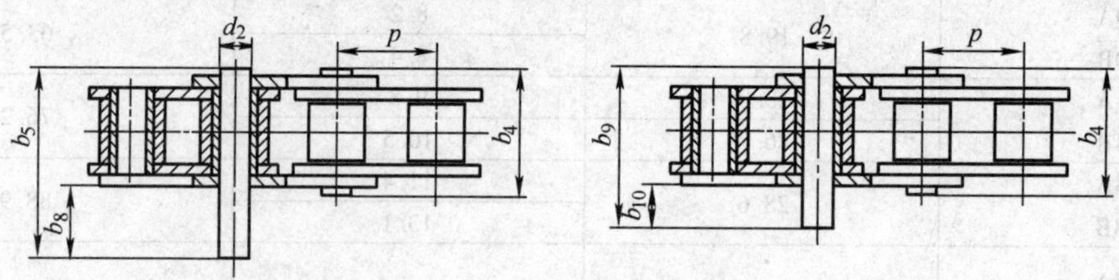

链号	X 型加长销轴		Y 型加长销轴①		X 型和 Y 型销轴直径
	b_8 max	b_5 max	b_{10} max	b_9 max	d_2 max
05B	7.1	14.3	—	—	2.31
06C	12.3	23.4	10.2	21.9	3.60
06B	12.2	23.8	—	—	3.28
08A	16.5	32.3	10.2	26.3	3.98
08B	15.5	31.0	—	—	4.45
10A	20.6	39.9	12.7	32.6	5.09
10B	18.5	36.2	—	—	5.08
12A	25.7	49.8	15.2	40.0	5.96
12B	21.5	42.2	—	—	5.72
16A	32.2	62.7	20.3	51.7	7.94
16B	34.5	68.0	—	—	8.28
20A	39.1	77.0	25.4	63.8	9.54
20B	39.4	79.7	—	—	10.19
24A	48.9	96.3	30.5	78.6	11.11
24B	51.4	101.8	—	—	14.63
28A	—	—	35.6	87.5	12.71
32A	—	—	40.60	102.6	14.29

① Y 型加长销轴可选择使用，通常用在"A"系列链条。

表 17.2-55 输送链条主要尺寸、测量力和抗拉强度(摘自 GB/T 5269—2008) (mm)

链号①	节距 p	小滚子直径 d_1 max	大滚子直径 d_7 max	内链节内宽 b_1 min	销轴直径 d_2 max	套筒内径 d_3 min	链条通道高度 h_1 min	链板高度 h_2 max	过渡链板尺寸② l_1 min	内链节外宽 b_2 max	外链节内宽 b_3 min	销轴长度 b_4 max	销轴止锁端加长量③ b_7 max	测量力 /N	抗拉强度 /kN min
C208A	25.4	7.92	15.88	7.85	3.98	4.00	12.33	12.07	6.9	11.17	11.31	17.8	3.9	120	13.9
C208B	25.4	8.51	15.88	7.75	4.45	4.50	12.07	11.81	6.9	11.30	11.43	17.0	3.9	120	17.8
C210A	31.75	10.16	19.05	9.40	5.09	5.12	15.35	15.09	8.4	13.84	13.97	21.8	4.1	200	21.8
C210B	31.75	10.16	19.05	9.65	5.08	5.13	14.99	14.73	8.4	13.28	13.41	19.6	4.1	200	22.2
C212A	38.1	11.91	22.23	12.57	5.96	5.98	18.34	18.10	9.9	17.75	17.88	26.9	4.6	280	31.3
C212A-H	38.1	11.91	22.23	12.57	5.96	5.98	18.34	18.10	9.9	19.43	19.56	30.2	4.6	280	31.3
C212B	38.1	12.07	22.23	11.68	5.72	5.77	16.39	16.13	9.9	15.62	15.75	22.7	4.6	280	28.9
C216A	50.8	15.88	28.58	15.75	7.94	7.96	24.39	24.13	13	22.60	22.74	33.5	5.4	500	55.6
C216A-H	50.8	15.88	28.58	15.75	7.94	7.96	24.39	24.13	13	24.28	24.41	37.4	5.4	500	55.6
C216B	50.8	15.88	28.58	17.02	8.28	8.33	21.34	21.08	13	25.45	25.58	36.1	5.4	500	60.0
C220A	63.5	19.05	39.67	18.90	9.54	9.56	30.48	30.17	16	27.45	27.59	41.1	6.1	780	87.0
C220A-H	63.5	19.05	39.67	18.90	9.54	9.56	30.48	30.17	16	29.11	29.24	44.5	6.1	780	87.0
C220B	63.5	19.05	39.67	19.56	10.19	10.24	26.68	26.42	16	29.01	29.14	43.2	6.1	780	95.0
C224A	76.2	22.23	44.45	25.22	11.11	11.14	36.55	36.20	19.1	35.45	35.59	50.8	6.6	1110	125.0
C224A-H	76.2	22.23	44.45	25.22	11.11	11.14	36.55	36.20	19.1	37.18	37.31	55.0	6.6	1110	125.0
C224B	76.2	25.4	44.45	25.40	14.63	14.68	33.73	33.40	19.1	37.92	38.05	53.4	6.6	1110	160.0
C232A-H	101.6	28.58	57.15	31.55	14.29	14.31	48.74	48.26	25.2	46.88	47.02	69.4	7.9	2000	222.4

注:带大滚子链条的基本尺寸与表相同,其链板通常是直边的(不是曲边的)。

① 链号是从传动链基本链号派生出来的,前缀加字母 C 表示输送链,字尾加 S 表示小滚子链、L 表示大滚子链、加 H 表示重载链条。

② 重载应用场合,不推荐使用过渡链节。

③ 实际尺寸取决于止锁件的形式,但不得超过所给尺寸。详细资料应从链条制造商得到。

3.4　双节距精密滚子输送链（GB/T 5269—2008）

3.4.1　链条的结构名称和代号

根据图 17.2-10 中符号所示查表 17.2-55 中的链条主要尺寸和抗拉强度。

K 型附板尺寸见表 17.2-56。M1 型附板尺寸见表 17.2-57。M2 型附板尺寸见表 17.2-58。X 型加长销轴和 Y 型加长销轴尺寸见表 17.2-59。

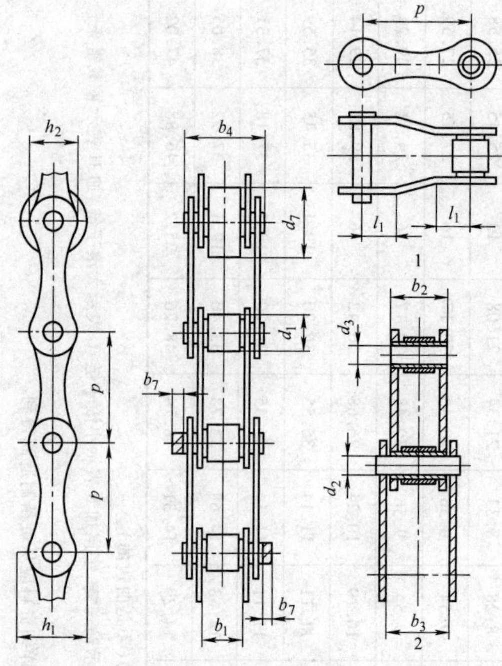

图 17.2-10　链条的结构名称和代号

1—过渡链节　2—链条剖面图

链条通道高度 h_1 是装配完成的小滚子系列链条所能通过的最小高度

带有止锁件的链条全宽为：

铆头销轴、一侧带有止锁件：b_4+b_7

带头部的销轴、一侧带有止锁件：$b_4+1.6b_7$

两侧均带止锁件：b_4+2b_7

表 17.2-56　K 型附板尺寸（摘自 GB/T 5269—2008）

（mm）

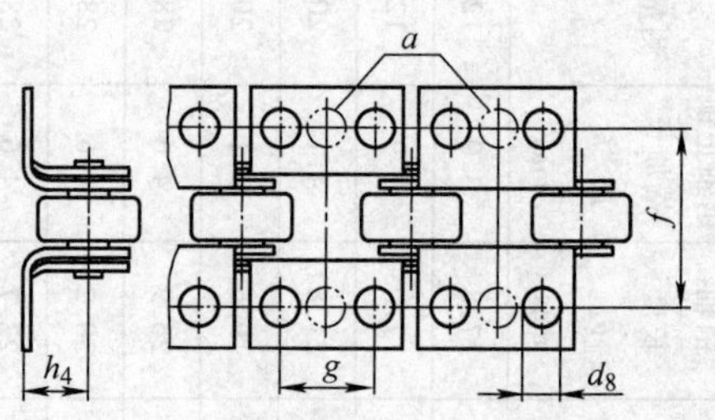

K2 型附板带有两个孔；K1 附板只在中间开一个孔

链　号①	附板平台高度 h_4	附板孔中心线之间横向距离 f	最小孔径 d_8	附板孔中心线之间纵向距离 g
C208A	9.1	25.4	3.3	9.5
C208B	9.1	25.4	4.3	12.7
C210A	11.1	31.8	5.1	11.9
C210B	11.1	31.8	5.3	15.9
C212A	14.7	42.9	5.1	14.3
C212A-H	14.7	42.9	5.1	14.3
C212B	14.7	38.1	6.4	19.1
C216A	19.1	55.6	6.6	19.1
C216A-H	19.1	55.6	6.6	19.1
C216B	19.1	50.8	6.4	25.4
C220A	23.4	66.6	8.2	23.8
C220A-H	23.4	66.6	8.2	23.8
C220B	23.4	63.5	8.4	31.8
C224A	27.8	79.3	9.8	28.6
C224A-H	27.8	79.3	9.8	28.6
C224B	27.8	76.2	10.5	38.1
C232A-H	36.5	104.7	13.1	38.1

①　重载链条标以后缀 H。

表 17.2-57　M1 型附板尺寸（摘自 GB/T 5269—2008）　（mm）

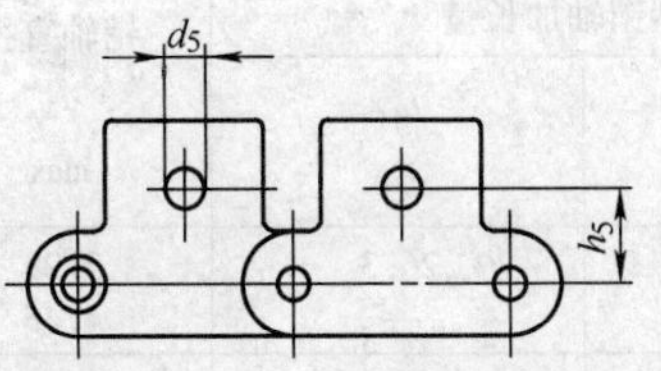

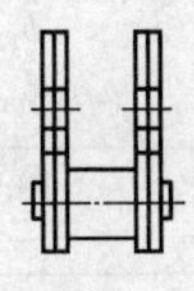

M1 型附板既可放在内链板上，也可放在外链板上

链号[①]	附板孔至链条中心线高度 h_5	最小孔径 d_5	链号[①]	附板孔至链条中心线高度 h_5	最小孔径 d_5
C208A	11.1	5.1	C220A	28.6	13.1
C208B	13.0	4.3	C220A-H	28.6	13.1
C210A	14.3	6.6	C220B	30.5	8.4
C210B	16.5	5.3	C224A	33.3	14.7
C212A	17.5	8.2	C224A-H	33.3	14.7
C212A-H	17.5	8.2	C224B	36.0	10.5
C212B	21.0	6.4	C232A-H	44.5	19.5
C216A	22.2	9.8			
C216A-H	22.2	9.8			
C216B	23.0	6.4			

① 重载链条标以后缀 H。

表 17.2-58　M2 型附板尺寸（摘自 GB/T 5269—2008）　（mm）

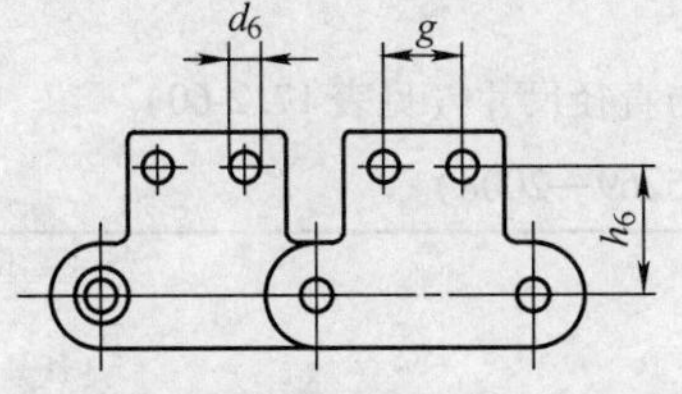

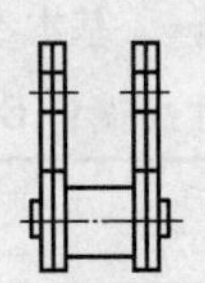

M2 型附板既可放在内链板上，也可放在外链板上

链号[①]	附板孔至链条中心线高度 h_6	最小孔径 d_6	附板孔中心线之间纵向距离 g	链号[①]	附板孔至链条中心线高度 h_6	最小孔径 d_6	附板孔中心线之间纵向距离 g
C208A	13.5	3.3	9.5	C220A	31.8	8.2	23.8
C208B	13.7	4.3	12.7	C220A-H	31.8	8.2	23.8
C210A	15.9	5.1	11.9	C220B	33.0	8.4	31.8
C210B	16.5	5.3	15.9	C224A	37.3	9.8	28.6
C212A	19.0	5.1	14.3	C224A-H	37.3	9.8	28.6
C212A-H	19.0	5.1	14.3	C224B	42.7	10.5	38.1
C212B	18.5	6.4	19.1	C232A-H	50.8	13.1	38.1
C216A	25.4	6.6	19.1				
C216A-H	25.4	6.6	19.1				
C216B	27.4	6.4	25.4				

① 重载链条标以后缀 H。

表 17.2-59　X 型加长销轴和 Y 型加长销轴尺寸（摘自 GB/T 5269—2008）　（mm）

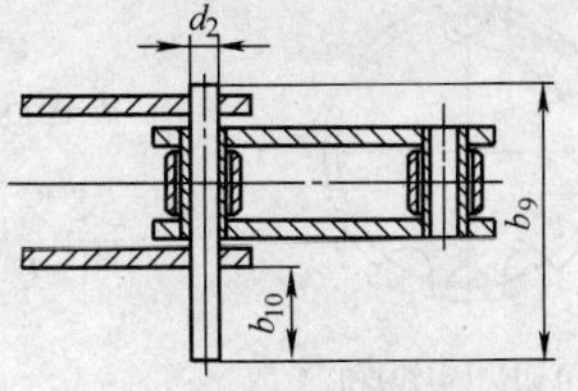

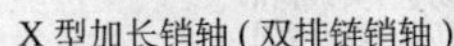
X 型加长销轴（双排链销轴）

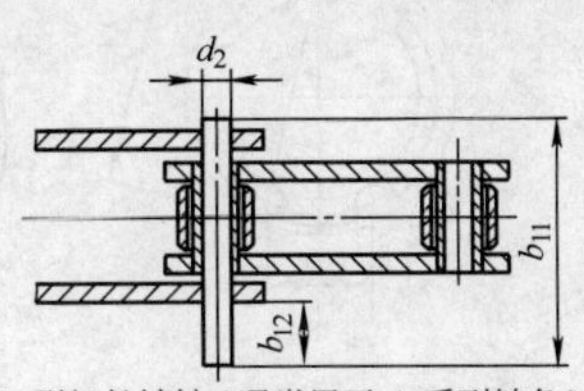

Y 型加长销轴（通常用于 A 系列链条）

（续）

链　号①	X型销轴加长量		Y型销轴加长量		销轴直径
	b_{10} max	b_9 max	b_{12} max	b_{11} max	d_2 max
C208A	—	—	10.2	26.3	3.98
C208B	15.5	31.0	—	—	4.45
C210A	—	—	12.7	32.6	5.09
C210B	18.5	36.2	—	—	5.08
C212A	—	—	15.2	40.0	5.96
C212A-H	—	—	15.2	43.3	5.96
C212B	21.5	42.2	—	—	5.72
C216A	—	—	20.3	51.7	7.94
C216A-H	—	—	20.3	55.3	7.94
C216B	34.5	68.0	—	—	8.28
C220A	—	—	25.4	63.8	9.54
C220A-H	—	—	25.4	67.2	9.54
C220B	39.4	79.7	—	—	10.19
C224A	—	—	30.5	78.6	11.11
C224A-H	—	—	30.5	82.4	11.11
C224B	51.4	101.8	—	—	14.63
C232A-H	—	—	40.6	106.3	14.29

① 重载链条标以后缀H。

3.4.2 链轮

基本参数与直径尺寸（见表17.2-60）

表17.2-60　链轮基本参数与尺寸（摘自GB/T 5269—2008）

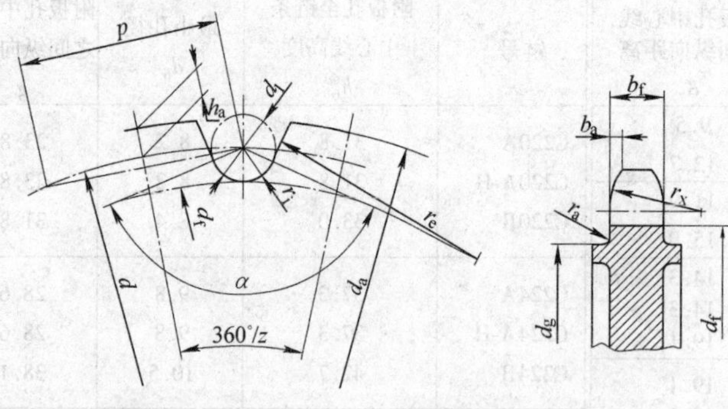

b_a—齿侧倒角宽　b_f—齿宽　d—分度圆直径　d_a—齿顶圆直径　d_f—齿根圆直径　d_g—最大齿侧凸缘直径　d_1—最大滚子直径　h_a—分度圆弦齿高　h_2—最大链板高度　p—弦节距，等于链条节距　r_a—齿侧凸缘圆角半径　r_e—齿廓圆弧半径　r_i—滚子定位圆弧半径　r_x—齿侧半径　z—有效围链齿数　z_1——双切齿链轮齿数，$z_1=2z$　α—滚子定位角

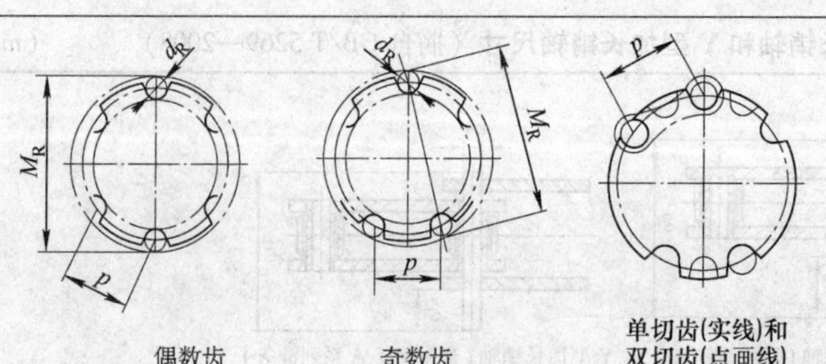

d—分度圆直径　d_f—齿根圆直径　d_R—量柱直径　M_R—跨柱测量距　p—弦节距，等于链条节距

（续）

分度圆直径 d　$d=\dfrac{p}{\sin\dfrac{180°}{z}}$	弦齿高　$h_{amax}=p\left(0.3125+\dfrac{0.8}{z}\right)-0.5d_1$ $h_{amin}=p\left(0.25+\dfrac{0.6}{z}\right)-0.5d_1$
量柱直径 d_R　$d_R=d_{10}^{+0.01}$ mm	最小齿槽形状　$r_{emax}=0.12d_1\ (z+2)$ $r_{imin}=0.505d_1$ $\alpha_{max}=140°-\dfrac{90°}{z}$
齿根圆直径 d_f　$d_f=d-d_1$	
跨柱测量距： 对偶数齿链轮：$M_R=d+d_{Rmin}$ 对奇数齿的单切齿链轮：$M_R=d\cos\dfrac{90°}{z}+d_{Rmin}$ 对奇数齿的双切齿链轮： $M_R=d\cos\dfrac{90°}{z_1}+d_{Rmin}$	最大齿槽形状　$r_{emin}=0.008d_1\ (z^2+180)$ $r_{imax}=0.505d_1+0.069\sqrt[3]{d_1}$ $\alpha_{min}=120°-\dfrac{90°}{z}$
	齿宽　$b_f=0.95b_1$ (h14)
齿顶圆直径 d_a　$d_{amax}=d+0.625p-d_1$ $d_{amin}=d+p\left(0.5-\dfrac{0.4}{z}\right)-d_1$	齿侧倒角　$b_{anom}=0.065p$
	齿侧倒角半径 $r_{xnom}=0.5p$
	最大齿侧凸缘直径 $d_g=p\cot\dfrac{180°}{z}-1.05h_2-1-2r_a$

4　逆止器

带式输送机向上运输物料时，如果电动机突然断电停车，在物料重力作用下，工作分支会自动下滑造成事故。为了防止下滑事故发生，一般都在该设备中加设逆止器。一般中小型带式输送机最常用的是带式逆止器和滚柱逆止器，见表 17.2-61 和表 17.2-62。

表 17.2-61　带式停止器　(mm)

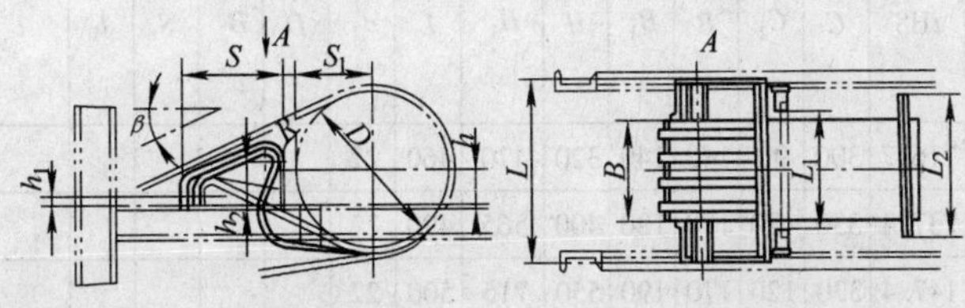

B	D	L	L_1	L_2	S	S_1	R	h	h_1	h_2	重量/kg
500	500	890	≈614	700	335	33	80	100	30	104	38
650	500 630	1040	≈764	850	335 441	33	80 100	120	30	104 134	42 49
800	500 630 800	1340	≈914	1000	335 441 460	33 33 35	80 100 100	120 140 140	30	104 134 198	55 57 63
1000	630 800 1000	1620	≈1100	1200	422 566 640	50	80 100 100	140 160 180	40	177 220 298	107 120 129

表 17.2-62　GN 型和 DTⅡN1 型滚柱逆止器　（mm）

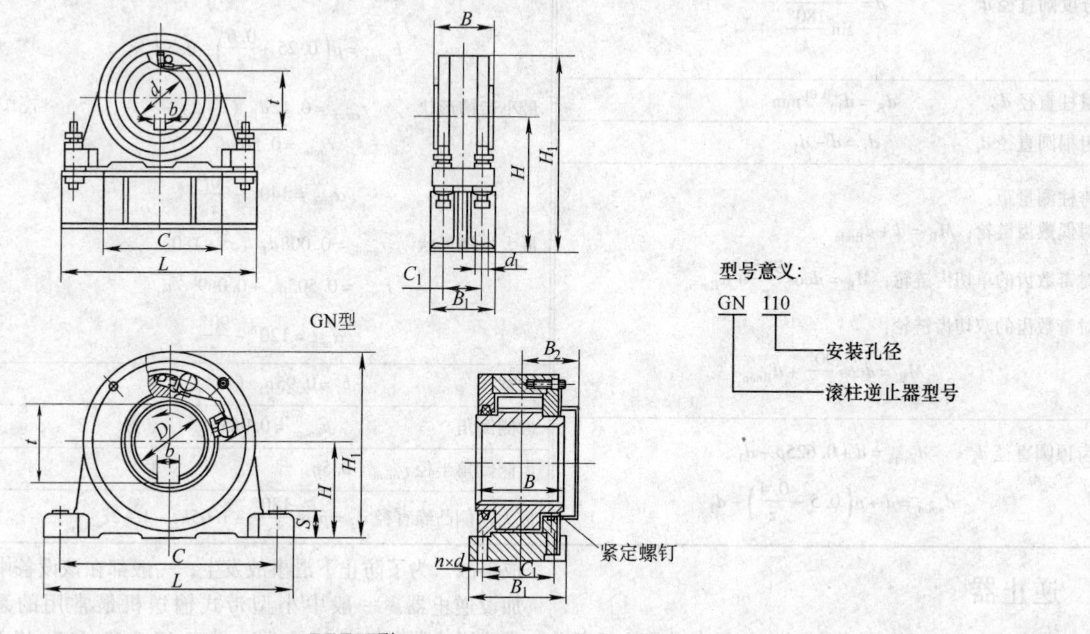

型号	额定逆止力矩 /kN·m	dH7	bH8	tH8	C	C_1	B	B_1	H	H_1	L	d_1	D	B_2	S	b	t	$n\times d$	重量 /kg	配用减速器型号
GN110	6.9	110	36	116.7	300	90	140	140	320	470	460	22							104	ZQ^{65}_{75}
GN130	13.9	130	36	137.4	330	120	170	180	400	565	490	22							147	ZQ85
GN140	13.9	140	36	147.4	330	120	170	190	550	715	500	22							172	ZL85
GN150	23.3	150	40	158.7	410	170	190	230	400	605	590	26							206	ZQ100
GN170	23.3	170	40	178.7	510	170	190	250	650	855	590	26							246	ZL100
GN200	48.5	200	45	209.9	590	210	220	290	750	1015	670	32							349	ZL115
GN220	48.5	220	50	231.2	590	210	220	290	850	1115	670	32							348	ZL130
DTⅡN1-9	6.9				400	90	140	140	160	310	450		90	175	48	25	95.4	$4\times\phi21$	92.8	DCY200
DTⅡN1-10	6.9				400	90	140	140	160	310	450		100	175	48	28	106.4	$4\times\phi21$	91.2	DCY224
DTⅡN1-11	6.9				400	90	140	140	160	310	450		110	175	48	28	116.4	$4\times\phi21$	89.4	DCY250 DBY250
DTⅡN1-12	13.9				430	120	170	170	175	340	480		120	160	48	32	127.4	$4\times\phi21$	123.0	DCY280 DBY280
DTⅡN1-14	23.3				510	170	230	230	215	420	580		140	220	53	36	148.4	$4\times\phi26$	192.0	DCY315 DBY315

注：1. GN 型的键槽尺寸及公差按 GB/T 1095—2003 标准执行，若按上表尺寸订货时，请在合同中注明。

2. DTⅡN1 型的顶丝螺孔在逆止器与减速器安装后配作，供货时不带顶丝。

第3章 操 作 件

各种最常用的操作件有手柄、手轮和把手以及与它们有关的零件，其图形和尺寸详见表 17.3-1～表 17.3-26。

1 手柄（见表 17.3-1～表 17.3-16）

表 17.3-1 手柄(摘自 JB/T 7270.1—1994) (mm)

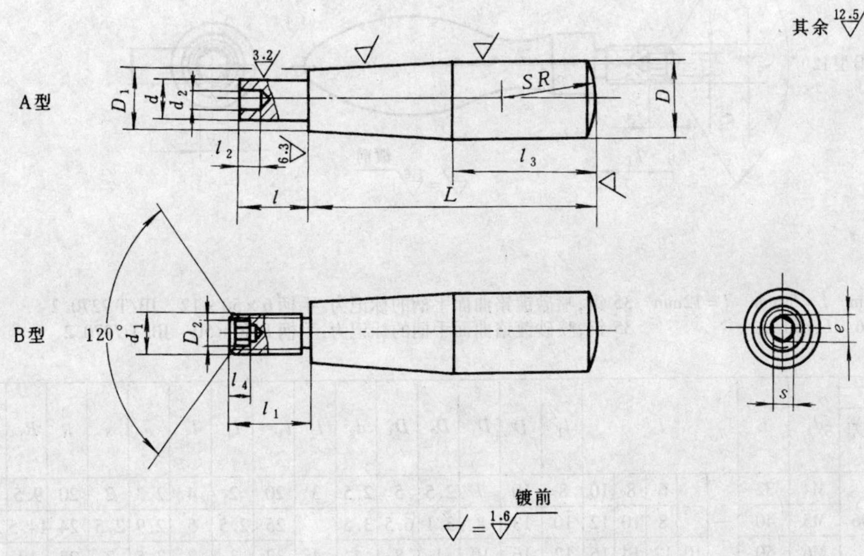

标记示例:

A 型 $d=6$mm $L=50$mm $l=10$mm 35 钢喷砂镀铬手柄的标记为:手柄 6×50×10 JB/T 7270.1

B 型 $d_1=$M6 $L=50$mm 35 钢喷砂镀铬手柄的标记为:手柄 BM6×50 JB/T 7270.1

d 基本尺寸	d 极限偏差 js7	d_1	L	l					l_1	D	D_1	D_2	d_2	l_2	l_3	l_4	e	s	SR	每件重量 /kg
4	±0.006	M4	32	—	—	6	8	10	8	9	7	2.5	2.5	3	16	2	2.3	2	12	0.015
5		M5	40			8	10	12	10	11	8	3.1	3.5		20	2.5	2.9	2.5	14	0.025
6		M6	50		10	12	14	16	12	13	10	4	4	4	25	3	3.5	3	16	0.047
8	±0.007	M8	63	12	14	16	18	20	14	16	12	5	5.5		32	4	4.6	4	20	0.087
10		M10	80	16	18	20	22	25	16	20	15	6.3	7	5	40	5	5.8	5	25	0.175
12	±0.009	M12	100	20	22	25	28	32	18	25	18	7.5	9	6	50	6	6.9	6	32	0.262
16		M16	112	22	25	28	32	36	20	32	22	9.8	12	8	56	8	9.2	8	40	0.492

注:1. 材料:35 钢;Q235A。

2. 表面处理:喷砂镀铬(PS/D·Cr);镀铬抛光(D·L_3Cr);氧化(H·Y)。

3. 经供需双方协商,B 型手柄顶端可不制出内六角。

4. 其他技术要求按 JB/T 7277—1994 的规定。

表 17.3-2　曲面手柄（摘自 JB/T 7270.2—1994）　　（mm）

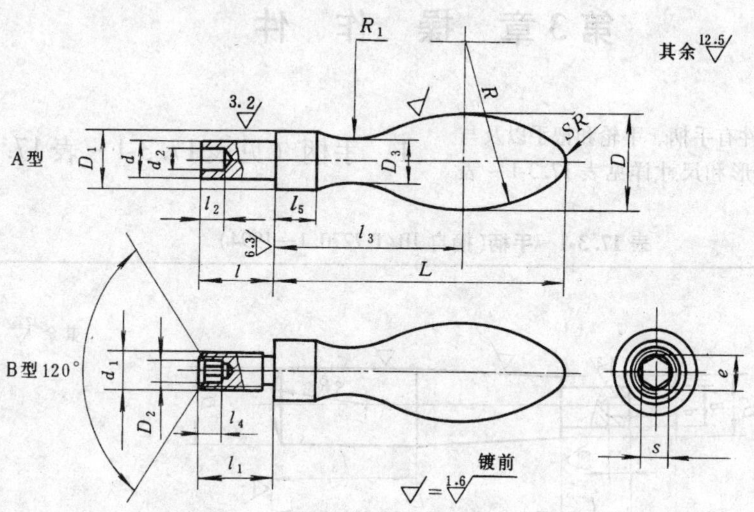

标记示例：

A 型　$d=6$mm　$L=50$mm　$l=12$mm　35 钢，喷砂镀铬曲面手柄的标记为：手柄 6×50×12　JB/T 7270.2

B 型　d_1 = M6　$L=50$mm　35 钢，喷砂镀铬曲面手柄的标记为：手柄 BM6×50　JB/T 7270.2

d 基本尺寸	d 极限偏差 js7	d_1	L	l					l_1	D	D_1	D_2	D_3	d_2	l_2	$l_3\approx$	l_4	l_5	e	s	R	R_1	SR	每件重量 /kg
4		M4	32	—	—	6	8	10	8	10	7	2.5	5	2.5	3	20	2	4	2.3	2	20	9.5	2	0.012
5	±0.006	M5	40	—	—	8	10	12	10	13	8	3.1	6.5	3.5		25	2.5	5	2.9	2.5	24	14.5	2.5	0.027
6		M6	50		10	12	14	16	12	16	10	4	8	4	4	32	3	7	3.5	3	28	19	3	0.049
8	±0.007	M8	63	12	14	16	18	20	14	20	12	5	10	5.5		39	4	8	4.6	4	41	21	3	0.085
10		M10	80	16	18	20	22	25	16	25	15	6.3	13	7	5	49	5	10	5.8	5	50	29	4	0.18
12	±0.009	M12	100	20	22	25	28	32	18	32	18	7.5	16	9	6	60	6	13	6.9	6	63	40	4.5	0.36
16		M16	112	22	25	28	32	36	20	36	22	9.8	18	12	8	70	8	14	9.2	8	68	41	7	0.51

注：1. 材料：35 钢；Q235A。

2. 表面处理：喷砂镀铬（PS/D · Cr）；镀铬抛光（D · L_3Cr）；氧化（H · Y）。

3. 其他技术要求按 JB/T 7277—1994 的规定。

4. 经供需双方协商，B 型手柄顶端可不制出内六角。

表 17.3-3　转动小手柄（摘自 JB/T 7270.4—1994）　　（mm）

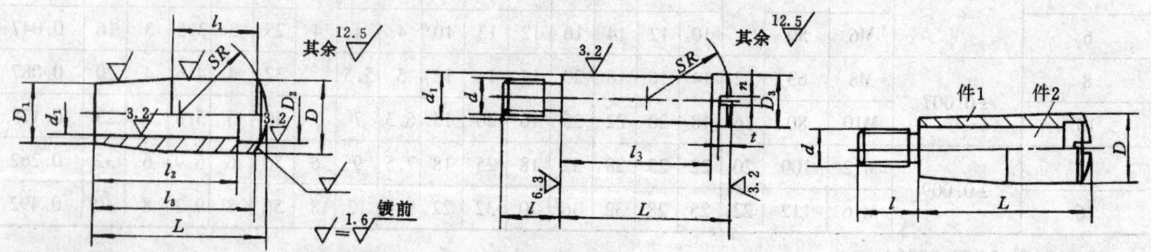

标记示例：

d = M8　$L=40$mm　35 钢，氧化转动小手柄的标记为：手柄 M8×40　JB/T 7270.4

d = M8　$L=40$mm　塑料，转动小手柄的标记为：手柄 M8×40-塑　JB/T 7270.4

（续）

d	L	l	D	D_1	D_2	D_3	l_1	l_2	l_3	n	t	SR	d_1 基本尺寸	d_1 件1极限偏差H11	d_1 件2极限偏差d11	每件重量/kg 钢	每件重量/kg 塑料
M5	25	10	12	10	8	8	12	20	21	1.2	2	14	6	+0.075 0	−0.030 −0.105	0.020	0.009
M6	32	12	14	12	10	10	16	27	28	1.6	2.5	16	8	+0.090 0	−0.040 −0.130	0.036	0.016
M8	40	14	16	14	12	12	20	34	35	2	3	20	10			0.068	0.031
M10	50	16	20	16	16	16	25	43	44	2.5	3.5	25	12	+0.110 0	−0.050 −0.160	0.109	0.057

注：1. 材料：转套：35钢；Q235A；ZL102；塑料。螺钉：35钢。

2. 表面处理：转套：钢件氧化（H·Y）；喷砂镀铬（PS/D·Cr）；镀铬抛光（D·L_3Cr）；ZL102阳极氧化（D·Y）。螺钉：氧化（H·Y）。

3. 其他技术要求按JB/T 7277—1994的规定。

表17.3-4 转动手柄（摘自JB/T 7270.5—1994） （mm）

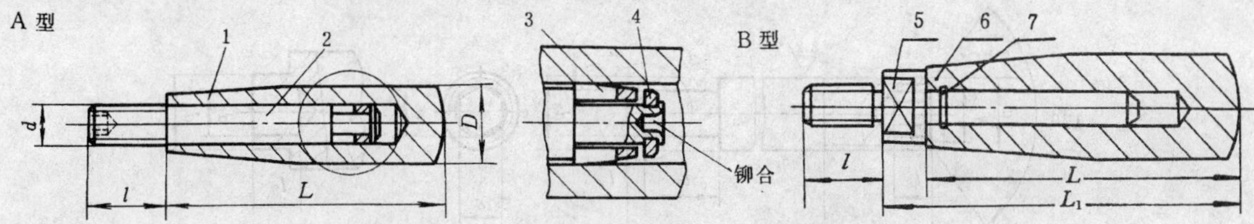

1、6—手柄套 2—手柄杆 3—弹性套 4—垫圈 5—B型手柄杆 7—孔用钢丝挡圈

标记示例：

A型 d＝M6，L＝50mm，35钢，喷砂镀铬转动手柄的标记为：手柄 M6×50 JB/T 7270.5

B型 d＝M6，L＝50mm， 塑料，转动手柄的标记为：手柄 BM6×50-塑 JB/T 7270.5

主要尺寸 d	L	L_1	l	D	件号	1	2，5	3	4	7	每套重量/kg≈ 钢	每套重量/kg≈ 塑料
					名称	手柄套A、B	手柄杆A、B	弹性套	平垫圈	钢丝挡圈		
					标准号	—	—	—	GB/T 97.1	GB/T 895.1		
M6	50	—	12	16	规格	50	M6	4	2	—	0.069	0.020
M8	63	71	14	18	规格	63	M8	5	2.5	7	0.113	0.036
M10	80	90	16	22	规格	80	M10	6	3	8	0.205	0.067
M12	100	112	18	25	规格	100	M12	8	4	10	0.269	0.102
M16	112	126	20	32	规格	112	M16	10	6	14	0.505	0.184

注：1. 材料：手柄套A、B：35；Q235A；塑料。手柄杆A、B：35。弹性套：65Mn。

2. 表面处理：手柄套A、B：钢件喷砂镀铬（PS/D·Cr）；镀铬抛光（D·L_3Cr）；氧化（H·Y）。手柄杆A：氧化（H·Y）。手柄杆B：d_8处喷砂镀铬（PS/D·Cr）；镀铬抛光（D·L_3Cr）；氧化（H·Y）。

3. 热处理：弹性套：42HRC。

4. 其他技术条件按JB/T7277—1994的规定。

表17.3-5 手柄套（摘自JB/T 7270.5—1994） （mm）

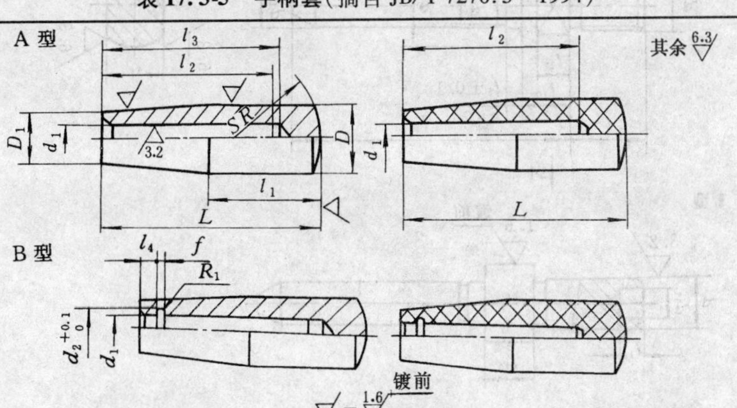

（续）

L	D	D_1	d_1(H11)		d_2	l_1	l_2		l_3		l_4	f	R_1	SR
			A 型	B 型			A 型	B 型	A 型	B 型				
50	16	12	$6^{+0.075}_{0}$	—	—	25	40	—	42	—	—	—	—	20
63	18	14	$8^{+0.090}_{0}$	$7^{+0.090}_{0}$	7.4	32	50	45	52	50	3	0.8	0.4	25
80	22	16	$10^{+0.090}_{0}$	$8^{+0.090}_{0}$	8.5	40	60	55	65	60	3.5	0.8	0.4	28
100	25	18	$12^{+0.110}_{0}$	$10^{+0.090}_{0}$	10.5	50	75	65	80	70	4.5	0.8	0.4	32
112	32	22	$16^{+0.110}_{0}$	$14^{+0.110}_{0}$	14.6	60	85	80	90	85	5.5	1	0.5	40

注：1. 材料：35；Q235A；塑料。

2. 表面处理：钢件喷砂镀铬（PS/D · Cr）；镀铬抛光（D · Cr）；氧化（H · Y）。

表 17.3-6　A 型手柄杆（摘自 JB/T 7270.5—1994）

（mm）

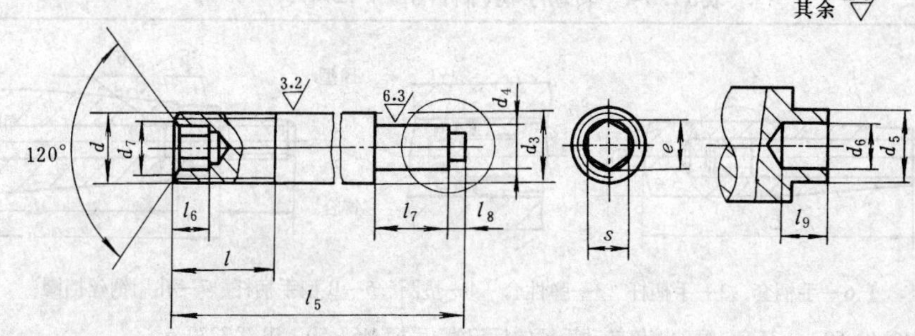

d	l	d_3(d11)	d_4	d_5	d_6	d_7	l_5	l_6	l_7	l_8	l_9	e	s
M6	12	$6^{-0.030}_{-0.105}$	3.5	2	1	4	50	3	7	1.5	1	3.5	3
M8	14	$8^{-0.040}_{-0.130}$	4.5	2.5	1.5	5	60	4	9		1.5	4.6	4
M10	16	$10^{-0.040}_{-0.130}$	5.5	3	2	6.3	70	5	11	2	2	5.8	5
M12	18	$12^{-0.050}_{-0.160}$	7.5	4	2.5	7.5	90	6	13		2.5	6.9	6
M16	20	$16^{-0.050}_{-0.160}$	9.5	6	4.5	9.8	100	8	15	2.5	4.5	9.2	8

注：1. 材料：35 钢。

2. 表面处理：氧化（H · Y）。

表 17.3-7　B 型手柄杆（摘自 JB/T 7270.5—1994）

（mm）

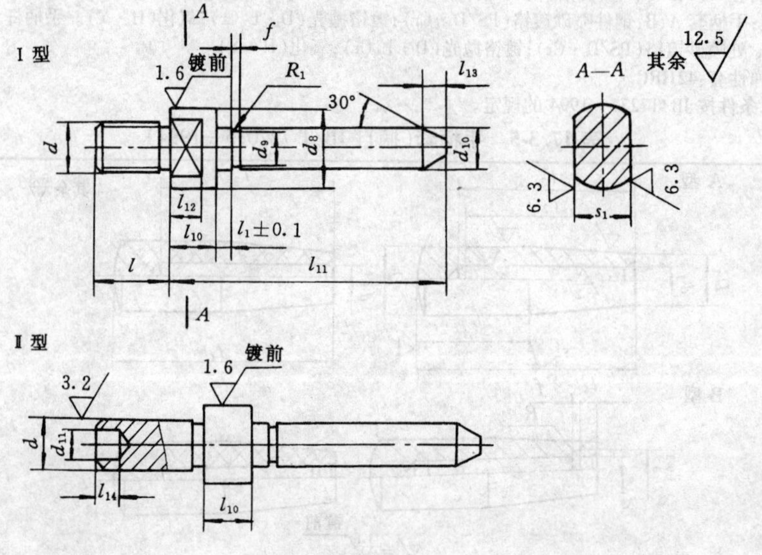

（续）

d(Js7)		d_8	d_9	d_{10}(d11)	d_{11}	l		l_4	l_{10}	l_{11}	l_{12}	l_{13}	l_{14}	f	R_1	s_1 (h13)
Ⅰ型	Ⅱ型					Ⅰ型	Ⅱ型									
M8	8 ±0.007	13	5.4	$7^{-0.040}_{-0.130}$	5.5	14	20	3	8	50	6	4	4	0.8	0.4	$10^{0}_{-0.220}$
M10	10 ±0.007	15	6.4	$8^{-0.040}_{-0.130}$	7	16	25	3.5	10	60	8		5			$13^{0}_{-0.270}$
M12	12 ±0.009	18	8.4	$10^{-0.040}_{-0.130}$	9	18	32	4.5	12	75	10	5	6	1	0.5	$16^{0}_{-0.270}$
M16	—	21	12	$14^{-0.050}_{-0.160}$	—	20	—	5.5	14	92	12		—			$16^{0}_{-0.270}$

注：1. 材料：35 钢。

2. 表面处理：d_8 处喷砂，镀铬（PS/D · Cr）；镀铬抛光（D · L_3Cr）；氧化（H · Y）。

表 17.3-8 弹性套（摘自 JB/T 7270.5—1994） （mm）

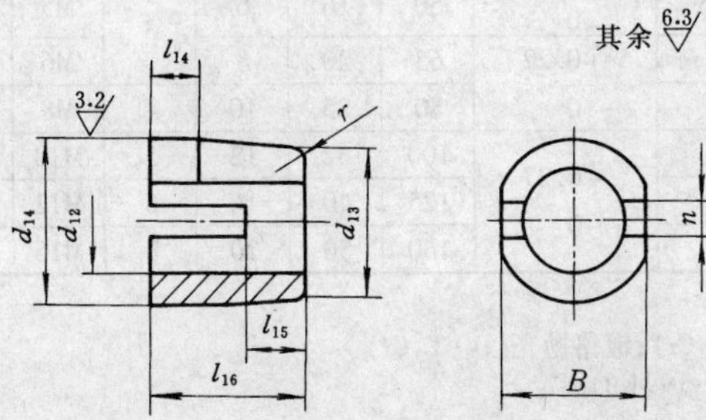

d_{12}	d_{13}	d_{14}(h11)	B	l_{15}	l_{16}	n	r
4	6	$6.20^{0}_{-0.090}$	5.5	2	6	1	0.5
5	8	$8.25^{0}_{-0.090}$	7.5		8		
6	10	$10.25^{0}_{-0.110}$	9.5	3	10	1.2	1
8	12	$12.30^{0}_{-0.110}$	11.5		12		
10	16	$16.30^{0}_{-0.110}$	14.5		14	1.5	

注：1. 材料：65Mn。

2. 热处理：42HRC。

表 17.3-9 球头手柄（摘自 JB/T 7270.8—1994） （mm）

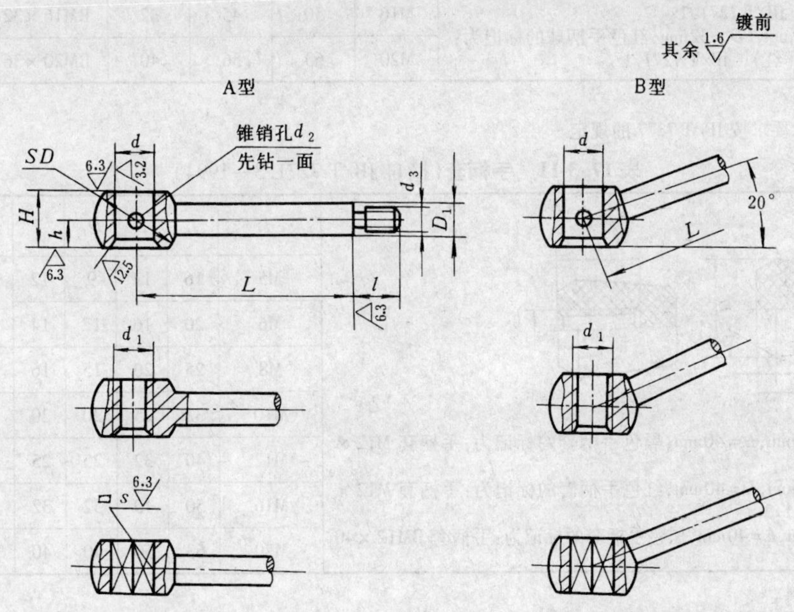

（续）

标记示例：

A 型，$d=8$mm，$L=50$mm，35 钢，喷砂镀铬球头手柄的标记为：手柄 8×50　JB/T 7270.8

A 型，$d_1=$ M8mm，$L=50$mm，35 钢，喷砂镀铬球头手柄的标记为：手柄 M8×50　JB/T 7270.8

A 型，$s=5.5$mm，$L=50$mm，35 钢，喷砂镀铬球头手柄的标记为：手柄 5.5×5.5×50　JB/T 7270.8

B 型，$d=8$mm，$L=50$mm，35 钢，喷砂镀铬球头手柄的标记为：手柄 B8×50　JB/T 7270.8

B 型，$d_1=$ M8mm，$L=50$mm，35 钢，喷砂镀铬球头手柄的标记为：手柄 BM8×50　JB/T 7270.8

B 型，$s=5.5$mm，$L=50$mm，35 钢，喷砂镀铬球头手柄的标记为：手柄 B5.5×5.5×50　JB/T 7270.8

d		d_1	s		L	SD	D_1	d_2	d_3	l	H	h	每件重量 /kg
基本尺寸	极限偏差 H8		基本尺寸	极限偏差 H13									
8	+0.022	M8	5.5	+0.18 0	50	16	6	3	M5	8	11	5	0.022
10	0	M10	7	+0.22	63	20	8		M6	10	14	6.5	0.046
12	+0.027	M12	8	0	80	25	10	4	M8	12	18	8.5	0.091
16	0	M16	10	+0.27	100	32	12	5	M10	14	22	10	0.170
20	+0.033	M20	13	0	125	40	16	6	M12	16	28	13	0.353
25	0	M24	18		160	50	20	8	M16	20	36	17	0.742

注：1. 材料：35 钢；Q235A。

2. 表面处理：喷砂镀铬（PS/D·Cr）；镀铬抛光（D·L_3Cr）。

3. 其他技术要求按 JB/T 7277—1994 的规定。

表 17.3-10　手柄球（摘自 JB/T 7271.1—1994）　（mm）

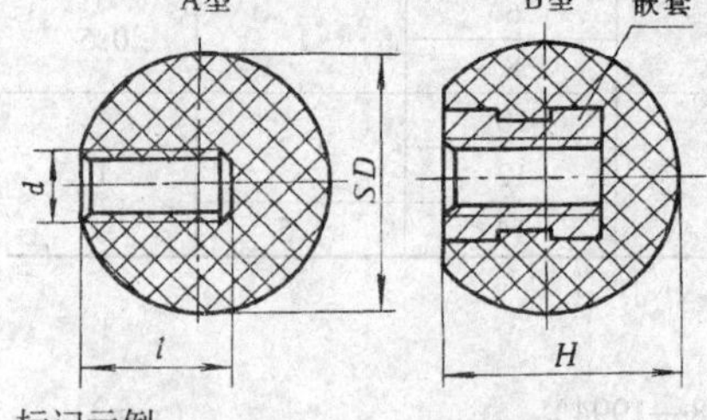

标记示例：

A 型，$d=$ M10mm，$SD=32$mm，黑色手柄球的标记为：手柄球 M10×32　JB/T 7271.1

B 型，$d=$ M10mm，$SD=32$mm，红色手柄球的标记为：手柄球 BM10×32（红）　JB/T 7271.1

d	SD	H	l	嵌套 JB/T 7275	每件重量 /kg A 型	每件重量 /kg B 型
M5	16	14	12	BM5×12	0.003	0.006
M6	20	18	14	BM6×14	0.006	0.012
M8	25	22.5	16	BM8×16	0.012	0.020
M10	32	29	20	BM10×20	0.024	0.043
M12	40	36	25	BM12×25	0.046	0.086
M16	50	45	32	BM16×32	0.063	0.135
M20	63	56	40	BM20×36	0.092	0.198

注：1. 材料：塑料。

2. 其他技术要求按 JB/T 7277 的规定。

表 17.3-11　手柄套（摘自 JB/T 7271.3—1994）　（mm）

标记示例：

A 型，$d=$ M12mm，$L=40$mm，黑色手柄套的标记为：手柄套 M12×40　JB/T 7271.3

A 型，$d=$ M12mm，$L=40$mm，红色手柄套的标记为：手柄套 M12×40（红）　JB/T 7271.3

B 型，$d=12$mm，$L=40$mm，黑色手柄套的标记为：手柄套 BM12×40　JB/T 7271.3

d	L	D	D_1	l	l_1	每件重量 /kg≈
M5	16	12	9	12	3	0.002
M6	20	16	12	14		0.004
M8	25	20	15	16	4	0.007
M10	32	25	20	20	5	0.015
M12	40	32	25	25	6	0.030
M16	50	40	32	32	7	0.062
M20	63	50	40	40	8	0.085

注：1. 材料：塑料。

2. 其他技术要求按 JB/T 7277—1994 的规定。

表 17.3-12 椭圆手柄套(摘自 JB/T 7271.4—1994) (mm)

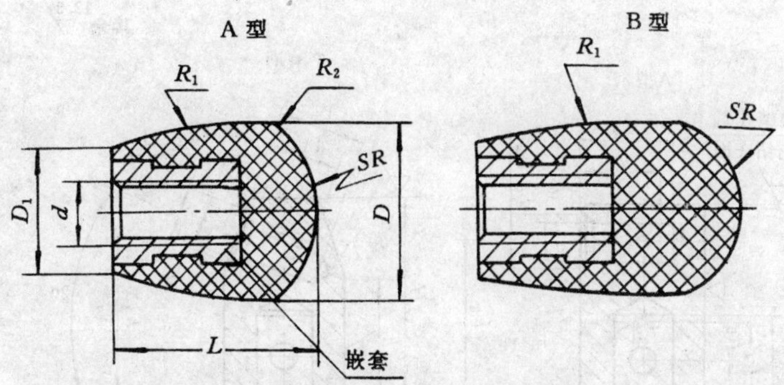

标记示例： A 型，d = M8mm，L = 25mm，黑色椭圆手柄套的标记为：手柄套 M8×25 JB/T 7271.4

A 型，d = M8mm，L = 25mm，红色椭圆手柄套的标记为：手柄套 M8×25(红) JB/T 7271.4

B 型，d = M8mm，L = 32mm，黑色椭圆手柄套的标记为：手柄套 BM8×32 JB/T 7271.4

d	L		D	D_1	SR		R_1		R_2	嵌套 JB/T 7275	每件重量 /kg≈
	A 型	B 型			A 型	B 型	A 型	B 型			
M5	16	20	15	12	10	7.5	40	60	3	BM5×12	0.006
M6	20	25	17	14	12	8.5	45	110	4	BM6×14	0.012
M8	25	32	20	16	14	10	50	120	5	BM8×16	0.020
M10	32	40	25	20	16	12.5	70	170	6	BM10×20	0.043
M12	40	50	32	25	18	16	90	200	8	BM12×25	0.086
M16	50	63	40	30	22	20	110	220	12	BM16×32	0.135
M20	63	80	48	35	30	24	130	230	16	BM20×36	0.198

注：1. 材料：塑料。

2. 其他技术要求按 JB/T 7277—1994 的规定。

表 17.3-13 长手柄套(摘自 JB/T 7271.5—1994) (mm)

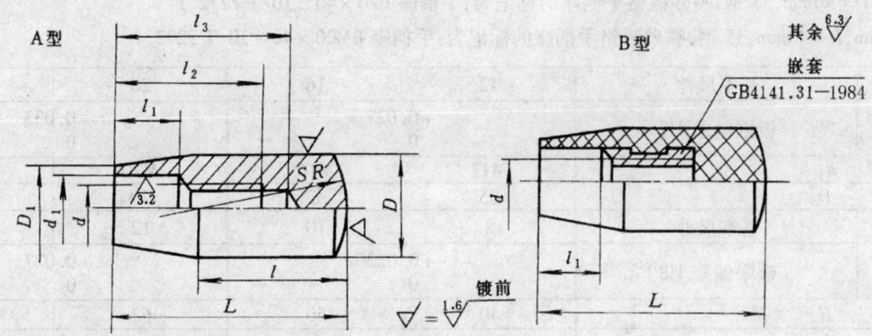

标记示例： A 型，d = M8mm，L = 40mm，35 钢，喷砂镀铬长手柄套的标记为：手柄套 M8×40 JB/T 7271.5

B 型，d = M8mm，L = 40mm，35 钢，喷塑料长手柄套的标记为：手柄套 BM8×40 JB/T 7271.5

d	L	D	D_1	d_1	l	l_1	l_2	l_3	SR	嵌套 JB/T 7275	每件重量 /kg≈	
											A 型	B 型
M5	32	14	10	7	16	8	20	24	16	BM5×12	0.029	0.009
M6	36	16	12	9	20	10	22	27	20	BM6×14	0.042	0.014
M8	40	18	14	11	25	12	26	31	25	BM8×16	0.059	0.020
M10	50	22	16	13	32	14	32	39	28	BM10×20	0.100	0.039
M12	60	28	22	18	36	18	36	45	36	BM12×25	0.175	0.075
M16	70	32	26	22	40	22	45	55	40	BM16×32	0.300	0.132
M20	80	40	32	28	45	28	56	68	50	BM20×36	0.513	0.209

注：1. 材料：35 钢；Q235A；塑料。

2. 表面处理：钢件喷砂镀铬(PS/D·Cr)；镀铬抛光(D·L_3Cr)。

3. 其他技术要求按 JB/T 7277—1994 的规定。

表 17.3-14　手柄座（摘自 JB/T 7272.1—1994）　　(mm)

其余 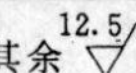

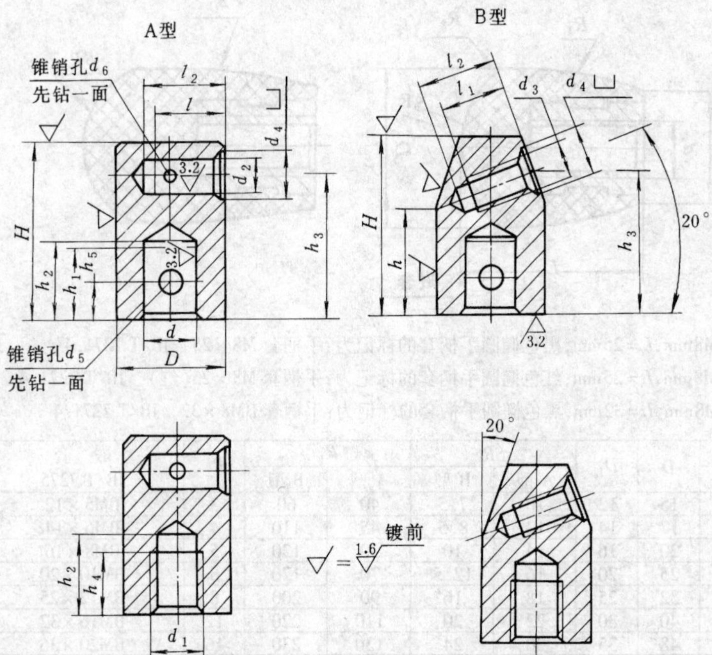

标记示例：

A 型，$d=20$mm，$D=40$mm，35 钢，喷砂镀铬手柄座的标记为：手柄座 20×40　JB/T 7272.1

A 型，$d_1=$M20mm，$D=40$mm，35 钢，喷砂镀铬手柄座的标记为：手柄座 M20×40　JB/T 7272.1

B 型，$d=20$mm，$D=40$mm，35 钢，喷砂镀铬手柄座的标记为：手柄座 B20×40　JB/T 7272.1

B 型，$d_1=$M20mm，$D=40$mm，35 钢，喷砂镀铬手柄座的标记为：手柄座 BM20×40　JB/T 7272.1

d	基本尺寸	12	16	20	25
	极限偏差 H8	+0.027 0		+0.033 0	
d_1		M12	M16	M20	M24
D		25	32	40	50
d_2	基本尺寸	8	10	12	16
	极限偏差 H8	+0.022 0		+0.027 0	
H		40	50	63	76
d_3		M8	M10	M12	M16
d_4		11	13	17	21
d_5		5	6		8
d_6		3		4	5
$l;h_1$		16	20	25	32
$l_1;h_4$		14	18	22	28
$l_2;h_2$		19	24	29	36
h		24	30	38	50
h_3		32	40	50	63
h_5		8	10	12	16
每件重量/kg	A 型	0.121	0.227	0.465	0.937
	B 型	0.104	0.195	0.417	0.835

注：1. 材料：35 钢；Q235A。

2. 表面处理：喷砂镀铬（PS/D·Cr）；镀铬抛光（D·L_3Cr）；氧化（H·Y）。

3. 其他技术要求按 JB/T 7277—1994 的规定。

表 17.3-15 圆盘手柄座(摘自 JB/T 7272.3—1994)　　(mm)

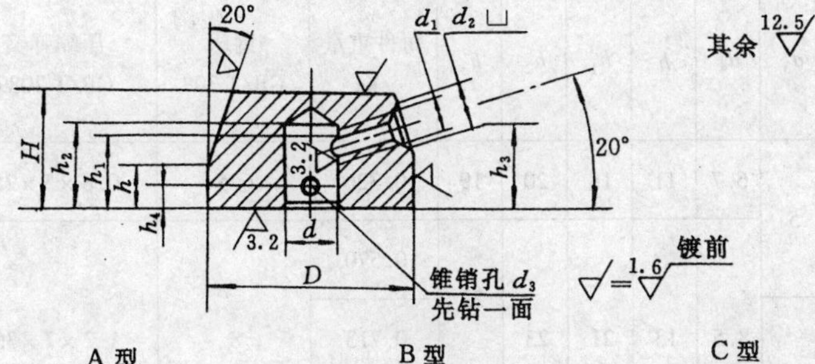

标记示例:

A 型,$d=10$mm,$D=40$mm,HT200,喷砂镀铬圆盘手柄座的标记为:手柄座 10×40 JB/T 7272.3

B 型,$d=10$mm,$D=40$mm,HT200,喷砂镀铬圆盘手柄座的标记为:手柄座 B10×40 JB/T 7272.3

C 型,$d=10$mm,$D=40$mm,HT200,喷砂镀铬圆盘手柄座的标记为:手柄座 C10×40 JB/T 7272.3

A 型

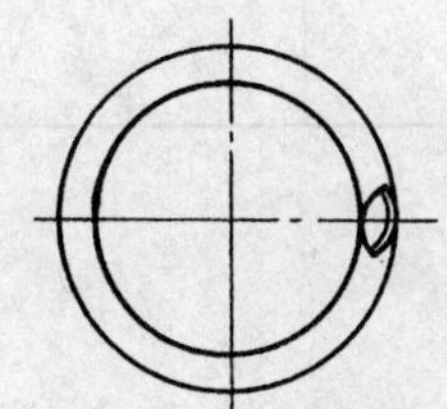

B 型

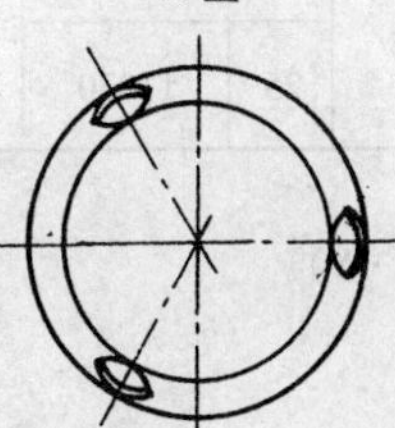

C 型

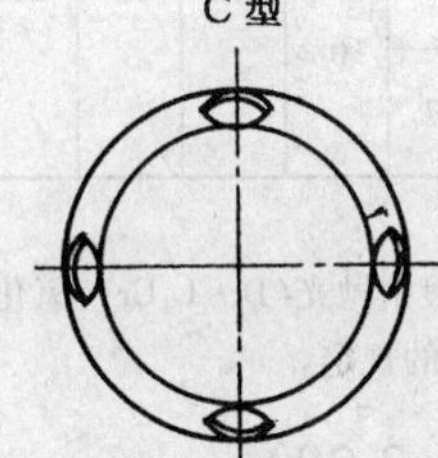

d	基本尺寸	10	12	16	18	22
	极限偏差 H8	+0.022 0	+0.027 0			+0.033 0
D		40	50	60	70	80
H		22	26	32		36
d_1		M6	M8	M10		M12
d_2		9	11	13		17
d_3		4	5		6	
h		8	11	13		
h_1		14	18	21		24
h_2		16	20	23		26
h_3		15	19	23		25
h_4		4	6			
每件重量/kg		0.173	0.331	0.581	0.724	1.081

注:1. 材料:HT200;35 钢;Q235A。

2. 表面处理:喷砂镀铬(PS/D·Cr);镀铬抛光(D·L_3Cr);氧化(H·Y)。

3. 其他技术要求按 JB/T 7277—1994 的规定。

表 17.3-16 定位手柄座(摘自 JB/T 7272.4—1994)　　(mm)

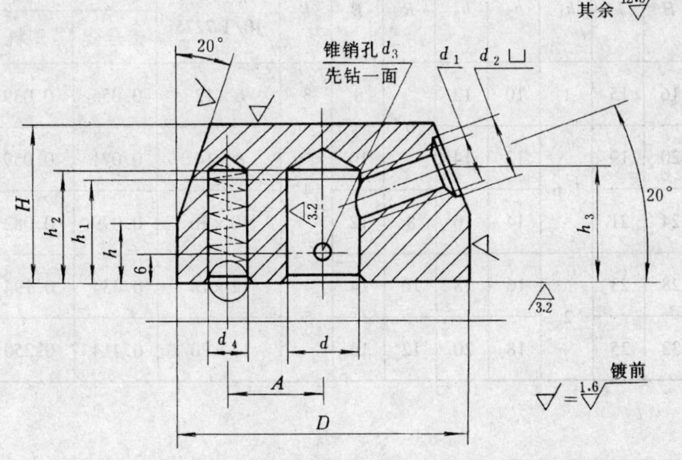

标记示例:

$d=16$mm,$D=60$mm,HT200,喷砂镀铬定位手柄座的标记为:手柄座 16×60 JB/T 7272.4

（续）

d 基本尺寸	d 极限偏差 H8	D	A	H	d_1	d_2	d_3	d_4	h	h_1	h_2	h_3	每件重量 /kg	钢球 GB/T 308	压缩弹簧 GB/T 2089
12	+0.027 0	50	16	26	M8	11	5	6.7	11	18	20	19	0.326	6.5	0.8×5×25
16		60	20	32	M10	13		8.5	13	21	23	23	0.570	8	1.2×7×35
18		70	25				6						0.713		
22	+0.033 0	80	30	36	M12	17						25	1.070		

注：1. 材料：HT200；35 钢，Q235A。

2. 表面处理：喷砂镀铬（PS/D · Cr）；镀铬抛光（D · L_3Cr）；氧化（H · Y）。

3. 其他技术要求按 JB/T 7277—1994 的规定。

2　手轮（见表 17.3-17 ~ 表 17.3-20）

表 17.3-17　小波纹手轮（摘自 JB/T 7273.1—1994）　（mm）

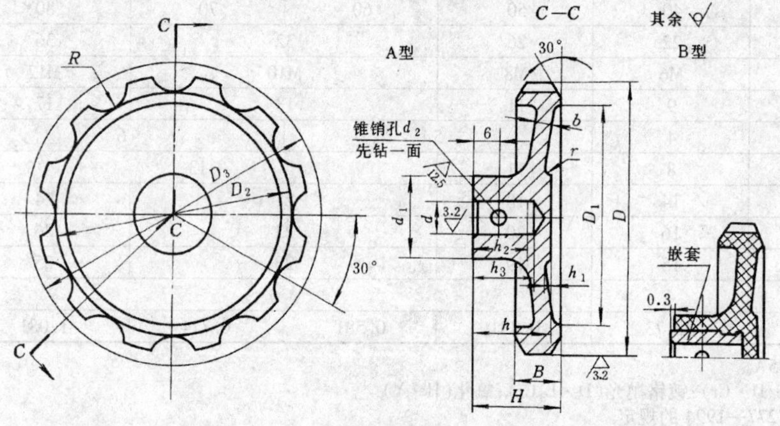

标记示例：

A 型，d = 10mm，D = 80mm，ZL102，阳极氧化小波纹手轮的标记为：手轮 10 × 80　JB/T 7273.1

B 型，d = 10mm，D = 80mm，塑料小波纹手轮的标记为：手轮 B10 × 80　JB/T 7273.1

d (H8)	D	D_1	D_2	D_3	d_1	d_2	H	h	h_1	h_2	h_3	R	B	b	嵌套 JB/T 7275	每件重量 /kg≈ 铝合金	每件重量 /kg≈ 塑料
$6^{+0.018}_{0}$	50	40	45	58	16	2	16	15	1	10	12	6	8	3	6×12	0.055	0.039
$8^{+0.022}_{0}$	63	50	55	68	20	3	20	19	1.6	12	14		10	4	8×14	0.071	0.059
$10^{+0.022}_{0}$	80	63	70	88	22		24	21		14	16	8	12		10×16	0.099	0.082
$12^{+0.027}_{0}$	100	80	90	112	28	4	28	23	2	16	18	10	14	5	12×18	0.234	0.194
$12^{+0.027}_{0}$	125	100	112	140	32		32	25		18	20	12	16		12×20	0.414	0.250

注：1. 材料：ZL102；塑料。

2. 表面处理：ZL102 为阳极氧化（D · Y）。

3. 其他技术要求按 JB/T 7277—1994 的规定。

表 17.3-18 手轮(摘自 JB/T 7273.3—1994) (mm)

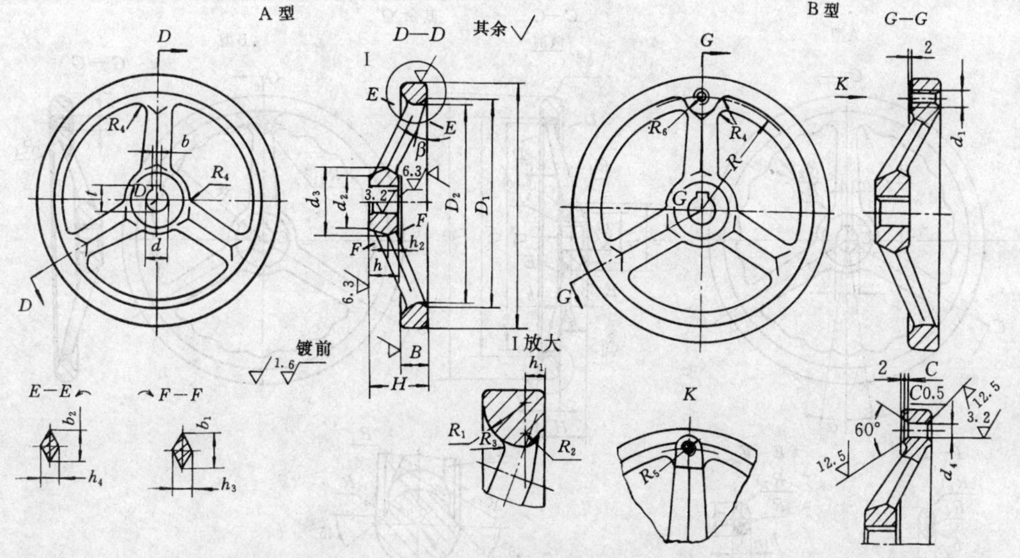

标记示例：

A 型，$d=16$mm，$D=160$mm，喷砂镀铬手轮的标记为：手轮 16×160 JB/T 7273.3

B 型，$d=16$mm，$D=160$mm，喷砂镀铬手轮的标记为：手轮 B16×160 JB/T 7273.3

C 型，$d=16$mm，$D=160$mm，喷砂镀铬手轮的标记为：手轮 C16×160 JB/T 7273.3

d	基本尺寸	12	14	16	18	22	25	28
	极限偏差 H8	+0.027 0					+0.033 0	
D		100	125	160	200	250	320	
D_1		86	107	138	176	222	288	
D_2		76	97	128	164	210	276	
d_1		M6	M8	M10		M12		
d_2		22	28	32	36	45	55	
d_3		30	38	42	48	58	72	
d_4	基本尺寸	6	8	10		12		
	极限偏差 H8	+0.018 0	+0.022 0			+0.027 0		
R		40	52	68	88	110	145	
R_1		9	11	13	14	16	18	
R_2		4			5			
R_3		5		6		8	10	
R_4		3	4	5		6		
R_5		5	6	8		10		
R_6		7	8	10		12		
C		1				1.5		
H		32	36	40	45	50	55	
h	基本尺寸	18		20	25	28	32	
	极限偏差 h13	0 −0.270		0 −0.330			0 −0.390	
h_1		5			6			
h_2		6		7	8	9	10	
h_3		10	11	12	14	18	20	
h_4		9	10	11	12	14	16	
B		14	16	18	20	22	24	
b_1		16	18	22	26	30	35	
b_2		14	16	18	20	24	28	
b(JS9)		4±0.015	5±0.015		6±0.015		8+0.018	
t		$13.8^{+0.1}_{0}$	$16.3^{+0.1}_{0}$	$18.3^{+0.1}_{0}$	$20.8^{+0.1}_{0}$	$24.8^{+0.1}_{0}$	$28.3^{+0.2}_{0}$	$31.3^{+0.2}_{0}$
β		15°		10°			5°	
每件重量/kg		0.425	0.660	1.160	1.806	2.805	5.730	

注：1. 材料：HT200。

2. 表面处理：喷砂镀铬(PS/D·Cr)；镀铬抛光(D·L_3Cr)。

3. 其他技术要求按 JB/T 7277—1994 的规定。

表 17.3-19　波纹圆轮缘手轮（摘自 JB/T 7273.6—1994）　　（mm）

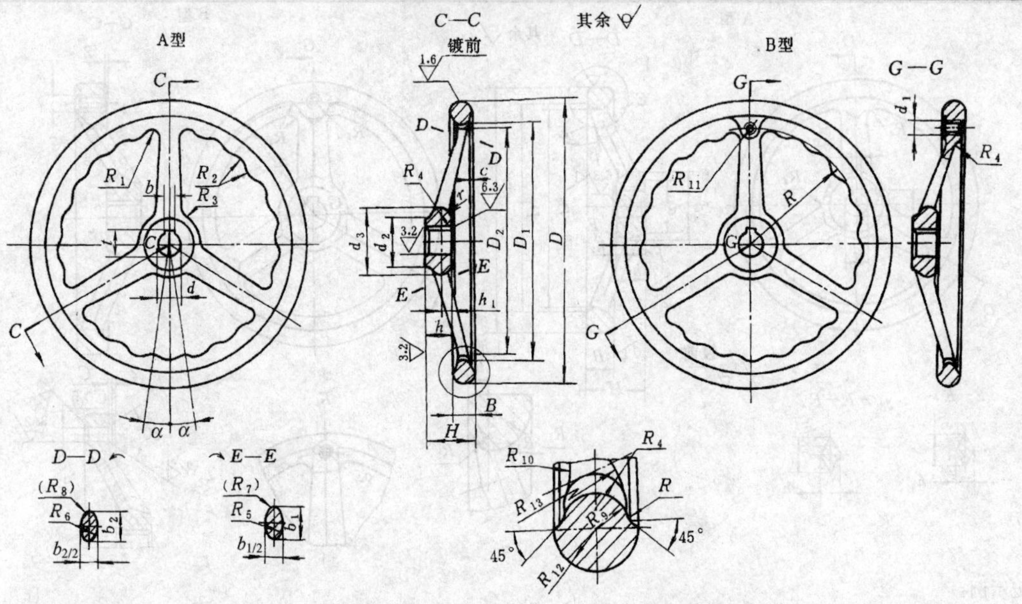

标记示例

A 型，$d=28$mm，$D=320$mm，喷砂镀铬波纹圆轮缘手轮的标记为：手轮 28×320　JB/T 7273.6

B 型，$d=28$mm，$D=320$mm，喷砂镀铬波纹圆轮缘手轮的标记为：手轮 B28×320　JB/T 7273.6

d	基本尺寸	18	22	25	28	32	35	40	45
	极限偏差 H8	+0.027 0		+0.033 0				+0.039 0	
D		200	250		320	400		500	630
D_1		168	209		264	336		428	550
D_2		160	200		254	324		414	534
d_1		M10		M12		—		—	—
d_2		36	45		55	65		75	85
d_3		50	61		73	85		97	109
R		80		12		—		—	—
R_1		5.5	4		6	6		7	8
$R_2\approx$		9	13.5		22	16		19	30
R_3			4			5		6	7
R_4		6	7		8	9		10	11
R_5		24	28		32	36		40	44
R_6		20	22		24	28		32	36
$R_7\approx$		4.5	5.3		6	6.8		7.5	8.3
$R_8\approx$		3.7	4.1		4.5	5.3		6	6.8
R_9		9	9.5		10	11		12	13
R_{10}		20	24		32	45		65	75
R_{11}		10		12		—		—	—
R_{12}		10	11		12.5	14		16	18
R_{13}		14	18		—	—		—	—
H		45	50		56	64		72	78
h	基本尺寸	25	28		32	40		45	50
	极限偏差 h13		0 −0.330					0 −0.390	

（续）

h_1		9	10		11	12		14	16
B		20	22		25	28		32	36
b_1		24	28		32	36		40	44
b_2		20	22		24	28		32	36
b	基本尺寸	6		8		10		12	14
	极限偏差 JS9	±0.015		±0.018				±0.0215	
t	基本尺寸	20.8	24.8	28.3	31.3	35.3	38.3	43.3	48.8
	极限偏差	+0.1 0		+0.2 0					
α		8.5°				12°			
c		1.5				2			
轮辐数		3				5			
每件质量/kg≈		2.44	3.80		6.00	9.70		15.45	23.70

注：1. 手柄选用 JB/T 7270.5—1994 规定的相应规格。

2. 其他技术要求按 JB/T 7277—1994 的规定。

表 17.3-20 波纹手轮（摘自 JB/T 7273.4—1994） （mm）

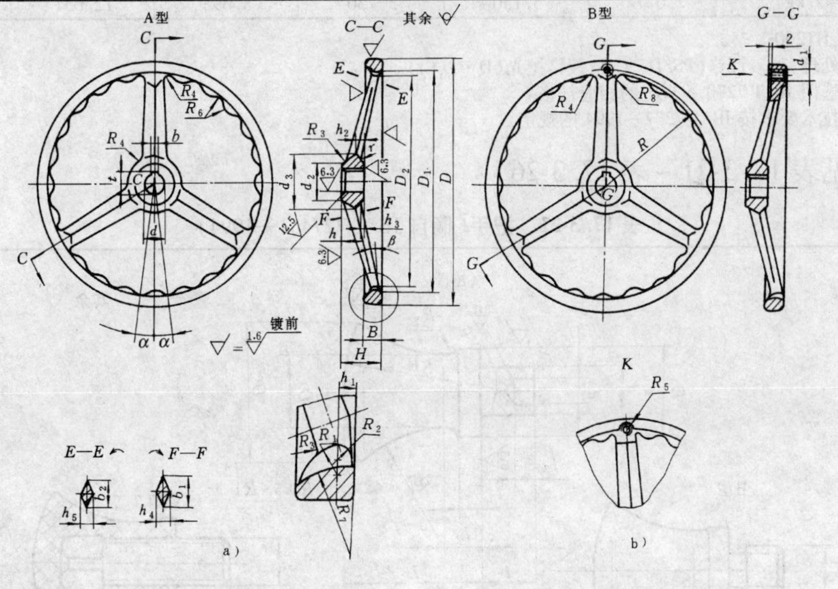

标记示例

A 型，d=18mm，D=200mm，喷砂镀铬波纹手轮的标记为：手轮 18×200 JB/T 7273.4

B 型，d=18mm，D=200mm，喷砂镀铬波纹手轮的标记为：手轮 B18×200 JB/T 7273.4

d									
	基本尺寸	18	22	25	28	32	35	40	45
	极限偏差 H8	+0.027 0	+0.033 0			+0.039 0			

D	200	250	320	400	500	630
D_1	176	222	288	364	462	588
D_2	164	210	276	352	448	574
d_1	M10	M12	—			
d_2	36	45	55	65	75	85
d_3	48	58	72	85	95	105
R	88	110	145	—	—	
R_1	20	22	23	26	28	32
R_2	5				6	
R_3	6	8	10	12	16	
R_4	5	6		8		
R_5	8	10		—		
R_6≈	16	16.5	16			20
R_7	30	29	30	30	34	36
R_8	10	12		—		
H	45	50	55	65	70	75

（续）

<table>
<tr><td rowspan="2">h</td><td>基本尺寸</td><td colspan="2">25</td><td colspan="2">28</td><td colspan="2">32</td><td colspan="2">40</td><td colspan="2">45</td><td colspan="2">50</td></tr>
<tr><td>极限偏差
h 13</td><td colspan="4">0
－0.33</td><td colspan="8">0
－0.39</td></tr>
<tr><td colspan="2">h_1</td><td colspan="8">6</td><td colspan="4">7</td></tr>
<tr><td colspan="2">h_2</td><td colspan="2">8</td><td colspan="2">9</td><td colspan="2">10</td><td colspan="2">12</td><td colspan="2">14</td><td colspan="2">16</td></tr>
<tr><td colspan="2">h_3</td><td colspan="6">2</td><td colspan="4">3</td><td colspan="2">5</td></tr>
<tr><td colspan="2">h_4</td><td colspan="2">14</td><td colspan="2">18</td><td colspan="2">20</td><td colspan="2">22</td><td colspan="2">24</td><td colspan="2">26</td></tr>
<tr><td colspan="2">h_5</td><td colspan="2">12</td><td colspan="2">14</td><td colspan="4">16</td><td colspan="2">18</td><td colspan="2">20</td></tr>
<tr><td colspan="2">B</td><td colspan="2">20</td><td colspan="2">22</td><td colspan="2">24</td><td colspan="2">26</td><td colspan="2">28</td><td colspan="2">30</td></tr>
<tr><td colspan="2">b_1</td><td colspan="2">26</td><td colspan="2">30</td><td colspan="2">35</td><td colspan="2">38</td><td colspan="2">42</td><td colspan="2">45</td></tr>
<tr><td colspan="2">b_2</td><td colspan="2">20</td><td colspan="2">24</td><td colspan="2">28</td><td colspan="2">30</td><td colspan="2">32</td><td colspan="2">35</td></tr>
<tr><td colspan="2">b(JS9)</td><td colspan="3">6 ±0.015</td><td colspan="3">8 ±0.018</td><td colspan="3">10 ±0.018</td><td colspan="2">12 ±0.0215</td><td>14 ±0.0215</td></tr>
<tr><td colspan="2">t</td><td>$20.8^{+0.1}_{0}$</td><td colspan="2">$24.8^{+0.1}_{0}$</td><td colspan="2">$28.3^{+0.2}_{0}$</td><td>$31.3^{+0.2}_{0}$</td><td>$35.3^{+0.2}_{0}$</td><td colspan="2">$38.3^{+0.2}_{0}$</td><td colspan="2">$43.3^{+0.2}_{0}$</td><td>$48.8^{+0.2}_{0}$</td></tr>
<tr><td colspan="2">β</td><td colspan="4">10°</td><td colspan="2">5°</td><td colspan="6">—</td></tr>
<tr><td colspan="2">α</td><td colspan="2">12°30′</td><td colspan="2">10°</td><td colspan="2">7°30′</td><td colspan="2">6°</td><td colspan="2">5°</td><td colspan="2">4°</td></tr>
<tr><td colspan="2">轮辐数</td><td colspan="4">3</td><td colspan="8">5</td></tr>
<tr><td colspan="2">每件质量≈/ kg</td><td colspan="2">2.027</td><td colspan="2">3.150</td><td colspan="2">5.730</td><td colspan="2">8.693</td><td colspan="2">12.631</td><td colspan="2">21.615</td></tr>
</table>

注：1. 材料：HT200。

2. 表面处理：喷砂镀铬（PS/D · Cr）；镀铬抛光（$D \cdot L_3Cr$）。

3. 手柄选用 JB/T 7270.5 规定的相应规格。

4. 其他技术要求按 JB/T 7277—1994 的规定。

3　把手（见表 17.3-21 ~ 表 17.3-26）

表 17.3-21　把手（摘自 JB/T 7274.1—1994）　　（mm）

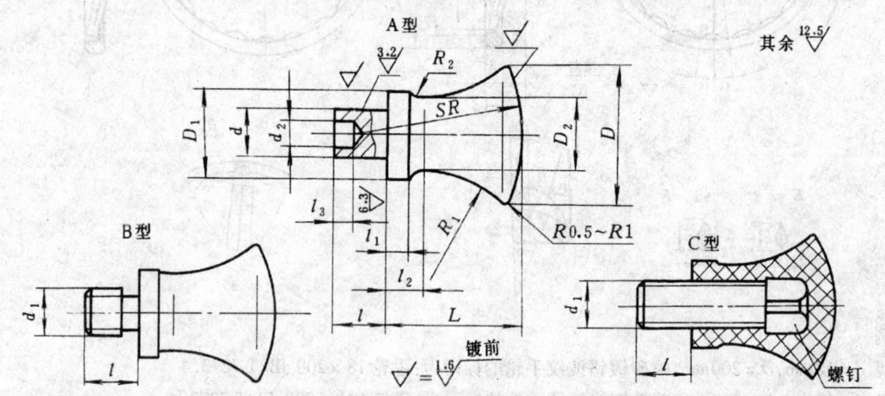

标记示例　A 型，d = 8mm，D = 25mm，35 钢，喷砂镀铬把手的标记为：把手 8 ×25 JB/T 7274.1

B 型，d_1 = M8mm，D = 25mm，35 钢，喷砂镀铬把手的标记为：把手 BM8 ×25 JB/T 7274.1

C 型，d_1 = M8mm，D = 25mm，塑料把手的标记为：把手 CM8 ×25 JB/T 7274.1

d(js7)	d_1	D	L	l	D_1	D_2	d_2	l_1	l_2	l_3	SR	R_1	R_2	螺钉 GB/T 821	每件重量≈/kg 钢	每件重量≈/kg 塑料
5 ±0.006	M5	16	16	6	10	8	3.5	3	5	3	20	12	1	M5 ×12	0.018	0.001
6 ±0.006	M6	20	20	8	12	10	4		6	4	25	15		M6 ×16	0.025	0.007
8 ±0.007	M8	25	25	10	16	13	5.5	4	7		32	20	1.5	M8 ×25	0.050	0.015
10 ±0.007	M10	32	32	12	20	16	7	5	10	5	40	24	2	M10 ×30	0.100	0.027
12 ±0.009	M12	40	40	16	25	20	9	6	13	6	50	28	2.5	M12 ×40	0.200	0.056

注：1. 材料：35 钢；塑料。

2. 表面处理：钢件喷砂镀铬（PS/D · Cr）；镀铬抛光（$D \cdot L_3Cr$），氧化（H · Y）。

3. 其他技术要求按 JB/T 7277—1994 的规定。

表 17.3-22 压花把手(摘自 JB/T 7274.2—1994) (mm)

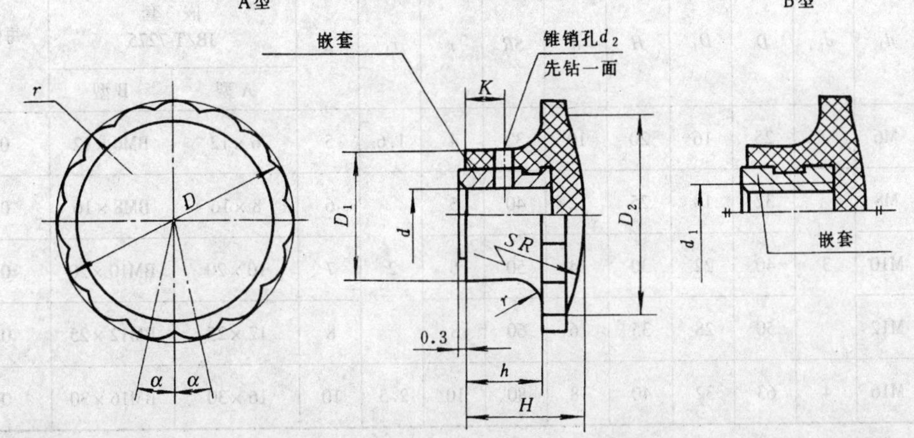

标记示例

A 型,d=10mm,D=40mm 的压花把手的标记为:把手 10×40 JB/T 7274.2

B 型,d_1 = M10mm,D=40mm 的压花把手的标记为:把手 M10×40 JB/T 7274.2

d 基本尺寸	d 极限偏差 H8	d_1	D	D_1	d_2	H	D_2	h	SR	r	K	α	嵌套 JB/T 7275 A 型	嵌套 JB/T 7275 B 型	每件重量 /kg
6	+0.018 0	M6	25	16	2	16	22	10	40	3	5	15°	6×12	BM6×12	0.007
8	+0.022 0	M8	32	18	3	18	28	12	50	4	6		8×14	BM8×14	0.018
10		M10	40	22		20	35	14	60	5	7	12°	10×16	BM10×16	0.032
12	+0.027 0	M12	50	28		25	45	16	80		8	10°	12×20	BM12×20	0.048

注:1. 材料:塑料。

2. 其他技术要求按 JB/T 7277—1994 的规定。

3. 嵌套尺寸见表 17.3-26。

表 17.3-23 十字把手(摘自 JB/T 7274.3—1994) (mm)

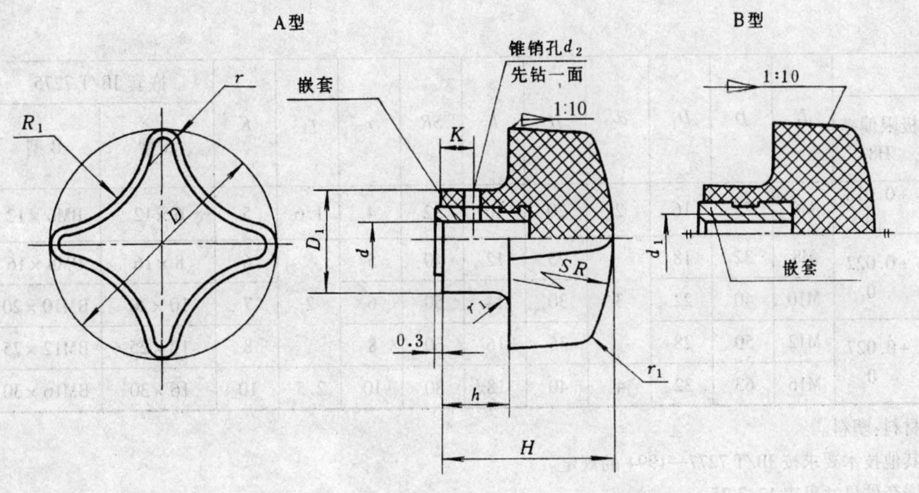

（续）

d(H8)	d_1	d_2	D	D_1	H	h	SR	r	r_1	K	嵌套 JB/T 7275 A 型	嵌套 JB/T 7275 B 型	每件重量 ≈/kg
$6^{+0.018}_{0}$	M6	2	25	16	20	10	32	4	1.6	5	6×12	BM6×12	0.015
$8^{+0.022}_{0}$	M8	3	32	18	25	12	40	5	2	6	8×16	BM8×16	0.024
$10^{+0.022}_{0}$	M10		40	22	30	14	50	6		7	10×20	BM10×20	0.035
$12^{+0.027}_{0}$	M12		50	28	35	16	60	8		8	12×25	BM12×25	0.069
$16^{+0.027}_{0}$	M16	4	63	32	40	18	80	10	2.5	10	16×30	BM16×30	0.111

注:1. 材料:塑料。

2. 其他技术要求按 JB/T 7277—1994 的规定。

3. 嵌套件尺见表 17.3-26。

表 17.3-24　星形把手(摘自 JB/T 7274.4—1994)　　(mm)

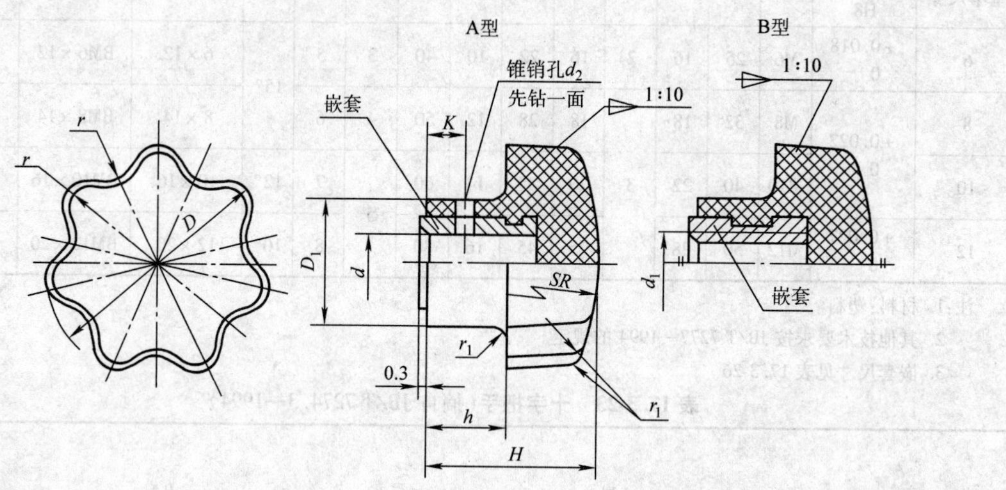

d 基本尺寸	d 极限偏差 H8	d_1	D	D_1	d_2	H	h	SR	r	r_1	K	嵌套 JB/T 7275 A 型	嵌套 JB/T 7275 B 型	每件重量 /kg
6	+0.018 0	M6	25	16	2	20	10	32	4	1.6	5	6×12	BM6×12	0.015
8	+0.022 0	M8	32	18	3	25	12	40	5	2	6	8×16	BM8×16	0.024
10		M10	40	22		30	14	50	6		7	10×20	BM10×20	0.035
12	+0.027 0	M12	50	28		35	16	60	8		8	12×25	BM12×25	0.069
16		M16	63	32	4	40	18	80	10	2.5	10	16×30	BM16×30	0.111

注:1. 材料:塑料。

2. 其他技术要求按 JB/T 7277—1994 的规定。

3. 嵌套件尺寸见表 17.3-25。

表 17.3-25　嵌套（摘自 JB/T 7275—1994）　　（mm）

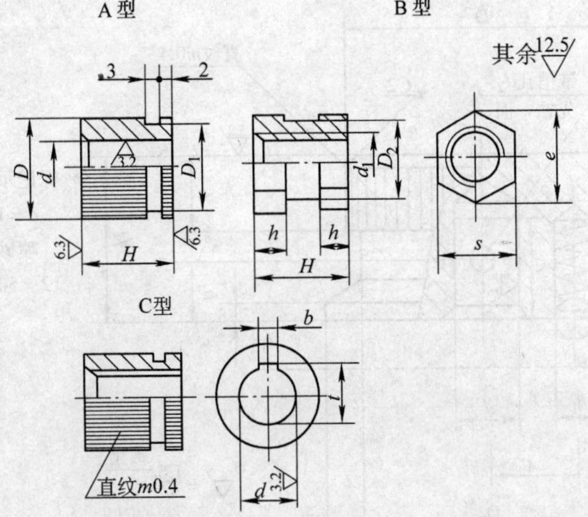

标记示例：　A 型，$d=12$mm，$H=20$mm 的嵌套的标记为：12×20　JB/T 7275

B 型，$d_1=$M12，$H=20$mm 的嵌套的标记为：BM12×20　JB/T 7275

C 型，$d=12$mm，$H=20$mm 的嵌套的标记为：C12×20　JB/T 7275

d	基本尺寸	4	5	6	8	10	12	16	18	—	22	25	28	32
	极限偏差 H8	+0.018 0			+0.022 0		+0.027 0			—	+0.033 0			+0.039 0
d_1		M4	M5	M6	M8	M10	M12	M16	—	M20	—			
D		6	6	10	12	16	20	25	28	—	32	36	40	45
D_1		5	8	9	10	14	18	22	25	—	30	34	38	42
D_2		5.5	7	8	10	14	17	22	—	27	—			
e		6.3	8.1	9.2	11.5	16.2	19.6	25.4	—	31.2	—			
s		5.5	7	8	10	14	17	22	—	27	—			
H	h	每件重量≈/kg												
10	3	0.001	0.002											
12	4		0.003	0.005										
14	4.5			0.006	0.007									
16	5				0.008	0.015								
18	6					0.017	0.028							
20	6.5					0.019	0.032	0.045	0.057	0.062	0.067	0.083	0.0101	0.124
25	8						0.040	0.057	0.071	0.077	0.083	0.104	0.126	0.155
28	9							0.064	0.079	0.086	0.093	0.116	0.141	0.173
30	10							0.068	0.085	0.094	0.100	0.124	0.151	0.186
32	11							0.070	0.087	0.096	0.105	0.129	0.157	0.191
36	12								0.098	0.108	0.118	0.145	0.177	0.216
b	基本尺寸	—		2		3	4	5	6	—	6	8		10
	极限偏差（JS9）	—		±0.0125			±0.015				±0.018			
t	基本尺寸	—		7	9	11.4	13.8	18.3	20.8	—	24.8	28.3	31.3	35.3
	极限偏差	—		+0.1 0							+0.2 0			

注：1. 材料：Q235A。

2. 其他技术要求按 JB/T 7277—1994 的规定。

表 17.3-26　定位把手（摘自 JB/T 7274.5—1994）　(mm)

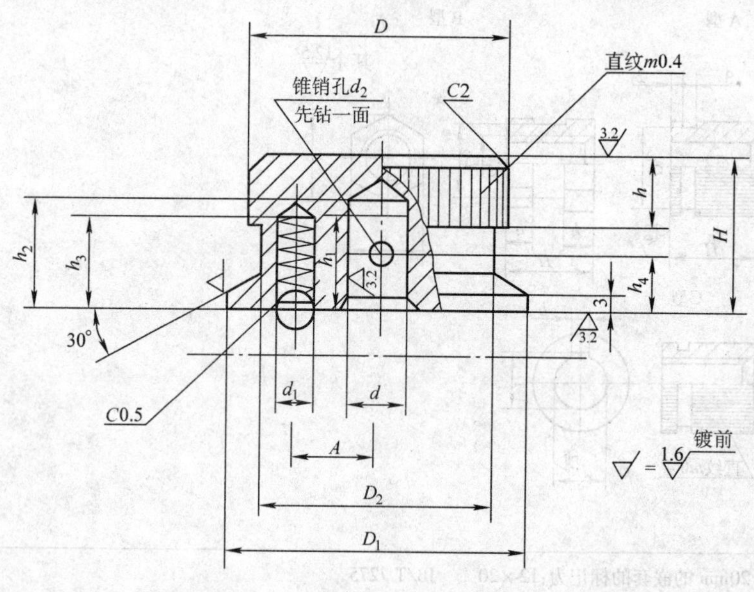

标记示例：

$d=12$mm，$D=50$mm　HT200

喷砂镀铬定位把手的标记为：把手 12×50 JB/T 7274.5

d		D	D_1	D_2	d_1	d_2	H	h	h_1	h_2	h_3	A	h_4	每件重量 ≈/kg	钢球 GB/T 308	压缩弹簧 GB/T 2089
基本尺寸	极限偏差 H8															
10	+0.022 0	40	48	38	6.7	4	26	12	14	18	18	14	10	0.295	6.5	0.8×5×25
12	+0.027 0	50	58	45		5	30	14	18	20		16	11	0.495		
16		60	68	55	8.5		32	16	21	23	21	20		0.800	8	1.2×6×35
18		70	78	65		6	34	18				25		1.105		

注：1. 材料：HT 200；35 钢；Q235A。

2. 表面处理：喷砂镀铬（PS/D · Cr）；镀铬抛光（D · L_3Cr）。

3. 其他技术要求按 JB/T 7277—1994 的规定。

4　操作件技术要求

4.1　材料

操作件所用的 35 钢和 Q235A 应分别符合 GB/T 699—1999《优质碳素结构钢》和 GB/T 700—2006《碳素结构钢》标准的规定，铸铝 ZL102 应符合 GB/T 1173—1995《铸造铝合金》，铸铁 HT200 应符合 GB/T 9439—1988《灰铸铁件》标准的规定，塑料根据使用要求选用，推荐采用增强树脂。

4.2　表面质量

操作件表面必须光滑，色泽均匀，镀层表面结晶细致，不准有泛点、脱壳、发花、烧黑等缺陷。非电镀表面不准有明显的发黄。镀铬抛光件表面应光亮，喷砂、镀铬件表面不允许有明显的色泽不一致。铸件不允许有裂纹、气孔、砂眼、疏松、夹杂等缺陷。塑料件不允许有夹生、夹杂、起泡、变形、流痕、裂缝等缺陷。

4.3　尺寸和形位公差

1）产品的尺寸公差按产品标准的规定，形位公差系对金属件的要求，塑料件的形位公差由制造厂控制。

2）手柄支承面对装配轴、孔的轴线垂直度公差见表 17.3-27。

3）对重手柄孔 d 对 SD 和 SD_1 的中心连线的垂直度公差和对重手柄孔 d_3 对孔 d 轴线的平行度公差见表 17.3-28。

4）手柄座下平面的平面度公差及下平面对孔轴线的垂直度公差见表 17.3-29。

5）手轮轮缘端面及外径对孔 d 轴线的圆跳动公差和手轮 D_1 对 D，d_2 对 d 的同轴度公差见表 17.3-30。

表 17.3-27 手柄垂直度 (mm)

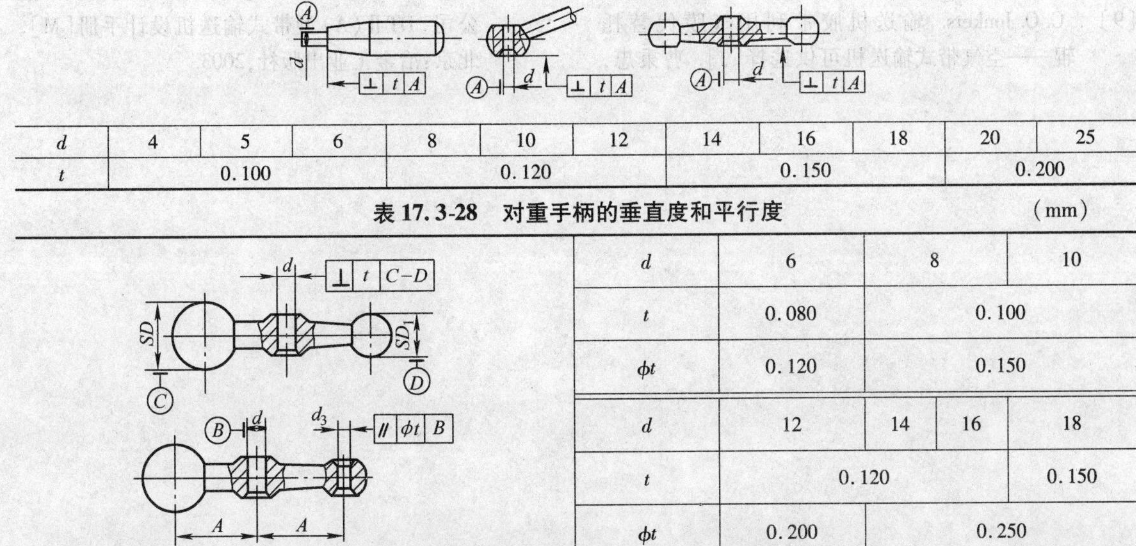

d	4	5	6	8	10	12	14	16	18	20	25
t	0.100			0.120			0.150			0.200	

表 17.3-28 对重手柄的垂直度和平行度 (mm)

d	6	8	10
t	0.080	0.100	
ϕt	0.120	0.150	

d	12	14	16	18
t	0.120			0.150
ϕt	0.200	0.250		

表 17.3-29 手柄座平面度及垂直度 (mm)

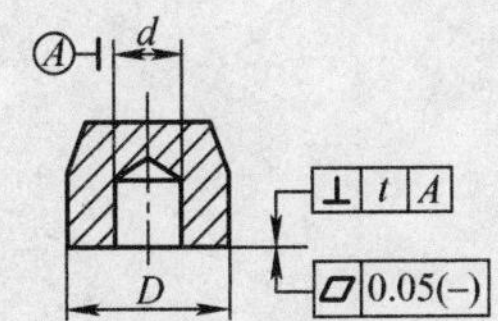

D	>10~16	>16~25	>25~40	>40~63	>63~100
t	0.100	0.120	0.150	0.200	0.250

表 17.3-30 手轮圆跳动和同轴度 (mm)

D	≤160	200~320	400~630
t_1	0.400	0.500	0.600
t_2	0.200	0.300	0.400
$\phi\ t_1$	2.0	4.0	6.0
d	≤16	18~28	32~45
$\phi\ t_2$	2.0	3.0	4.0

参 考 文 献

〔1〕 杨长骙,傅东明. 起重机械[M]. 北京:机械工业出版社,1992.

〔2〕 张质文,虞和谦,王金诺,等. 起重机设计手册[M]. 北京:中国铁道出版社,1998.

〔3〕 大连起重机厂. 起重机设计手册[M]. 沈阳:辽宁人民出版社,1979.

〔4〕 起重机设计手册编写组. 起重机设计手册[M]. 北京:机械工业出版社,1987.

〔5〕 罗又新. 起重运输机械[M]. 北京:冶金工业出版社,1993.

〔6〕 运输机械设计选用手册编辑委员会. 运输机械设计选用手册[M]. 北京:化学工业出版社,1999.

〔7〕 机械工业部北京起重运输机械研究所. DTⅡ型固定带式输送机设计选用手册[M]. 北京:冶金工业出版社,1994.

〔8〕 成大先 . 机械设计手册[M].5 版 . 北京:化学工业出版社,2008.
〔9〕 C. O. Jonkers. 输送机胶带利用气膜代替托辊——空气带式输送机可供选择[J]. 曹秉忠,译 . 起重运输机械,1974(4),1975(123).
〔10〕 北京起重运输机械研究所,武汉芊凡科技开发公司 . DTⅡ(A)型带式输送机设计手册[M]. 北京:冶金工业出版社,2003.